口絵１　ナワバリアユ。頭から胸にかけての黄斑が鮮明になり、背びれの後端が伸張する。ナワバリ内のコケを食むことで、コケを常にフレッシュな状態に維持している。ナワバリは彼（または彼女）が耕している「畑」なのである

口絵２　背びれを立ててナワバリを主張するアユ（ディスプレイ型）。強い攻撃はしない穏便なナワバリアユであるため、友釣りで掛けるのは難しい

口絵３　侵入者を追尾し、威嚇しながらナワバリ外へと追い出すアユ（追尾型）

口絵４　侵入者を見つけると瞬間的に襲いかかるナワバリアユ（一発攻撃型）。相手に噛みつくように強烈な攻撃を加える。友釣りで釣りやすい

口絵５　アユの産卵。浮き石状の小石の間に尾部を差し込むようにして産卵する

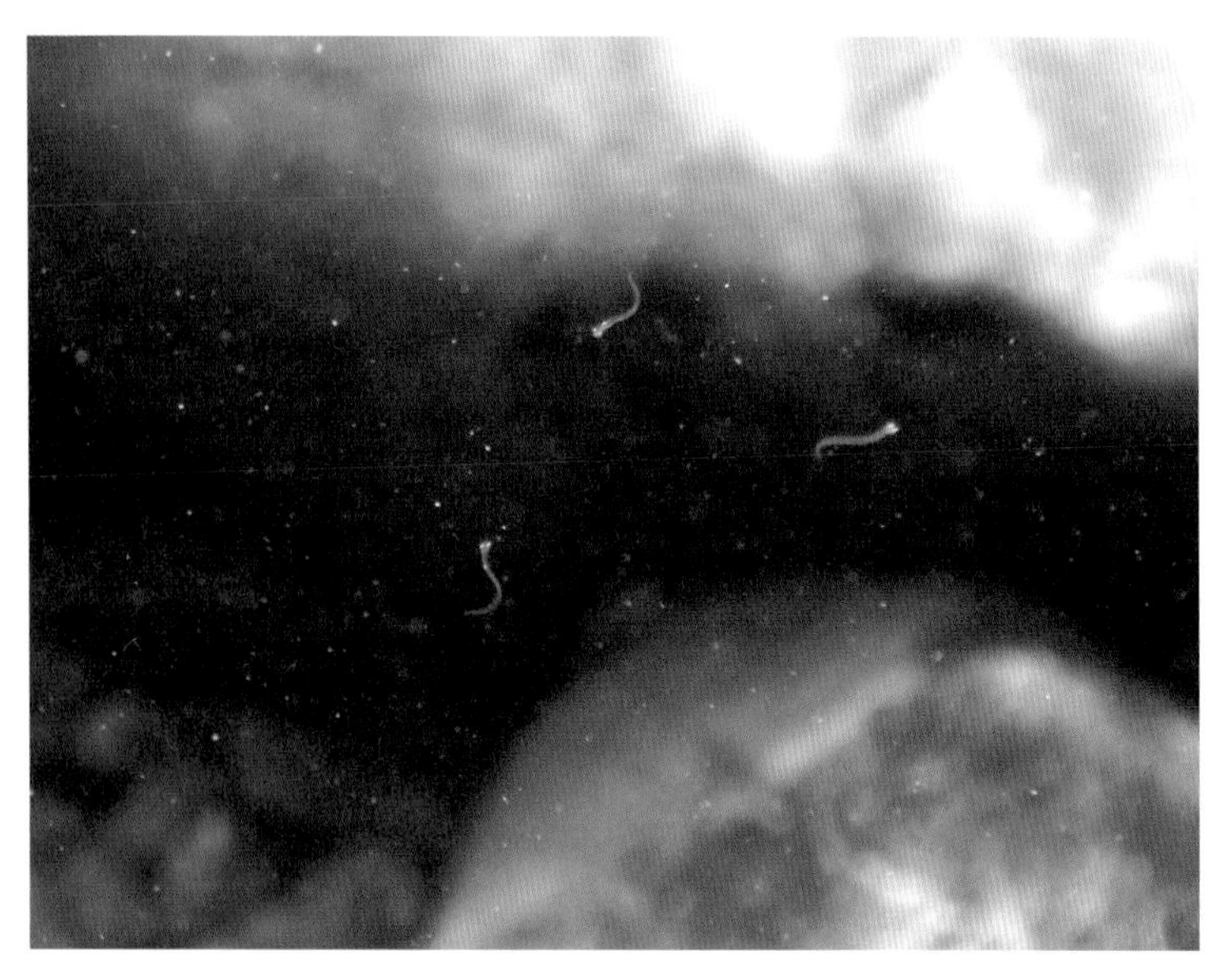

口絵６　産卵床からふ化し、河川水に浮上した直後のアユ仔魚。体長約 6mm。腹部の卵黄を残したまま海まで達することができるかどうかが、その後の生死を分ける

口絵７　波打ち際を泳ぐアユ仔魚。体は透明で見つけるのは意外に難しい。時には数千尾の群れを作る

口絵８　川を遡上するアユ稚魚。彼らがどこまで上るのかは、その年の遡上量に左右される

口絵９　河床を覆い尽くしたコケ植物（高知県奈半利川）。このような状態になると、アユは忌避する

口絵 10　アーマー化（石が粗粒化し、動きにくくなる現象）した河床。アカ腐れしやすく、アユが忌避する（ハミ跡はほとんど無かった）

口絵 11　アーマー化した河床（口絵 10 に隣接した場所）を耕耘した状態。コケがリフレッシュされるため、アユが定着しやすい（ハミ跡ビッシリ）

口絵 12　北海道朱太川(しゅぶと)。本流にアユの遡上を阻害するダムや堰がなく、アユは源流域まで遡上することができる

口絵 13　朱太川に生息する体高が異常に高い天然アユ。味は抜群で、2016年には清流めぐり利き鮎会でグランプリを獲得した

口絵 14　著者、高木優也が栃木県を流れる那珂川で天然アユを釣る（撮影：坪井潤一）

完全攻略！
鮎Fanatic（ファナティック）

最先端の友釣り理論、
放流戦略からアユのよろこぶ川づくりまで

坪井潤一＋高橋勇夫＋高木優也［著］

築地書館

はじめに

アユを守り、増やすためなら、なんでもします！　そんなアユやアユ釣りに魅せられた研究者3人が、竿ではなく、ペンを握って（実際はキーボードを打って）出来上がったのが本書だ。まさにアユに身も心も奪われたアユ・ファナティックな3人のアユ語り、である。

アユと聞いて、みなさんは何を想像されるだろうか。この本を手に取っていただいたみなさんは、きっとアユという魚やアユ釣りが大好きな方で、アユそのものの容姿、味、香り、あるいは夏の清流を思い浮かべると思う。なぜアユやアユ釣りはこれほどまでに私たちを強く強く惹きつけるのだろうか。まず、なんといっても夏限定という点があげられるだろう。日本人は元来、四季折々の自然を愛し、その恵みに感謝しつつ味わってきた。季語というもの自体、それを裏付ける証拠だろう。調べてみると若鮎、小鮎は春、鮎は夏、落鮎、錆鮎は秋の季語である。「季語、ありすぎだろ、アユ」と思ってしまったのは筆者だけではないはずだ。アユ釣り解禁とともに、夏を彩る主役といっていいだろう。また、寿命が基本的には1年というはかなさ、海と川を行き来するというロマンも心をくすぐる。おまけに、川でのアユの主食は藻類であり、友釣りは、世界で唯一、縄張り行動で魚を獲る手法だ。まさに唯一無二、オリジナリティが高いにもほどがある。そして、アユのいる日本に生まれて本当に良かったと、心の底から筆者は、そして他2人の筆者もきっとそう思っているにちがいない。

川の主役アユをとりまく環境は今、お世辞にも良いとは言えない。それを少しでも良くするのが筆者らの仕事である。元来、研究とは、未解明な点や問題点を深掘りすることが醍醐味であり、そういう意味では、現代のアユを研究対象とすることは、とてもやりがいがあり、たまに手一杯、胸いっぱい、お腹いっぱいなほどである。問題は山積みだが、手遅れではない、と声を大にして言いたい。手元で複雑に絡んだ仕掛けでも、ゆっくりほどけば、なんとかなる。生態系のもとに戻ろうとする力（レジリエンス）は尊いもので、多くの問題が解決可能である。今ならまだ間に合う。この本では、筆者ら3人が多くの関係者と連携しながらアユを対象として研究し、そこで得た最新の成果、情報をできる限りエビデンスに基づいて紹介できればと思う。三人寄れば文殊の知恵という言葉があるが、アユ・ファナティックな3人が寄れば、トリプルチェック機能で、正しい情報のみをお伝えできると信じている。

著者を代表して　坪井潤一

目次

第2章　アユの暮らす環境　81

第4章 アユ vs 冷水病、カワウ 195

第5章 天然アユを最大限活用する 225

第6章 アユの友釣り 243

カバー写真提供　高橋勇夫

第1章　アユを知る

1　アユを釣るための生態学

［高橋勇夫］

3つのナワバリ行動

アユの行動を観察あるいは写真撮影するために年間100日ほど川に潜ってきた。なかでもナワバリ行動にはとくに多くの観察時間を割いており、一般的に知られているナワバリ行動とは違った面も見てきた。

アユのナワバリ行動は「自分の餌場を排他的に利用するために、他者をナワバリ内から排除する行動」と定義される。この定義に従うと、アユがとる行動は大きく3つのパターン――①ディスプレイ（威嚇）、②追尾、③一発攻撃――に分けることができる。

名称はいずれも勝手に付けたものなので、少し解説を加えておく。まず、ディスプレイ型は背びれを立てながら体側面を見せることで、ナワバリ内に入ってきた他の個体を威嚇し、ナワバリ内から穏便に（?）排除する行動である（口絵2）。自分と対等かより大きい体型の相手に対して行うことが多い。その後相手と激しい喧嘩に発展しやすいのがこの型である。

追尾型は強い攻撃行動は伴わないものの、侵入者（または迷入者）に近づき、威圧的に相手をナワバリ外へと追い払う行動で（口絵3）、自分よりもやや小型の個体を相手にする際に用いることが多い。ナワバリ防衛行動としては最も頻繁に目にする行動でもある。

一発攻撃型は、ナワバリ内への侵入者を見つけた瞬間に全速力で襲いかかる行動で（口絵4）、ナワバリを守ることに一生懸命になった（餌を食べるよりも防衛行動に多くの時間を割くようになった状態）個体にしばしば見られる。釣り人が抱いているナワバリ行動のイメージに最も近いと思われるが、実際の頻度はあまり高くない。

ナワバリ行動とオトリの反応の関係

この3つのタイプのナワバリ行動を友釣りのオトリの動きと結びつけてみると、たぶん次のようになる（あくまで私的考察です）。

「上飛ばしの泳がせ」または「引き釣り泳がせ」をやっているとオトリが止まったり、急に方向を変えたりすることがある。これはかなりの確率で、前方にディスプレイ行動を取る個体がいる場合と考えられる。

また、泳ぐスピードが少し速くなったり、スッと方向を変える（ずれる）ケースでは、ナワバリ個体が追尾行動を取ったケースに多いと思われる。イカリ鈎（イカリの形をした掛け針）には掛からないものの、ヤナギ（ハリスに鈎を間隔をあけて結んだ掛け針で、イカリ鈎よりも全長が長い）に変えるとぽろぽろと掛かるようなパターンである。「前当たり」が感知されるのはこのタイプの追い行動ではないかと考えている。

最後の一発攻撃は説明するまでもなく、「入れポン」、「シュー、ポン」で、初心者でも簡単に掛かるパターンである。

友釣りの技術的な「うまさ」をあえて分類すれば、その一つは、追う（掛かる）可能性のあるアユの居場所に長くオトリを置いて（留めるという表現がよく使われる）、掛けにくいディスプレイ型や追尾型まで掛けてしまう技術ということになるのではないだろうか。ナワバリ行動の違いを感覚的あるいは経験的に認知していて、その状況に合ったオトリ操作ができる上級技術ということになる。

ナワバリアユが反応するオトリの動き

一発攻撃型のナワバリアユが多いと「入れ掛かり」状態になるのだが、そんな夢のような場所を探す（足で稼ぐ）だけでは腕はなかなか上がらない。万年中級の私が言うのもおこがましいのだが、ヒントになる観察結果がある。実は、ディスプレイ型や追尾型の穏便なナワバリアユが一瞬だけ一発攻撃型のようになることがある。それは、ナワバリ個体の少し上を別のアユが通る時で、反射的な行動のように飛びかかってしまうのをしばしば目にする。

私の地元（高知）のアユ釣り名人である有岡只祐さんの釣りを見ていると、意識的にかなりのスピードで引いて次々と掛けることがある。この引き方は、オトリの泳ぐ層を河床の石の上面付近にまで上げて、つまり、ナワバリ個体よりも少し上のタナでオトリを引くことでナワバリアユの反応を促していると考えられる。ルアーフィッシングでいう「リアクションバイト」的な要素が含まれているのかもしれない。

また、オトリを空中輸送して次々と掛けていく名人も少なくない。このケースでも着水したアユがナワバリアユの上方から侵入することになるため、反射的に反応している可能性が高い。見落としてはならないのは、着水と同時に上流に少し引いていることで、着水後にいかにも下流から侵入してきたような状態になる。

釣行回数が少ないサラリーマンアングラーではこういった高等技術はなかなか身につかないかもしれないが、ナワバリアユは上から進入するアユに激しく反応することが多いのに対し、自分よりも下層を泳いで来た（または石の間で休んでいる）アユに対しては反応が鈍い傾向があることは覚えておいて損はない。

ところで、オトリの姿勢について、頭を下げた状態が摂餌状態に近いので追われやすいという話をしばしば耳にする。ただ、これについては水中での観察からは思い当たる状況はなく、私自身は眉唾な説だと考えている。水中での追い行動を見ていると、むしろ水平に近い状態で泳がせる（または引く）方が追われる頻度は高い。

ナワバリアユのストレス問題

ナワバリ行動は餌場を確保できるというメリットの一方で、防衛行動がストレスにもなるという「両刃の剣」的な面がある。ストレスにさらされたアユは免疫力が低下し、病気にかかりやすくなることは実験でも確かめられている。近年、冷水病が全国的に蔓延する中、生き残りやすいアユはナワ

図1-1　上方から侵入したアユを背ビレを立てて攻撃するナワバリアユ

バリを持たない＝ストレスを抱えにくい個体に偏ることが想像され、このことは近年の「釣れない」一因となっているのかもしれない。

アユにはアユの苦しい事情があることだけは理解しておきたいものである。

2　群れアユによるナワバリの略奪

［高橋］

アユのナワバリの広さは1㎡程度であることが多い。ということは、1尾／㎡の生息密度でアユが分布していて、全部の個体がナワバリを持つと、川底一面がアユのナワバリとなってしまう。

実際にはこんなことはなくて、私がこれまで見てきた限りでは、生息しているアユの30％以上の個体がナワバリを持つということは、ほとんどない。このような状態（割合）は、生息密度が1尾／㎡以下でもそれほど変化せず、極端に密度が低下した状態（例えば、0・1尾／㎡以下）になると、ナワバリが形成されないことがある。餌を巡るアユ同士の競合が無くなるためである。

ちょっと不思議なのは、生息密度が0・4～0・7尾／㎡ぐらいの時で、周辺には餌となるコケが生えた石がたくさんあるのに、つまり、特にアユ同士で競合することもなく餌を取ることができるはずなのに、アユはナワバリを作って、狭い範囲の餌場を防衛しようとするのである。

このような、一見無駄と思えるような行動をアユが取るのには、たぶん2つの理由がある。一つは、従来から言われているように「自分の餌場を確保するため」で、いわば、量の維持と言える。もう一つの理由は、コケをいつもフレッシュな状態に保ち続けることができるということ（p33-35参照）。ナワバリという狭いエリアのコケを食べ続けることでコケの質を維持しているのである。

前者の理由は、密度が高い時に相対的に重要性が増し、後者は、密度が低くて、コケに対する摂餌圧が弱いために食べきれないコケが古くなってしまう（いわゆるアカ腐れ）のような状況の時に重要

図1-2　ナワバリアユ（中央）とナワバリに侵入した群れアユ（手前）

度を増す。つまり、ナワバリを持っているアユは、自分の土地をせっせと手入れして、いつも美味しくて栄養豊かな食事が取れるように励んでいる「働き者」という見方ができるのである。そう考えると、ナワバリアユが怒り狂って、侵入者を追い出すというのも納得できる行動である。

そんな健気とも言えるナワバリアユを観察していると、ナワバリに群れアユが侵入してくることがある。侵入されたナワバリのオーナーは、当然、追い散らそうとするのだが、多勢に無勢というか、追い払える対象はしょせん1個体で、追われていないその他大勢の群れアユは、平気でナワバリ内のコケを食み続けている（詳しくは「群れに手を焼くナワバリアユ」で検索）。ナワバリアユは追い払い行動を取っている間は、餌を食べることもできず、体力を消耗するだけになってしまう。

　こういった群れアユの行動を見ていると、ナワバリ内のフレッシュな餌を狙っているとしか思えなくなってしまう。これまで、群れアユはナワバリを持つことができなかった「弱者」という視点で捉えられてきたのだが、群れアユもなかなかにしたたかなのかもしれない。

　ところで、こういった群れアユによるナワバリの襲撃は、8月以降に観察されることが多い。それは、群れてナワバリを襲撃することのうまみを学習するためにある程度の時間が必要なのだろうと考えていた。しかし、どうやらそうではないようで、NHKの取材班が高知県の安田川で5月にナワバリアユを撮影中に、群れアユがナワバリに侵入して摂餌する様子を偶然撮影していたのである。

　それにしても、そんなにいがみ合うようなことはしないで、みんな自分の餌場を持てば良いのにと思うのだが、人の世と同じで、そんなに平和な社会は生き物のサガとしてできないのだろうか。

３　アユの遡上範囲（分布）はどのようにして決まるのか？

［高橋］

海から川に入ってきたアユたちは、上流を目指してどんどん遡上していく。アユの遡上の一般的なイメージはこんなところではないだろうか。

ところが実際には、中小河川では下流部でも大きなアユが生息していることは珍しくない。なので、すべてのアユが上流を目指しているわけでもなさそうである。河口の汽水域を主な生息場とする「潮アユ」と呼ばれるちょっと変わったアユの存在さえ知られている。

アユ研究の空白

水産上重要種であるアユは、これまで様々な角度から研究されてきた。遡上期に関するものだけでも、遡上時期や日周変化、体サイズ、食性、遊泳力等々の研究が行われ、その数は多い。

しかし、「アユがどこまで遡上していくのか？」「どのようにして定着場所を決めているのか？」。そういったアユの遡上行動の基礎的な部分に関する知見は意外にも無い。

なぜかと言えば、そのような研究をしたくても、日本の河川にはアユの遡上を阻害する堰や床止め、ダムといった横断構造物が古くから造られており、自然状態でどこまで遡上するのかを調べることができなくなっていた（いる）のである。そのうえ、種苗放流が大正時代に始まり、１９７０年代以降はその量も全国的に多くなった（全国で年間１～２億尾）。「天然アユ」を特定したうえで、その分布

図1-3　河川を遡上する稚アユ

を正確に把握することも非常に困難となっている。

「自然状態でのアユの遡上行動を調べる」というシンプルな研究テーマは、実はとてもハードルの高いものなのである。

絶好の研究フィールド

そんな厳しい状況の中、天然アユの遡上行動を研究する絶好の機会に恵まれた。場所は北海道南部の渡島半島を日本海側に流れ込む朱太川。本流には、アユの遡上を阻害するような横断構造物がなく、ほぼ自由な移動が可能となっている。さらに、2013年以降は種苗放流も行われていない（第5章「放流に頼らないアユの増殖」を参照）。

天然アユがどこまで上るのか、どのようにして定着場所を決めるのか、といったこれまで知ることができなかったアユの基本的な生態に迫ることができる絶好のフィールドなのである。

調査は２０１１年から始まった。この調査の本来の目的は、「朱太川の天然アユ資源を持続的に活用するための方策を考える」というもので、朱太川が流れる黒松内町からの依頼であった。ただ、生物資源を保全するためにはまずは実態の把握が必要であり、アユの生息数や分布といった基礎的な調査から始めた。

調査定点は12地点で、河口近くから源流近くまでほぼ等間隔で設定した。最上流域は樹木が茂った川幅２ｍ程度の細流で、イワナの生息圏でもあった。これら12の定点で毎年潜水し、アユの個体数やサイズを調べた。さらに、２０１４年にはアユを下流（河口から5-7㎞）、中流（同13㎞）、上流（同29-30㎞）の３区域で、友釣りで採集した。採集したアユは、耳石（内耳にある硬組織）のSr／Ca比（Srは海水に多く含まれ、淡水には少ないので、その比率を調べれば、そのアユが河川〈淡水〉に遡上した時期が特定できる）の変化から河川への遡上時期を推定したうえで、遡上時期別に河川のどこにいたのかを分析した。同時に成育状態（体長、肥満度）についても調べてみた。

天然アユの生息数

生息数と分布のデータは年に1つしか取れない。生物分野のフィールド調査の辛いところである。統計的な分析ができるまでのデータ数をそろえるために9年（２０１３～２０２１年）を要した。この間、生息数は４・６～１３２万尾の間で大きく変動し（図1-4）、分布範囲（遡上上限）にもかなり年変動が見られた。朱太川では２０１３年以降稚アユの放流は停止されているので、この生息数は

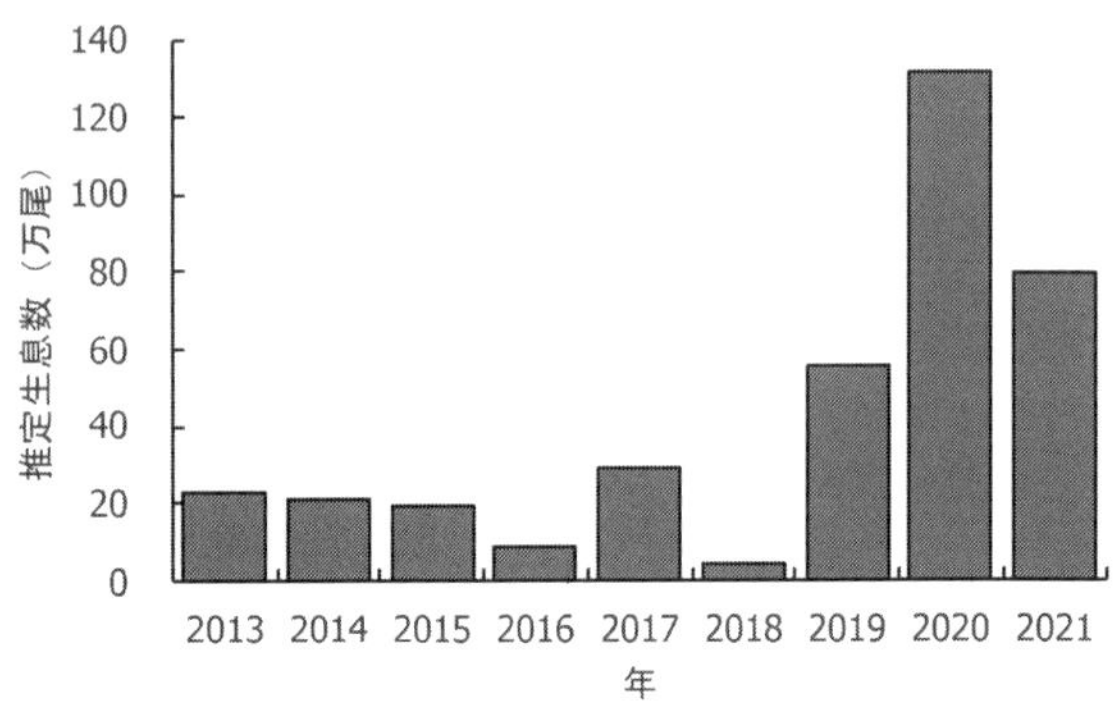

図1-4　朱太川における天然アユの推定生息数の年変化

すべて天然アユということになる。

アユの分布上限を決める要因

アユの河川内での遡上行動には、水温や河川流量が関与していることが知られている。実際、堰の魚道等で観察していると、水温が上昇する午後に遡上が活発になるし、雨で水量が少し増えるといっせいに遡上し始めることが多く、こういった要因がアユの遡上行動に強く結びついていることが分かる。

そこで、まず、水温や流量と密接に関係する気温・降水量と遡上上限との関係を見てみた。ところが予想に反して、これら気象条件とアユの分布には何の関係も無かった。水温の上昇や流量の増加といった環境条件の変化は確かに遡上行動を活発にするが、それは短期的なもので、遡上上限や流程分布を決定するような強い影響力を持つものではないということになる。

次に、遡上上限（図1-5a）および生息密度0・3尾／㎡（全ての個体が十分に摂餌できる密度と仮定。図1-5b）の

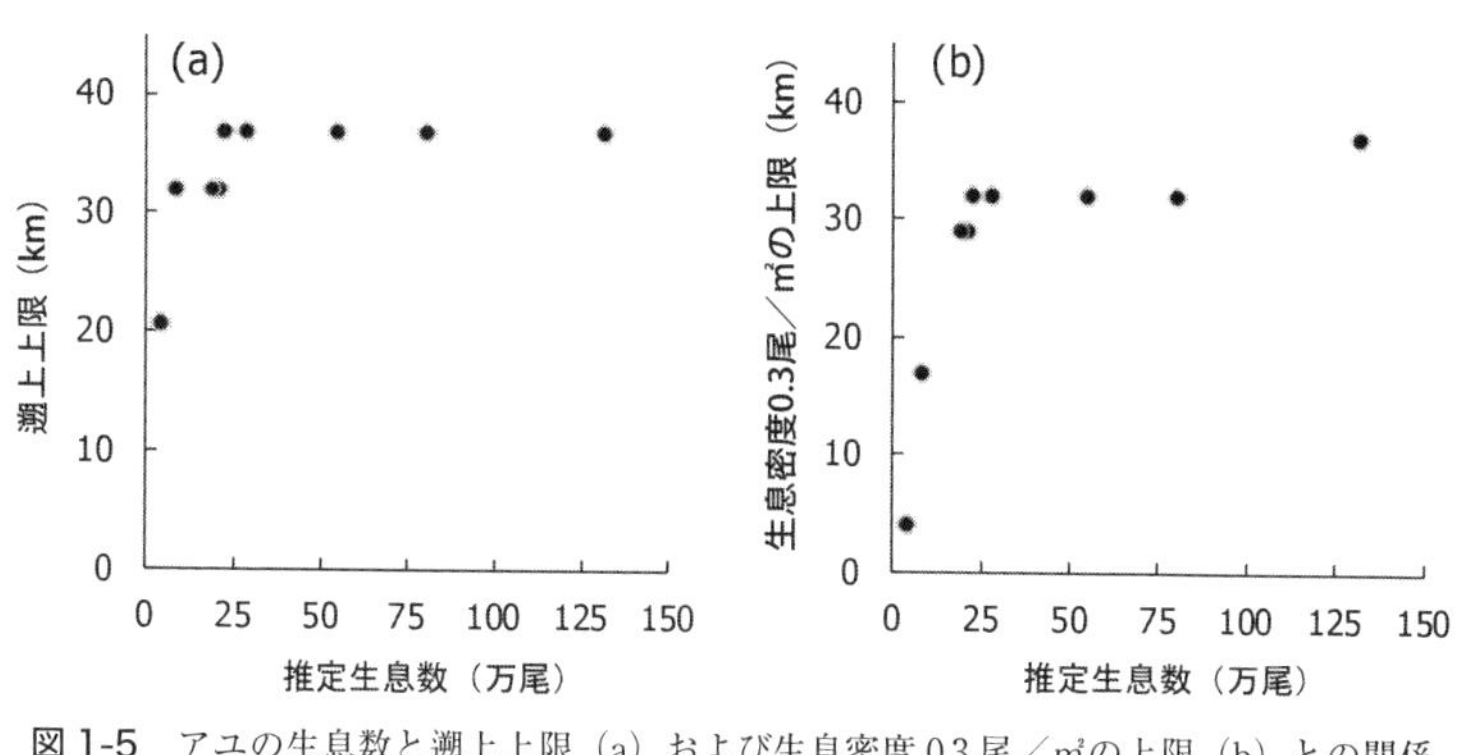

図1-5　アユの生息数と遡上上限（a）および生息密度0.3尾／㎡の上限（b）との関係

上限と生息数との関係を見てみると、生息数が多いと、両方の上限が上流側に延びる形で生息範囲が広がった（図1-5）。生息数（遡上量）が多ければ分布域が広がり、少なければ分布域が狭くなるということなのだ。分布の上限を決定している要因は、その年の生息数だったのである。

稚アユを使った実験で、密度が高くなると遡上行動が活発化することが分かっている。高密度になるとそれを嫌って分散するということになるのだが、川の場合は上流に分散する以外に手はないので、遡上上限や生息密度0・3尾／㎡の上限が延びる（＝生息域が拡大する）ということになる。アユだけでなく、河川を成長の場とする回遊性の生物（ヨシノボリ類、テナガエビ類等）でも、同じような現象が報告されている。種内競合を避けるための共通した仕組みとなっているようだ。

遡上時期によって定着位置が決まるのか？

早期に河川に遡上したアユは、後から遡上してきたアユによって押し出されるように、順次上流へと遡上するのか？　言い換えれば、早期に遡上したアユは上流に定着し、後期に遡上

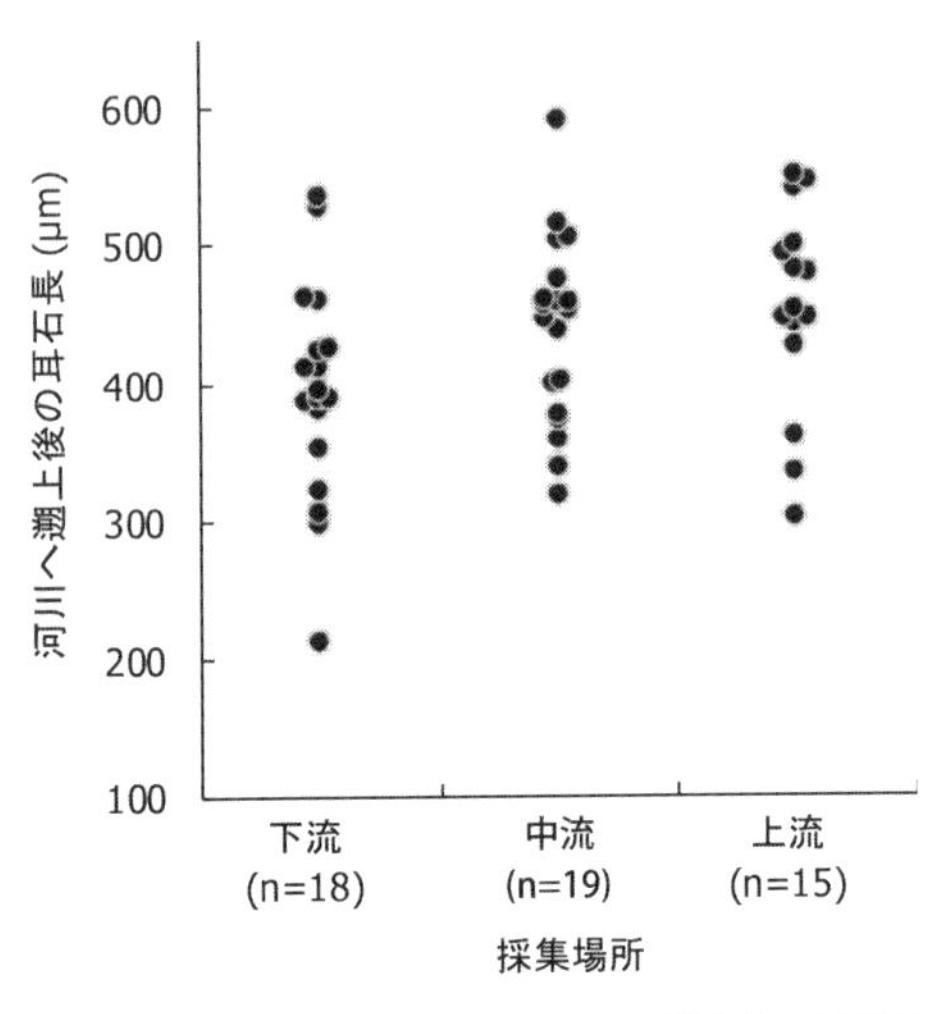

図1-6　3つの区間で採集したアユの河川へ遡上後の耳石長の比較

したアユは下流に定着するのか。

アユの耳石のSr／Ca比を分析すると、海から川に入った時期を特定できる。そういった分析から得られた情報を元に、河川に入ってからの期間の長さ（＝河川へ遡上後に形成された耳石の長さ）と採集された位置の関係を整理してみると、まず、早期遡上群（河川へ遡上後の耳石の長さが450μm程度以上）は上流に多いものの、一部は下流でも採集された（図1‐6）。対照的に後期遡上群（耳石の長さが350μm程度以下）は下流に多かったものの、上流でも採集されたのである。

この事実は、早期に河川に遡上したアユでも下流に定着するものがいる一方で、遅れて遡上してきたアユの中には早期～中期に遡上したアユを追い越すような形で上流へと移動した個体がいるということを意味する。アユの遡上距離、言い換えると定着場所の選択基準は個体によってかなり異なっていて、早期に河川に遡上したアユが

「ところてん式」に押し出されるように順次上流へと移動するというような単純なものではなかった。

どうしてこのような複雑な分布様式となるのかは、まだよく分からない。ただ、次のような説明が可能ではないかと考えている。

まず、アユが上流への分布拡大（移動）を行うのは、過密による過度の競合を避けるという意味が大きいことは、この研究から分かったことである。ただ、おそらくではあるが、密度の上昇に対する感受性には個体差があって、比較的低密度でもそれを嫌って上流に移動する個体がいる一方で、割と鈍感と言うか、密度の上昇をあまり気にせず最初の定着場所に居続ける個体もいる。そう考えると、今回の調査結果は矛盾なく説明できそうである。「密度の上昇に対する感受性には個体差がある」という仮説が正しければ、の話ではあるが。

上流への移動は〝得〟なのか？

２０１４年に友釣りで採集したアユの成育状態を見てみると、上流の個体は中流や下流に比べて体長が大きく、肥満度（肥り具合を表す値で、値が大きいほど肥っている）も18以上の高い値の個体で占められていた（図1-7）。これに対して、中流では肥満度は上流と同様に高かったものの、体長にはばらつきが見られ、さらに、下流では体長のばらつきに加えて、肥満度のやや低い個体も混じっていた。

これらのことを考え合わせると、上流への定着は移動に費やすコストは大きいものの、相対的に生息密度が低いために餌資源をめぐる競合が少ないことで、良好な体成長を得る可能性を高めることが

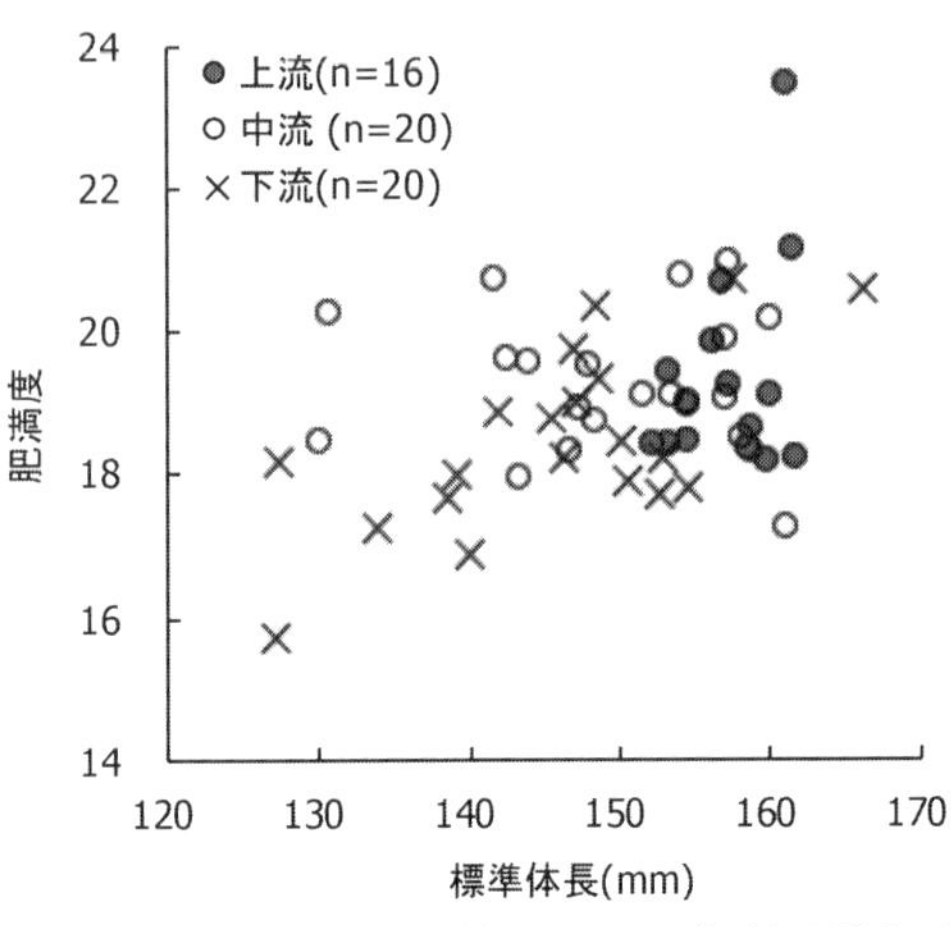

図 1-7　3つの区間で採集したアユの体長と肥満度の関係

できると言えそうである。一方、密度が高くなりやすい中流や下流に留まると、移動に費やすコストは小さいものの、良好な成長が約束されるとは限らないことになる。上流へと移動すべきか、あるいはそのまま定着すべきかの決定は、このような得失のバランスのうえに成り立った個別の〝判断〟と考えられる。

この考え方が正しければ、遡上中のアユは十分な摂餌条件が整えば、移動にかかるコストを最小限に抑える行動を取る（＝あまり上流には遡上しない）と推察される。そして実際に、生息数が最も少なく（図1－4）、河川全体の平均密度が0・09尾／㎡と極端に低かった2018年には、分布上限が他の年よりも10～15㎞も下流側にあった。

朱太川のアユの高肥満度が意味するもの

四国を流れる河川において1994～1997年に友釣りと投網で採集した4415個体のアユの肥満度のモードは15・1～16・0で、18を超えるものは

図 1-8　朱太川で採集した高肥満度のアユ

10・1％に過ぎなかった（詳しくは「アユの肥満度（近年のアユは痩せている）」で検索）。これに対して、朱太川で２０１４年に採集されたアユの肥満度は大部分（84％）が18を超えており（図１‐７）、著しく高い肥満度と言える。

アユの抱卵数は体重が大きいほど多くなるため、このような肥満度の高さは繁殖成功度を高めることに寄与する。朱太川のアユの生息数は２０１８年のように生息数が著しく減少した状態からでも、１年後の２０１９年には平年の倍の水準まで回復した（図１‐４）。朱太川のアユの異常とも言える肥満度の高さは、親魚数が少なくても抱卵数を多くすることにつながるため、資源水準が低下した状態から短期的に回復することを可能にする一因となっていると考えられる。

仮に、河川構造物によって自由な移動が阻

害された場合、過密になりやすく、成長が悪化し、ひいては産卵量の減少を引き起こす危険性が高くなる。生息数（密度）に応じて生息範囲を拡大・縮小することで、河川のキャリングキャパシティ（収容力）を効率よく利用するアユの密度調節のシステムは、構造物によって自由な流程分布が阻害されるとその機能を失っていく。このことが資源の縮小や回復の遅れにつながる危険性があることは容易に想像され、河川に構造物を建設する際に、生物が自由移動できることを保障することの重要性を再認識させられる結果となった。

文献

高橋勇夫・間野静雄　２０２２　遡上行動を阻害する構造物が無い北海道朱太川における天然アユの流程分布　応用生態工学　25（1）：1-12

4　アユのごはん 藻類を深掘りしてみる

［坪井潤一］

川で暮らすアユの主食が藻類であることは、読者のみなさんのみならず、おそらく多くの日本人が知識として持っているだろう。アユはコケを食べ、その食べ跡は、「ハミ跡」と呼ばれます、といった具合に、アユの紹介文のデフォルトとなっている。アユ釣りをするとき、釣り人はこのハミ跡を求めて川をさまよう。しかし、アユが食べた跡があるということは、まだ食べていない、つまり、藻類のサラ場（手つかずの場所）を狙うという逆転の発想があっても良い。しかし、そうはならない理由を解説したい。

アユの主食は珪藻ではなくラン藻

筆者は藻類に詳しい。というか、藻類の専門家である茨城大学の阿部信一郎さんに古くからお世話になっており詳しくなった。もちろん、この章も阿部さん監修なので、安心してお読みいただきたい。アユの主食は珪藻（けいそう）であると、しばしば耳にするが、これは間違いである。珪藻はガラスの主成分であるケイ素で覆われているため、アユは中身の一部しか消化できない。アユの主食はラン藻である（図1-9）。

ラン藻は正確には藻類ではなくシアノバクテリアで、真正細菌に属し、光合成をおこなう原核生物である。ラン藻＝シアノバクテリアというのは、なんとも受け入れがたいかもしれないが、事実であ

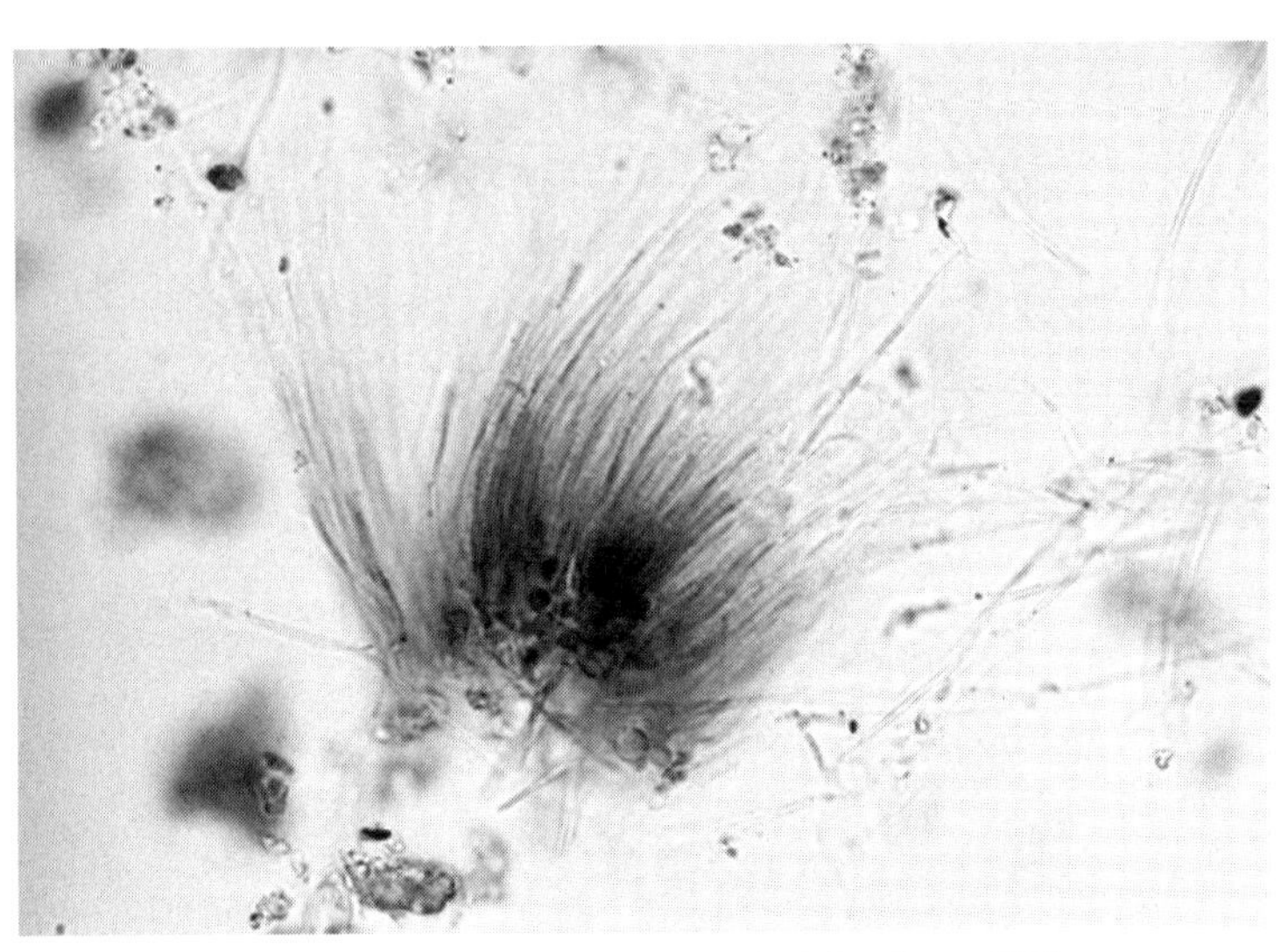

図1-9　川底の石に付着するラン藻（阿部信一郎さん撮影）

る。実はこのシアノバクテリアには、タンパク質や脂質が豊富に含まれ、アユが1年で30㎝程度まで成長する原動力になっている。

　長野県の諏訪湖が富栄養化していた時代、アオコが発生していたが、アオコの主成分はまさにシアノバクテリアである。つまり富栄養化した環境水では、シアノバクテリアが異常繁殖することを示している。裏を返すと、ちょっとくらい汚い、というと言い方が悪いが、適度に栄養が含まれている水のほうが、シアノバクテリアの生育が良く、アユが良く育つことを意味している。全国には、アユが大きく育つ川がいくつもあるなかで、○○ブルーと呼ばれるような透明度の極めて高い清流を、少なくとも筆者は知らない。熊本県の球磨川は川底の石がはっきり見えるほどには透明度が高くなく、人々の生活のすぐそば、人吉市の街裏で尺アユがばんばん釣れることと併せて考えると、読者のみなさ

図1-10　球磨川（人吉市内）で釣ったアユ

ん も合点がいくのではないだろうか（図1-10）。まさに、水清ければ魚棲まず。

アユとシアノバクテリアのつながりは、とても深い。阿部さんが執筆された論文の一つに、アユがシアノバクテリアを食べるほどに、シアノバクテリアの生長が良くなるという、驚きの研究成果がある（図1-11）。

つまり、アユは川底を食むことで、ケイ藻でも緑藻でもなく、自身の好物であるシアノバクテリアが生育しやすい環境を自ら整備しているのだ。これは、畑を自ら耕し、収穫するという農業そのものだ。ちなみに、アユが食べるシアノバクテリアには、複数種いて、必要とする栄養塩（窒素とかリンとか）が微妙に異なると阿部さんはいう。ただ、種間で共通しているのは、比較的温かい水を好むということだ。春か

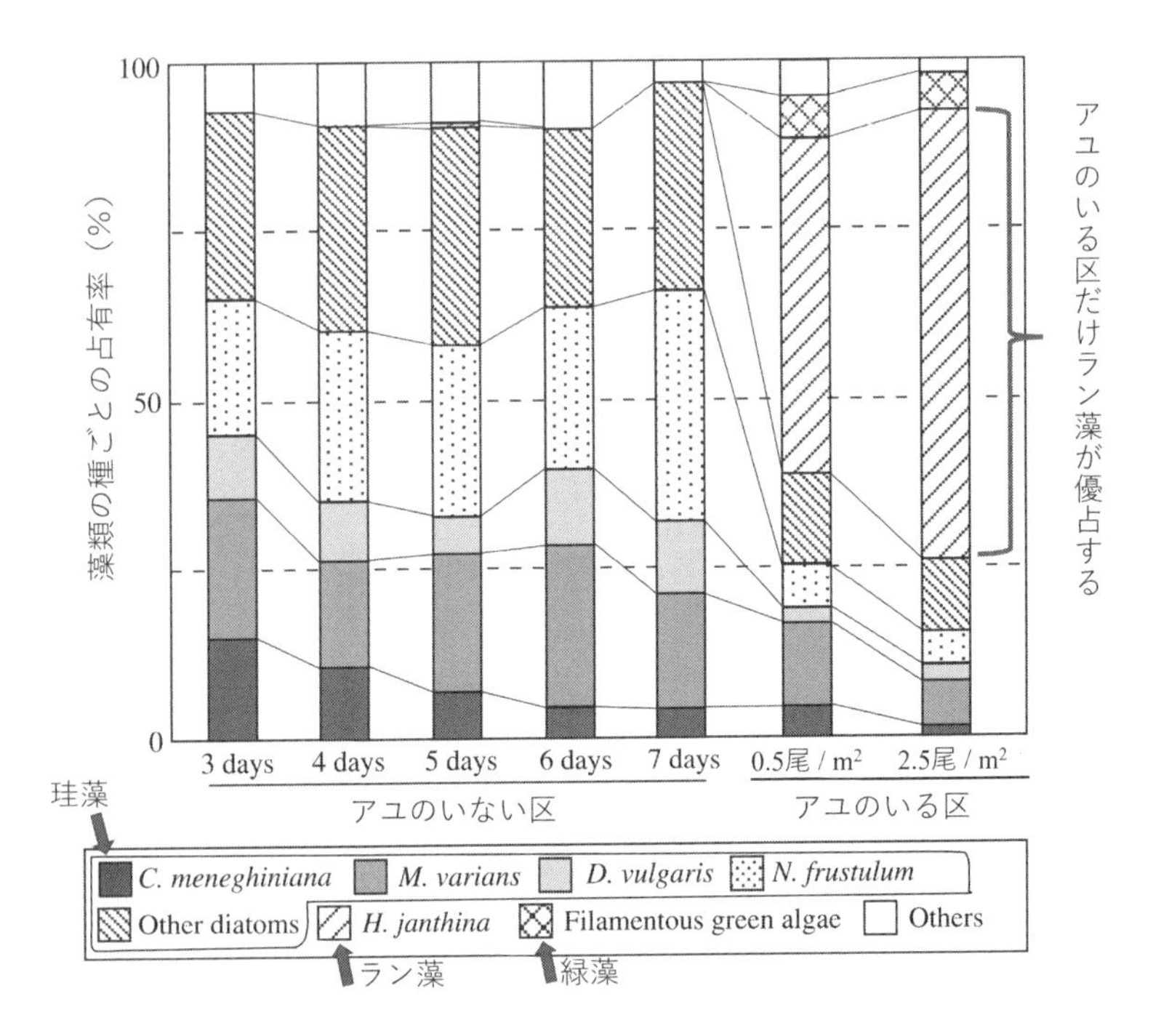

図 1-11 流水のある飼育池で藻類の繁茂状況を調べた実験（Abe et al. 2007 を改変）。アユがいない区では珪藻が優占するが、アユがいる実験区、とくに1㎡あたり 2.5 匹いる区ではラン藻（シアノバクテリア）が優占する

ら初夏に向かって、どんどん川底がきれいに磨かれていくのは、アユの活性もシアノバクテリアの活性ものぼり調子で、どんどん成長、生長するからだろう。一方、暑すぎてアユがまいってしまうと急に川底に光沢が無くなっていくことも、これで納得がいく。アユに不適な藻類が生い茂ってしまうというわけだ。

驚異的なアユの成長率

ここで、もう一つ、アユの基礎的な成長パターンについてご紹介したい。少し話はそれるが、生態学は経済学と関係が非常に深い。すき間産業はニッチ（niche）とよばれるが、生態系における種の位置づけも同様にニッチとよばれている。「ニッチが大きくかぶる2種は共存できない」という一般法則が生態学にはある。ヤマメとアマゴの本来の分布域がきっちり分かれていることがそれを証明している。キャラがもろにかぶる2人は仲が悪いとか、研究内容が似た研究者同士は仲が悪いとか、人間にも当てはまるところは多い。その点、本書の筆者3人は、利害関係もなく、適度な距離感でニッチをうまく分け合っていると筆者は信じている。

アユの成長に話を戻したい。体重が日に日に増加していく計算式は、借金や預金が一定の利率で膨らんでいくのとまったく同じ考え方である。そう、足し算ではなく掛け算なのだ。1日あたりの体重増加率で成長速度を表すことが多く、日間成長率とよばれている。養殖のマダイで日間成長率が2％程度であるのに対し、アユの日間成長率は3–5％程度と、えげつないくらい高い。特に5g前後の稚魚期には5％を超すこともある。2週間、つまり1・05を14乗すると1・98となり、体重がほぼ2

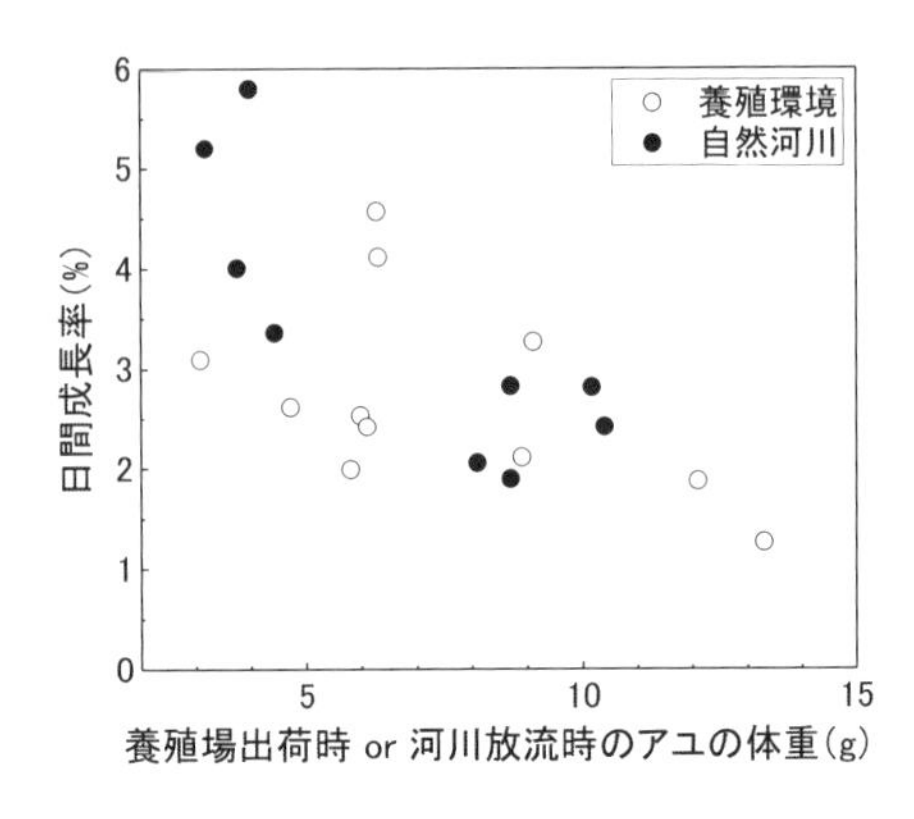

図1-12　養殖環境と自然河川に放流後のアユの日間成長率

倍になる。消費者金融もビックリな利率で体重が増えていくのだ。それ、養殖環境でしょ？　と言われそうだが、養殖環境で配合飼料を食べても、自然河川で藻類を食べても、それほど変わらない。図1-12は、筆者が山梨県水産技術センターで配合飼料で飼育したときの日間成長率（○）と、栃木県から熊本県までの5県が参加して行われたアユ放流試験の河川での日間成長率（●）を示したものだ。

配合飼料に関する研究開発の歴史は古く、総合栄養食としてほぼほぼ完成している。それにも引けを取らないシアノバクテリア（ラン藻）は、アユが見つけた最強フードと言っていい。むしろシアノバクテリアに追いつけ追い越せで配合飼料が開発されてきた、というほうが正しいかもしれない。この図1-12で、もう一つ興味深いのは、日間成長率が体重に強く依存していて、3gから7g程度で成長率のピークを迎え、その後、ゆるやかに低下していくことだ。アユ稚魚は1kgあたり○○円、つまりキロ単価で取引されるので、小さいサイズで購入するほど尾数が増える。そのうえ、小さいときほど日間成長率が高い。早期に小型のアユを放流する戦略の肝は実はここにある。この５ｇ前後の時期を川で過ごしてもらうことで、放流のコスト・パフォーマンスはぐんと良くなる。一方、養殖業者は、せっかくシラスの時期を乗り越えて、つまりリスクの高いステージを超えたのだから、ここで一気に体重を増やし、１尾あたりのサイズをできる限り大きくして出荷したいという強いインセンティブがはたらく。３－10ｇのステージをめぐる養殖業者と漁協との駆け引きは熾烈だ。双方が持続可能な妥協点を、放流する河川の水温（８時８℃以上が目安）などと合わせて、検討する必要がある。

アユの成長と美味しさの関係

成長が良いことは釣れるアユが大きく育つことを意味し、また、卵や精子をたくさん持つことができるため、生物としても有利な点が多い。しかし、味となると話は別だ。というか、味と成長には負の相関があるように思う。清流めぐり利き鮎会でグランプリを獲得するような河川は、たいてい山間の河川上流域であることが多い。透明度の高い低水温の環境でゆっくり育ったアユが美味しいように思う。しかも、増水後、新アカと呼ばれるフレッシュなラン藻を食べているタイミングで釣られたアユが利き鮎会に出品されるという。

そういう意味では、北海道の朱太川がグランプリを獲った意義は非常に大きいと思う（図１－13）。関係者に聞くと、ほとんど無選別で、利き鮎会用のアユをそろえ、冷凍の仕方も特にこだわりは無いという。たしかに、全流域、どこで釣っても、朱太川のアユはいつでも美味しい。その理由をいくつかあげてみたい。まず、水がいい。ブナの森がはぐくんだ朱太川の清冽な水はミネラルウォーター

図 1-13　2015 年、北海道黒松内町を流れる朱太川が利き鮎グランプリを獲得した

図 1-14　朱太川のアユ

としても名高い。ただ、地質のせいか透明度は高くなく、少し茶色みを帯びている。この森からのダシが味を良くしていると個人的には推察している。また、夏場の日照時間が短く稲作に不向きであり、流域に水田がごくわずかしか存在しないため、濁りが発生しにくいこともアユの味に貢献しているように思う。おまけに北海道には梅雨がなく、河川に遡上する5月から繁殖期の9月まで、短期間のうちにもりもりラン藻を食べる。先に説明したとおり、アユがラン藻を食べるほど、ラン藻が生育しやすくなる。こうした複合的要因がすべてアユの味を向上させ、いつでもどこでも日本一のアユが釣れる釣り場を作り出している。ちなみに、種苗放流は一切されておらず、純天然のアユを釣ることができる（図1-14）。

釣れたアユをみて、系統とかなんとかを気にする必要はない。カワウもサギ類もいるにはいるが、それも含めて朱太川の自然と、関係者は口をそろえる。みなさんも一度、朱太川に遠征していただきたい。

文献

Abe S. Uchida K. Nagumo T. Tanaka J. 2007. Alterations in the biomass-specific productivity of periphyton assemblages mediated by fish grazing. *Freshwater Biology* 52, 1486-1493. https://doi.org/10.1111/j.1365-2427.2007.01780.x

5　巨アユについて考える

［高橋］

巨アユを水中で見た

長年、川に潜ってアユを観察するということを続ける中で、尺アユを何度か目にしたことがある。水中では実際よりも大きく見える（1・3倍ほど）ため、尺ちょうどぐらいの大きさのアユでも相当にでかく見え、かなりの迫力である。

その中でも忘れられない2尾のアユがいる。1995年の10月に安芸川（高知県）で見たアユと、2012年の10月に奈半利川（高知県）で見たアユである。両方とも40㎝は軽く超えているように見えたので、実寸でも35㎝前後はあったのではないだろうか。まさに巨アユである。

安芸川で見たアユは、私が水面近くから観察していても、特に気にする様子もなく悠々と大石が点在する淵の底を泳いでいた。巡回する範囲は5×2mぐらいの広さで、ほぼ一定していた。もしそれが「ナワバリ」だとすると、とてつもない広さである（そこに侵入する勇気あるアユがいなかったので確認はできなかった）。

奈半利川で見た巨アユは、恥ずかしながらそれがアユであることにしばらく気がつかなかった。大きなウグイと思っていたのである。この巨アユは上流の早瀬からの強い水流が当たる淵の岩盤の回りを餌場としていた。少しの間、その巨大な姿を観察させてくれたが、私の体が流れにもまれて動いたのを機にどこかに行ってしまった。

尺アユが育つ条件

アユが大きく育つ川の条件として、石田力三さん（アユ研究の大御所、故人）は、①大河川であること、②温暖な地方にあること、③水がきれいなこと（砂泥による濁りが少ないこと）をあげている。尺アユを狙って釣れる川として富士川、紀の川、揖保川、江の川、吉野川、四万十川、球磨川、五ヶ瀬川などが頭に浮かぶ。いずれも流程が１００㎞を超えるような大河川である。やはり、大きな川であることが大アユを産する条件の一つとなっているようだ。

ただ、流程17㎞しかない羽根川（高知県）でも２０１２年に尺アユが釣れたし、先に紹介した安芸川や奈半利川の流程も30～60㎞と短い。近年尺アユ狙いで名前を耳にすることが増えてきた福岡県の矢部川も流程67㎞の中規模河川である。

つまり、単純に器が大きければ良いということではなく、大河川にありがちな特性が大アユを育んでいると考えるべきであろう。その特性というのはおそらく①アユの生息密度が低いことと、②竿や網の届かない場所が広く存在することである。②の広さの問題は、ご理解いただきやすいと思う。尺に育つまでに釣られては元も子もないわけで、大河川ほど竿抜けしやすく、尺になるまで生き残る確率が高くなる。

①の生息密度に関しては、アユがたくさんいる川では釣れるアユの平均サイズが小さくなることを思い出していただきたい。生息密度が高いと1尾あたりの餌場が狭くなるということだけでなく、ナワバリの確保（侵入アユへの攻撃行動）にもエネルギーを使うし、ナワバリを守るために時間を浪費し、餌を食べる回数そのものが減ってしまうからである。密度が低いほど餌を食べることに専念でき

図1-15　尺アユの有名ポイント、五ヶ瀬川カンバの瀬

ることで多くのエネルギーの獲得につながり、その獲得したエネルギーを体成長に回す割合も大きくなるのである。

尺アユの川としてあげた四万十川は、実は1990年代までは尺アユが数出る川ではなかった。ところが近年は、天然遡上が減っていることもあってアユの生息密度は低い。四万十川で急に尺アユの数が出始めたのは、そのような理由からである。

石田さんがあげた条件の2つめの「温暖な地方にあること」は、東北の河川で尺アユが少ないことを考えれば納得できる。アユの生息適温は15～25℃で、この水温帯であれば水温が高いほど活発に餌を食べる。そのため、早期から水温が上昇しやすい温暖な気候というのは尺アユに育つために重要な条件となる。また、餌となるコケ（付着藻類）の生育も基本的には水温が高いほど良くなるので、餌の供給という面からも温暖であることは重要である。

見落としがちなこととして、温暖な地方ではアユの河川生活期間も長くなることをあげておきたい。例えば北海道のアユは5月に遡上して、9月にはほぼ産卵を終える。それに対して南国高知では、2月から遡上が始まり、産卵は早くても10月中旬である。アユは河川に遡上してからの成長速度が大きいことを考えれば、河川生活期間が長いというのは尺まで育つうえでかなり有利な条件となる。

ただし、水温が高ければ良いかというとそんな単純なものでもない。アユは変温動物なので水温が高くなると、代謝スピードも速くなる。いくら頑張って餌を食べても基礎代謝にエネルギーを奪われて、体成長に回せる割合が低くなる。夏場の水温が28℃を簡単に超えてしまうような川では、尺には達することはできても巨アユと呼ばれるようなアユに育つのは難しくなるだろう。

石田さんがあげた3つめの条件、「水がきれいなこと」は、餌となるコケの生育が良い（光合成が阻害されない）ということと、食べた餌に砂泥の混入が少なくて餌料効率が良いということと関係する。以前に物部川（高知県）で友釣りで採集したアユの成育状態を和吾郎（にぎろう）さんらと調べたことがある。アユの胃の中に含まれていた砂泥（コケに付着していたもの）の割合とアユの肥満度の関係を見てみると、図1-16のように胃の中に砂泥が多ければ、アユの肥満度は低下した。

どういう仕組みかというと、川が濁るとコケに付着する砂泥が多くなる。そうなると、同じ量の餌を食べても砂泥が含まれる分、栄養価が落ちてしまうのである。ただ、分析に用いたサンプルはすべて友釣りで採ったものである。友釣りができるぐらいの弱い濁り（見た目は、きれい〜笹濁り程度）であってもアユの成長にはマイナスになるというのは、意外な事実であった。

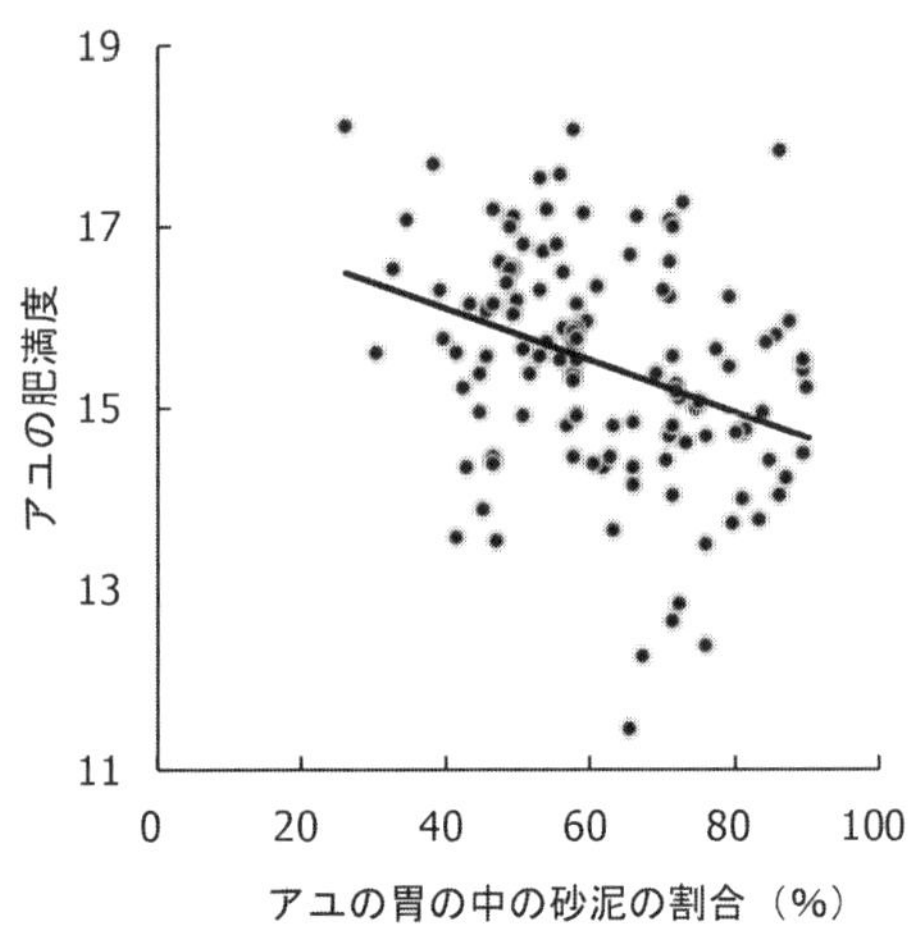

図1-16　物部川で友釣りで採集したアユの胃の中の砂泥の割合と肥満度の関係

東日本で尺アユが釣れる数少ない川の一つに富士川があった。２０１０年以前は1軒のオトリ屋さんだけでも年間に40尾ほどの尺アユが確認されていた。ところがその後5年ほど尺アユの確認（オトリ屋さんへの持ち込み）がまったくなくなっている。その原因として可能性が高いのは川の濁りである。２０１１年9月の台風で上流の山が崩壊したようで、山梨県側の支流から雨のたびに強い濁りが出ていること、そしてそれが長期化していることが分かってきた。流域で行われている砂利採取も濁りの一因（汚泥が川に不法投棄されていたことも報道された）となっている。

このような事例を目にすると、尺アユは川の健全性のバロメーターであることが理解できる。川が健康でないと、アユは大きくなれない。河川の生態系のピラミッドを思い浮かべると、アユは植物（生産者）を食べる1次消費者である。アユのようなピラミッドの下位に位置する生き物が成長できないということは、その上位の生き物すべてが生存の危機にさらされていることを意味する。実際、富士川で失われたのは、尺アユだけではない。アユを含め、すべての生き物が異常に少なかったのである。

アユは40㎝に達するか？

私が知っている（確認できた）範囲での最大のアユは、宮崎県五ヶ瀬川日之影町で1994年10月に釣られた全長36・5㎝、体重600gという個体である。実際にはさらに大きなアユがいるようで、球磨川でアユ釣りのガイドをしていた韮塚智彦さんによると、球磨川では38㎝（拓寸）のアユが釣られており、韮塚さんの釣りのお師匠さんは、「戦前に五ヶ瀬川で尺2寸8分（38・8㎝）の巨アユを釣ったことがある」と話していたそうだ。

では、可能性としてアユはどのぐらいまで大きくなることができるのだろうか？　実はこれを正確に検討するのは難しい。もちろん、大きな飼育池で飼って確かめることはできるのだろうが、それが自然の川で再現されるという保証はない。川の中で定期的に調査を行って、集団の成長を観察することは可能ではあるのだが、これだと友釣りで大きなアユから漁獲されれば、実際よりも成長を過小評価してしまう。個体別に追跡することが必要なのだが、現実的には不可能である。

ということで、ちょっといい加減な話になってしまうが、河川で得たデータから推定してみた。

これまでの全国の河川でアユを観察した経験から言えば、現在、アユの成長速度が最も速いのはたぶん北海道。寒い地方なので意外に思われるかもしれないが、短い夏に急かされるように短期間で劇

図 1-17　高知では５月には23㎝ぐらいにまで育った天然アユを見ることがある。釣られなければ、秋には尺を超えるアユに育つのかも

的に大きくなる。

道南を流れる朱太川で、２０１４年７月に間野静雄さん（当時三重大学）と２人でアユを採集し、耳石のSr／Ca比と日齢を調べてみた。

朱太川の上流部で７月23日に友釣りで採集した全長１８６・７㎜のアユの遡上日は、５月31日と推定された。朱太川の遡上時の平均サイズは83㎜（前年に調査した）であったが、やや大きめで遡上したと仮定して、遡上サイズを１００㎜とする。そうすると、５月31日に遡上して、７月23日に採集されるまでの53日間での成長量は86・７㎜になる。この間の平均日成長量は１・64㎜／日と計算される。このあたりが河川でのアユの日最大成長量に近いと考えられる。この値を温暖な地方の河川に当てはめれば、アユの最大サイズを推定することができる。

先に紹介したとおり、高知での遡上は2月上旬から始まる。ただ、成長が良くなるのは水温が上昇する3月から。成長が止まるのがいつなのかは正確には分からないのだが、生殖腺が大きくなる9月には体成長はほとんど止まっているとすると、実質的な成長期間は3月から8月の6ヶ月間（184日）となる。この間に先ほどの成長量で大きくなるとすれば、1・64㎜×184日＝301・76㎜となる。遡上時のサイズを全長100㎜とすれば、100＋301・76＝401・76㎜。全長40㎝に達することになる。

もちろん、成長期間中には大雨でコケが飛んでしまうこともあるので、コンスタントに成長できる可能性は低く、現実的には35～36㎝が精一杯ではないだろうか。

しかし、平均日成長量1・64㎜を算出した朱太川のサンプルは、それほど大きなアユではなかった。採集と併行して行った潜水観察では、少なくとも23㎝に達したアユを確認している。このアユの日成長量は1・64㎜を上回る1・7～1・8㎜／日と見積もられ、その成長量だと全長40㎝に育つことが現実味を帯びてくる。

竿も網も入らない大河川の深瀬や大トロ。このような場所で育った巨アユは産卵も目に付きにくい荒い深瀬で行うことが多い。人には一度も姿を見せないままに、その一生を静かに閉じているのかもしれない。

6　アユは自分の体の大きさを知っている？

［坪井］

ほとんどの読者の方が、自身の身長や体重を答えられるだろう。では、人間以外の他の生き物は、自身の体のサイズを認知できているのか？　こんな素朴な疑問に立ち向かったのが、筆者の学生時代の釣りサークルの先輩で、現在、北海道大学で教鞭をとっている小泉逸郎さんだ。小泉さんは筆者に釣りやスノーボードの楽しさを身をもって教えてくれた恩人でもある。当時、北大釣愛好会では、イトウ、サクラマス、アメマスなどサケ科魚類を対象とした釣りが特に盛んだった。

サクラマスが海に降るか、川に残ってヤマメとなるかは、体の大きさで決まることが知られている。この分野に詳しい東京大学の森田健太郎さんによると、成長率などから絶対的なサイズ、例えば、今オレ10㎝くらいしかないから、イチかバチか海に降って大きくなってみるか（と思ってはいないが）といった、その川ごとの最適ルールに従って、降海のための準備である生理的変化「銀毛」のスイッチが入るか入らないかが決まる。

しかし、小泉さんたちが発表した論文の内容は、上記の結果とほぼ同様の結果ではあるが、研究のアプローチがまったく異なる。海に降るか川に残留するかの意思決定をする上で、自分のコンディションのみを信じれば良いか（絶対評価）、それとも他の個体との相互作用の中で決めるべきか（相対評価）を調べたのだ。結果は、環境が安定している時は己を信ずればよく（絶対評価）、変動性が大きい環境では他個体との相互作用を通して意思決定すべき（相対評価）、という結論だった（図1-

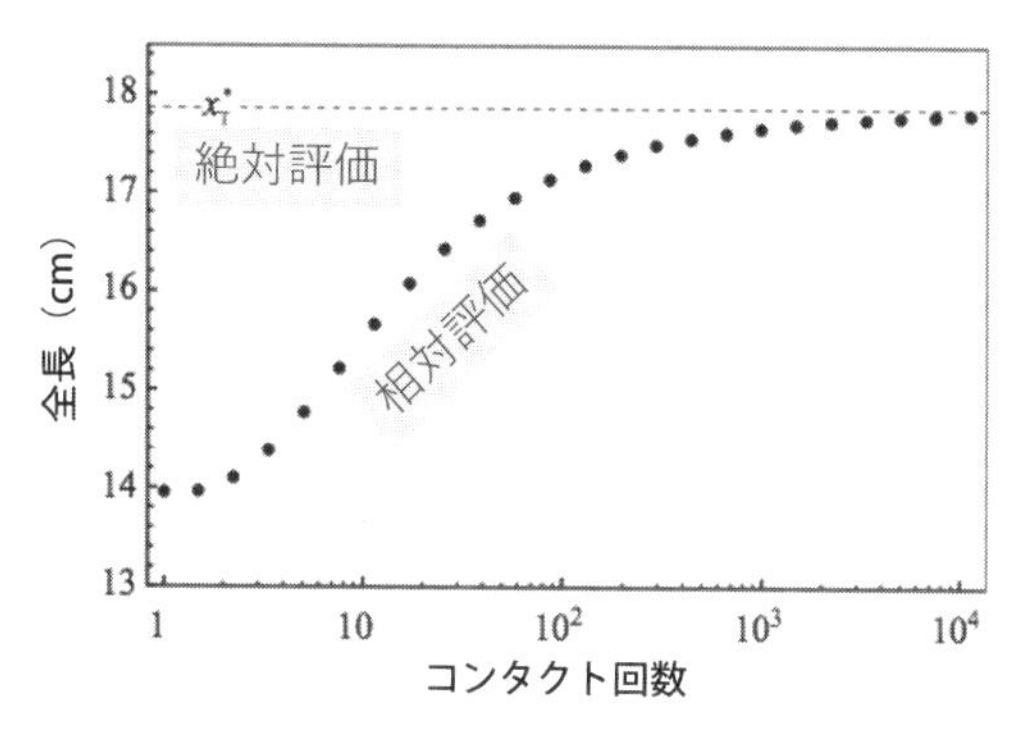

図1-18　シミュレーションによって得られたサクラマスが海に降るかどうかの体サイズ閾値（境界線の値）の変化。閾値よりも小さいと海に降るという意思決定をする。絶対評価は一定だが、相対評価ではコンタクト回数（＝アユでいえば縄張り争いの回数）の増加によって変化していく

18）。

サクラマスでは海に降るか降らないかの意思決定の際、絶対評価モデルと相対評価モデルの両方が採用されうることがシミュレーションから明らかになった。ただし、これまでの実験などから自身の状態のみを信じる絶対評価モデルが一般的だと考えられている。安定環境であれば自分が大体このくらいだろうという予測が立つので、判断ミスのある相対評価（他の個体とのコンタクト数が少ない場合は自分の大きさを見誤ってしまい間違えた選択をする）をする必要がない、というのが小泉さんたちの考察である。ちなみに、図1-18で、コンタクト回数が少ないほど、海に降る閾値（境界の値）が小さいのは、自分の大きさを見誤ったとき、間違ってリスクの高い海に降るという決断をしないよう閾値を小さめにしておき、海に降りにくいようにしておくほうが有利だからだと小泉さんは言う。

一方、アユの場合、わたし20㎝になったから縄張

りをつくってみよ、ということにはならない。他の個体との縄張りをめぐる争いを通じて、コイツよりは小さいけど、アイツよりは大きい、といった相対的な体サイズを把握していると考えられる。アユの場合、河川中流域に生息するため、洪水による濁りや高水温といった環境変動の影響を受けやすく、また極度に喧嘩好きなため個体間の相互作用も非常に大きいであろう。そのため、アユが採食、移動、繁殖など、一生を左右する大きな決断をする際は、相対評価が重要であろうと筆者は考える。アユは日がな一日、他個体との争いを繰り広げて常に相対評価をしているため、自身の身長、体重といった日々の体調モニタリングは、もしかしたら私たちよりも正確なのかもしれない。

文献

Tachiki Y., Koizumi I. 2016 Absolute versus Relative Assessments of Individual Status in Status-Dependent Strategies in Stochastic Environments. *The American Naturalist* 188(1), 113–123. https://doi.org/10.1086/686899

7　アユの遡上量　［坪井］

魚偏に占うで鮎。昔は戦争の勝ち負けの予想に、アユの遡上量が使われていたと聞く。アユの遡上量が安定していては、毎年、引き分けになってしまい占いにならない。つまり、昔から、ジェットコースターのような遡上量の年変動を繰り返してきたと推察される。そうはいっても、読者のみなさんは毎年毎年、じゃんじゃん遡上してほしいと、思っていることと思う。筆者も、春になると人脈をフル活用して遡上状況の情報収集をしている。これを個人的な情報として囲っておいてはいけない、と全国の水産試験場など水産関係者のメーリングリストで遡上状況について報告してもらい、情報共有を行っている。そうすると、野球の打率のように、最近◯◯年中◯◯年が当たり年で、といった具合に、中期的な好調不調の地域差も鮮明になってくる。表をご覧いただきたい（表1－1）。最近8年間でアユの遡上量が少なかった年を灰色で示した。

まず、灰色の年が無い河川は存在しない。最低2度は遡上量が少ない年を経験している。逆に、8年ずっと灰色という河川もない。止まない雨は無いのだ。しかし、日本海側西部で、雨が多すぎやしないか。秋田県米代川は遡上が少ない年の直後にV字回復して「多い」年が来ているが、島根県高津川、江の川では6年連続で少ない年が続いた。2021年、島根県ではようやく遡上量が回復したので、ご紹介できるが、2020年までのデータであれば、ちょっとシャレにならない状況であった。

一方、こういう窮地に陥っている状況こそ、研究のやり甲斐がある。2020年、遡上量不調の真っ

表 1-1　全国各地から寄せられた遡上量の経年変化

海域	県	河川名	「少ない」年数	2015	2016	2017	2018	2019	2020	2021	2022
日本海側	秋田県	米代川	2	やや少ない	平年並み	多い	少ない	多い	多い	多い	少ない
日本海側	山形県	最上川	3	平年並み	多い	平年並み	少ない	多い	多い	少ない	少ない
日本海側	富山県	神通川	4	少ない	平年並み	平年並み	平年並み	少ない	やや少ない	少ない	少ない
日本海側	福井県	九頭竜川	5	やや少ない	やや少ない	少ない	少ない	少ない	少ない	多い	少ない
日本海側	鳥取県	日野川	4	少ない	やや少ない	少ない	少ない	やや少ない	少ない	やや少ない	多い
日本海側	島根県	高津川、江の川	6	少ない	少ない	少ない	少ない	少ない	少ない	やや多い	多い
太平洋側	神奈川県	相模川	2	多い	平年並み	多い	多い	平年並み	少ない	少ない	多い
太平洋側	岐阜県	長良川	2	多い	やや多い	多い	やや多い	やや少ない	やや多い	少ない	少ない

ただ中に、なぜ、日本海側西部の河川で天然アユの遡上量が少ないのか調査が始まった。

アユに課せられた72時間ルール

中国のことわざに「水清ければ魚棲まず」というものがある。現在では、潔白すぎる人は近寄りがたく敬遠される、という意味で使われるようだ。しかし、最初にこれを言った人は、ちょっと汚れた海や川のほうが魚が多くいるという経験則に基づいていたのではないだろうか。実際、広島大学の山本民次さんは、瀬戸内海や諏訪湖をフィールドとし、貧栄養化問題を以前から指摘している。筆者も山梨県職員時代は、諏訪湖に行くことがよくあり、現在でもカワウやカワアイサという魚食性カモ類の被害対策の会議にお招きいただいている。近年のワカサギ不漁は複合的な要因によるものとされるが、その1つとして貧栄養化があげられる。富栄養の象徴であるアオコが発生していた昭和のころ、ワカサギの資源量が一番多かったと聞いた。ワカサギに必要なのは餌となる動物プランクトンで、特に仔魚が食べられる小型の動物プランクトンがあることが、重要視されている。実は、アユもまったく同じであることが、近年の研究で明らかになってきた。

一般的に言って、日本海側の海水浴場に行くと、太平洋側より透明度が高く、きれいであることが多い。これは海水に含まれる栄養塩の濃度からも明らかである。地形や海流、水温の違いもあるだろうが、人口密度によるところが大きく、人為的に川から海に排出される汚れ（栄養塩）の量が違うためであろう。北風が吹き始めるころ、ふ化した直後のアユ仔魚は、砕波帯と呼ばれる波打ち際にいる。ちょうど夏に私たちが海水浴をするあたりを、今度はアユが利用することになる。

高橋勇夫さんによると、全国各地でのアユ調査を通じて、アユの遡上量を決定づけるのは、卵からふ化し流下した直後であるという。富山県水産試験場の田子泰彦さんも、神通川–富山湾での調査で、同様の手ごたえをつかんでいる。アユはふ化直後、卵黄と呼ばれるお腹の出っ張り部分に蓄えられた栄養で生きることができる。しかし、この卵黄は丸3日程度で使いつくされてしまう。業界では72時間ルールと呼ばれている。つまり、ふ化後72時間以内に海にたどりついて、餌となる小型の動物プランクトンを食べられるかどうかが、一生の最初にして最大の難関となる。

アユの生死を分けるのは、海に降ったときに、プランクトンが豊富にあるかどうかに尽きる。また「豊富さ」の基準もアユが降るタイミングによって変化する。海水温が高すぎるとアユの代謝が高く、餌要求量が多すぎて死亡率が高くなる。土佐湾ではアユ降海時に海水温が24℃以上であると仔魚の生残率が著しく低下すると言われている。早期に生まれ、早期に遡上してくるアユが、友釣りの対象となるのは事実ではあるが、地域によっては早すぎてもダメというわけだ。また河川でも沿岸域でも、水温など、環境の年変動が大きいため、アユの産卵期は長期的にダラダラ続くことが望ましい。どこかのロットが好適な環境を引き当てることができる。これは、ポートフォリオ効果と呼ばれ、元々、経済学用語である。株でいえば、ローリスク・ローリターンな株、ハイリスク・ハイリターンな株、いろいろ所有していることで、資産を安定的に運用できることを指す。毛細血管のように走る大河川の流域ネットワークでも、ポートフォリオ効果は期待できる。米代川は言わずと知れた東北のアユ釣り名河川だが、河口から山間まで、大小さまざまな支流が流れ込み、流域全体いたるところでアユがみられ、五月雨式に産卵が行われる。秋田県水産振興センターの佐藤正人さんによると、２０２２年、アユの遡上量は非常に少なく本流でのアユ釣りは厳しい釣果だったが、各支流ではたくさんのアユが確認され、それぞれの支流でアユの産卵がみられたとのこと。どこかの支流由来のアユがきっと来シーズン、大量遡上をもたらしてくれると期待したい。

アユ資源V字回復のメカニズム

アユの遡上量はV字回復することが多い。理由は、密度効果と呼ばれるもので、遡上量が少ない年は、1個体あたりの縄張りの専有面積が広くなり、アユの成長率はぐっと上がる。遡上量が少ない年は、数釣りより型狙い、となるのはこういったプロセスによるものと考えられている。筆者の大先輩で、アユの飼育実験が大得意だった片野修さん。アユが多すぎると大きく成長できないうえに、縄張りをつくる労力、つまり、他の個体を追い払うコストが大きすぎて、多くの個体が群れアユになってしまうことを証明した。V字回復の話に戻ると、低密度の環境でのびのび大きく育った個体は、早くに産卵場への降下を開始し、早くに産卵する。早くに生まれた個体は早くに遡上してきて、翌年は解禁日からばんばん釣れる、というわけだ。

ではなぜ、日本海側西部ではV字回復が長らく見られなかったのか。それは日本海が貧栄養であり、最近、さらにそれが進行しているからだと考えられる（図1-19）。

早くに産卵しても、西日本であるため、水温は比較的高い上にプランクトンが少なく、餓死してしまう。実際、繁殖期は前半のみに偏り、流下する仔魚は早期にのみ多く見られるが、その後、ぱったりと見られなくなってしまう（図1-20）。

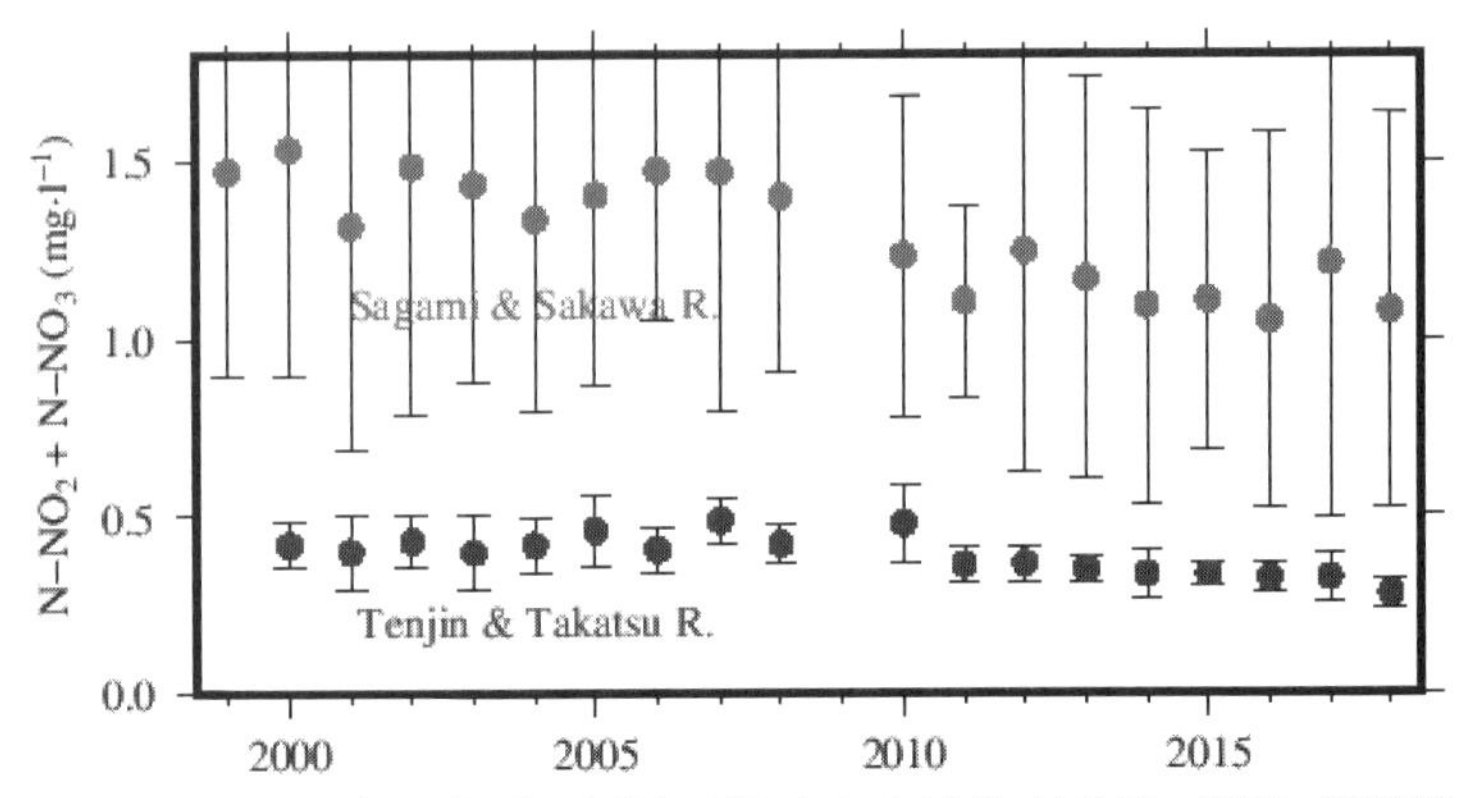

図1-19　相模川、酒匂川（いずれも神奈川県）および天神川（鳥取県）、高津川（島根県）における栄養塩濃度の指標である総窒素量（データ提供元 https://water-pub.env.go.jp/water-pub/mizu-site/mizu/kousui/dataMap.asp）（水産研究・教育機構 青木一弘さん作成）

水温が低下するとともに、アユの代謝が下がり、生きていくのに食べなくてはならない必要餌量も減ってくる12月上旬、海はアユの受け入れ態勢が整う。それなのに、産卵期はとっくに終わってしまっていて、肝心のアユ仔魚が川から海に流下してこない。アユが少ない↓川での成長率アップ↓早熟↓10月に産卵終了↓沿岸域で仔魚の生存率が高い12月にアユ仔魚不在という、悪循環が生まれる。つまり、普通なら期待されるはずの早期産卵、早期遡上群によるV字回復の道が絶たれてしまうのだ。

そうなると、鳥取県、島根県でどうやってアユ遡上量が回復したのか、いよいよ知りたくなってくる。調査に乗り出した2020年、残暑が厳しく産卵期が遅れに遅れた。そのため、大型個体も成熟が遅れ、繁殖期全体が後ろにずれた形となった。喉から手が出るほど欲しかった晩期産卵群がようやく出現したのだ。

2021年は遡上量がやや増えたことで、産卵親魚が増え、ダラダラと繁殖期が続いたことで晩期群がたく

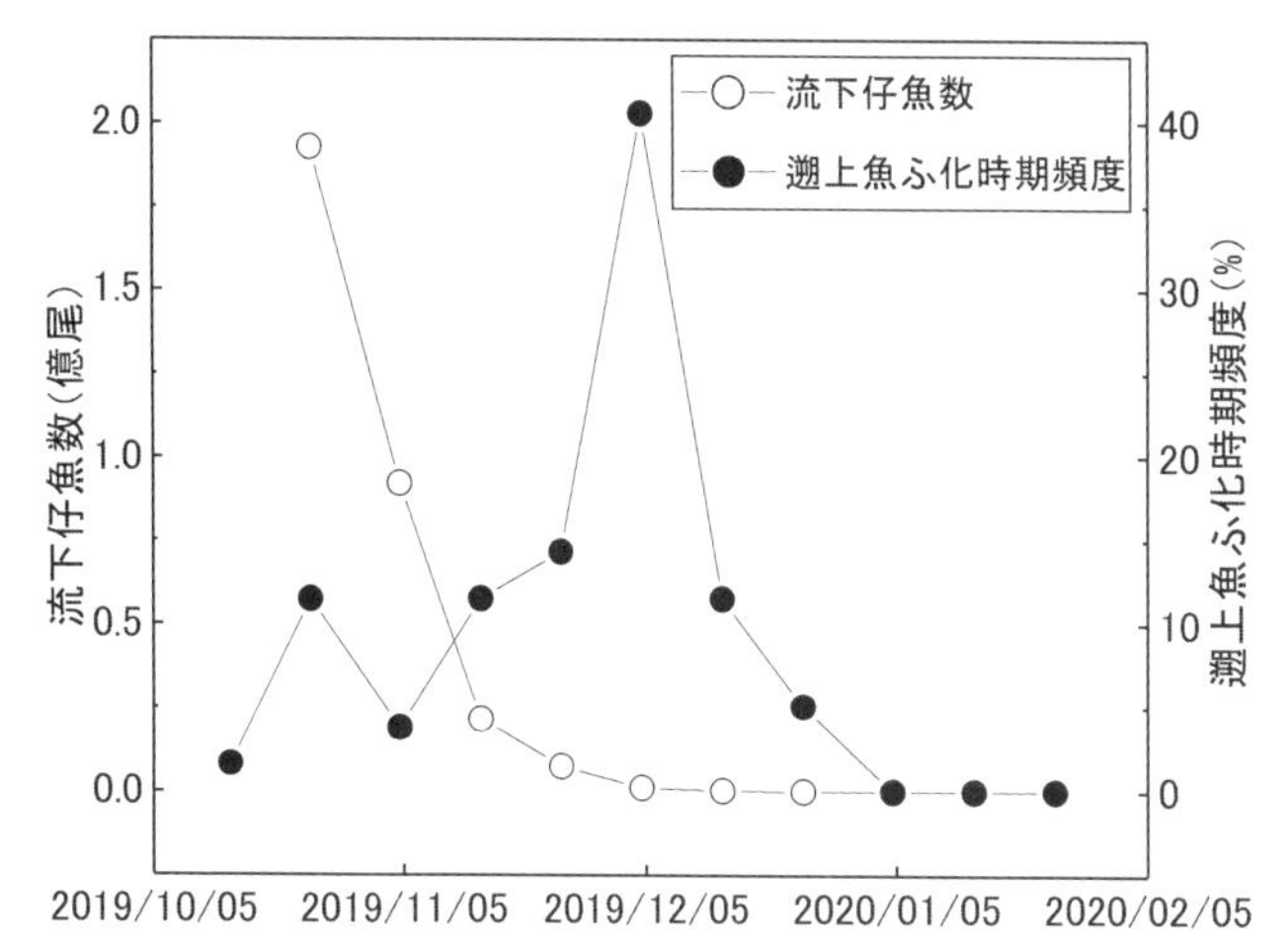

図 1-20　鳥取県日野川における 2019 年のアユ流下仔魚量（左の縦軸、○）と翌春の遡上魚の耳石から推定したふ化時期（右の縦軸、●）（鳥取県栽培漁業センター田中靖氏作成）。春に遡上してきたアユは 12 月上旬生まれのものが大半を占めるにもかかわらず、実際の流下仔魚量のピークは 10 月である。生存率の一番良い 12 月上旬の流下仔魚量は極めて少ないという「ミスマッチ」がおこっている。

さん生まれ、ついに２０２２年、大量遡上に地元が湧いた。鳥取県の日野川では、２０２２年、久々に川に活気が戻ってきた。鳥取県栽培漁業センターの田中靖さんは、流下する仔魚が前半と後半で2つのピークがある2こぶラクダ型になると翌年の遡上量が多いという。島根県高津川では鳥取県日野川と同様のアユ資源変動を示すことが多い。アユ資源復活は、２０１５年より高津川漁協で継続されてきた禁漁期の延長が実を結んだ瞬間でもあった。２０２２年も禁漁延長措置が継続されており、資源をもう減らしてはならない、という関係者の強い意志を感じた。気候変動が激しい昨今、アユの親魚をできるかぎり多く残すことで、どこかで当たりが出る「ポートフォリオ効果」の大切さが増していると思う。

文献

水産庁　２０２３　ボーズにならない！　釣れるアユ釣り場づくり　https://www.jfa.maff.go.jp/j/enoki/attach/pdf/naisuimeninfo-22.pdf

8　翌年を占う!?　遡上量予測

［坪井］

アユにかかわる関係者すべてがアユの遡上量に一喜一憂する。となると、天気予報のような、遡上量予測という強いニーズが生まれる。もし、早くに遡上量を予測することができれば、漁協としては、遡上量が多い年には、放流量を減らせるといった経営改善策を打つことも可能になってくる。また、同じ放流量であっても、天然アユが遡上可能なエリアでは放流量を少なくし、その分、堰やダムなど遡上障害の上流に放流量をシフトさせるといった順応的管理が可能となる。

これまで、秋の河川水温、河川流量、海水温、プランクトンの競合相手やアユの捕食者となるカタクチイワシの資源量などなど、アユの遡上量予測には、さまざまなものが用いられてきた（図1−21）。しかし、数年連続で的中しても、その後、ぜんぜん当たらなくなることもあり、予測精度が安定しなかった。さらに無茶ぶりなことに、全国共通のアユ遡上量予測モデルを作ってくれなどというリクエストが筆者に来ることもあった。最近では、環境DNAと呼ばれる、河川水や海水に微量に含まれる魚のDNA量から、魚の総重量を推定しようとする動きがあるが、アユの仔魚はいかんせん小さすぎる。実際、アユ仔魚の群れが目視できる港湾内で採水しても、DNAが検出されないことがあり、未来の技術革新を待たなくてはならない。しかし、先ほど説明したとおり、降海直後の仔魚の生存率次第で遡上量が決まるとしたら、それ以降、つまり、12月くらいに波打ち際にいるアユ仔魚の量をモニタリングすれば、昨年よりも多い少ないといった、相対的な遡上量の予測はつきそうである（図1

遡上量に影響する要因は？

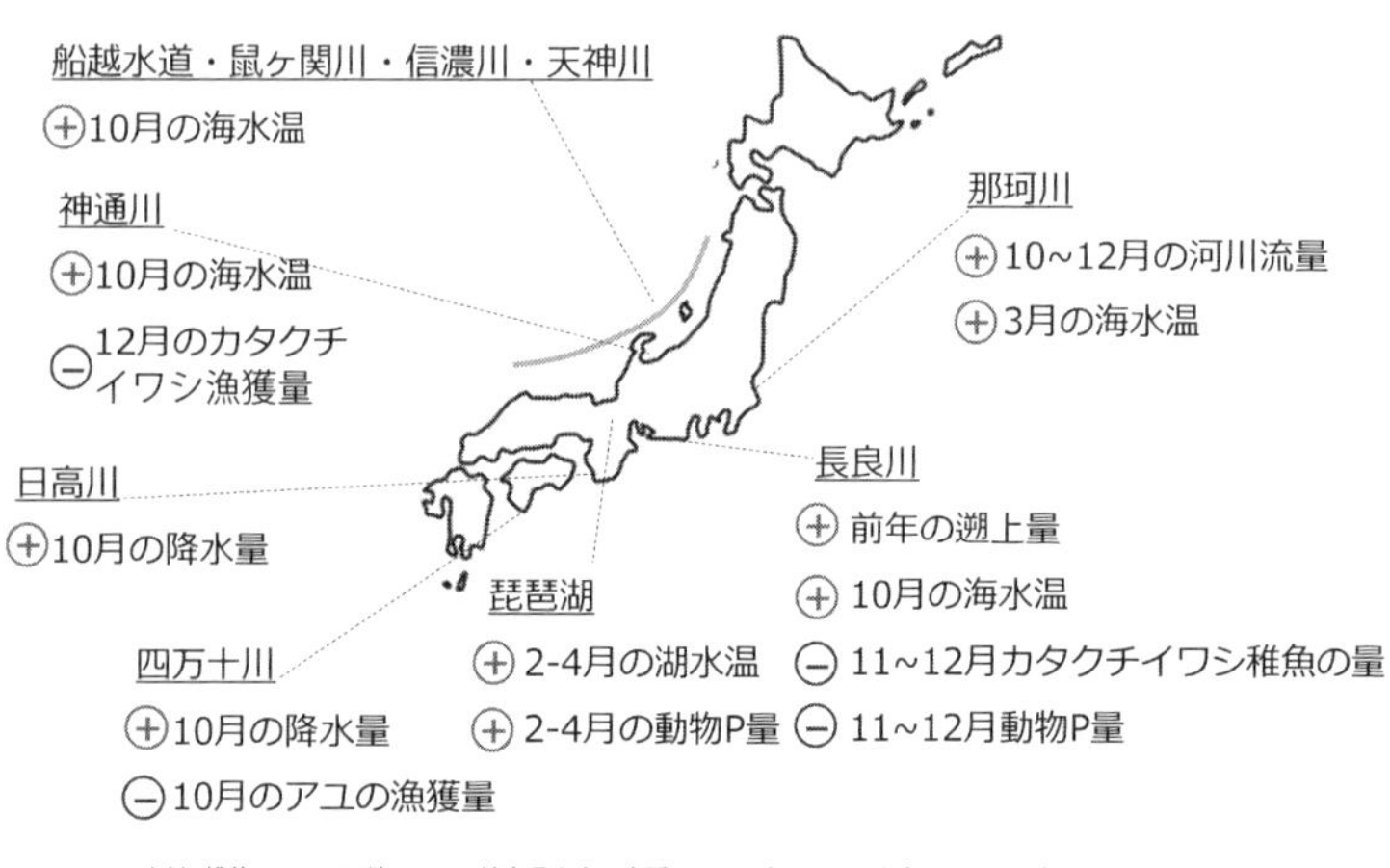

中村&糟谷 2004. 石嶋 2011. 岐阜県水産研究所 2012. 東 2010. 吉本 2008. 山本 2008. 酒井 2010, 2015.
田子&村木 2015.

図 1-21 これまで翌年のアユ遡上量と相関がみられることもあった環境要因（高木優也さん作成）。プラスマークは遡上量と正の相関を、マイナスマークは負の相関を示す

−22）。

そう思って実行に移したのが、鳥取県栽培漁業センターの田中靖さんだ。防水の充電式の蛍光灯を測量用の三脚にそれぞれ1本ずつ装着し、河口付近の内湾に沈める（図1−23）。ちなみに、防水の充電式の蛍光灯は、昨今のキャンプブームで市販されるようになったニューアイテムだ。

ウェーダーをはいた田中さんが三脚まわりに寄ってくるアユを、細かいメッシュ生地を張ったタモ網で掬う（図1−24）。

この灯火採集での時速○匹という獲れ具合と、翌年の遡上量に高い相関関係がある、と最近4年間の調査でわかってきた。まだ、これからデータを積み重ねていくため、お見せできない

図 1-22　波打ち際を泳ぐアユの仔魚（高知県土佐市にて高橋勇夫さん撮影）

図 1-23　測量用の三脚に防水蛍光灯をくくりつけた手作りライトトラップ。これを三脚ごと水深 1m ほどの海中に沈める。
2021 年 12 月 6 日鳥取県美保湾にて

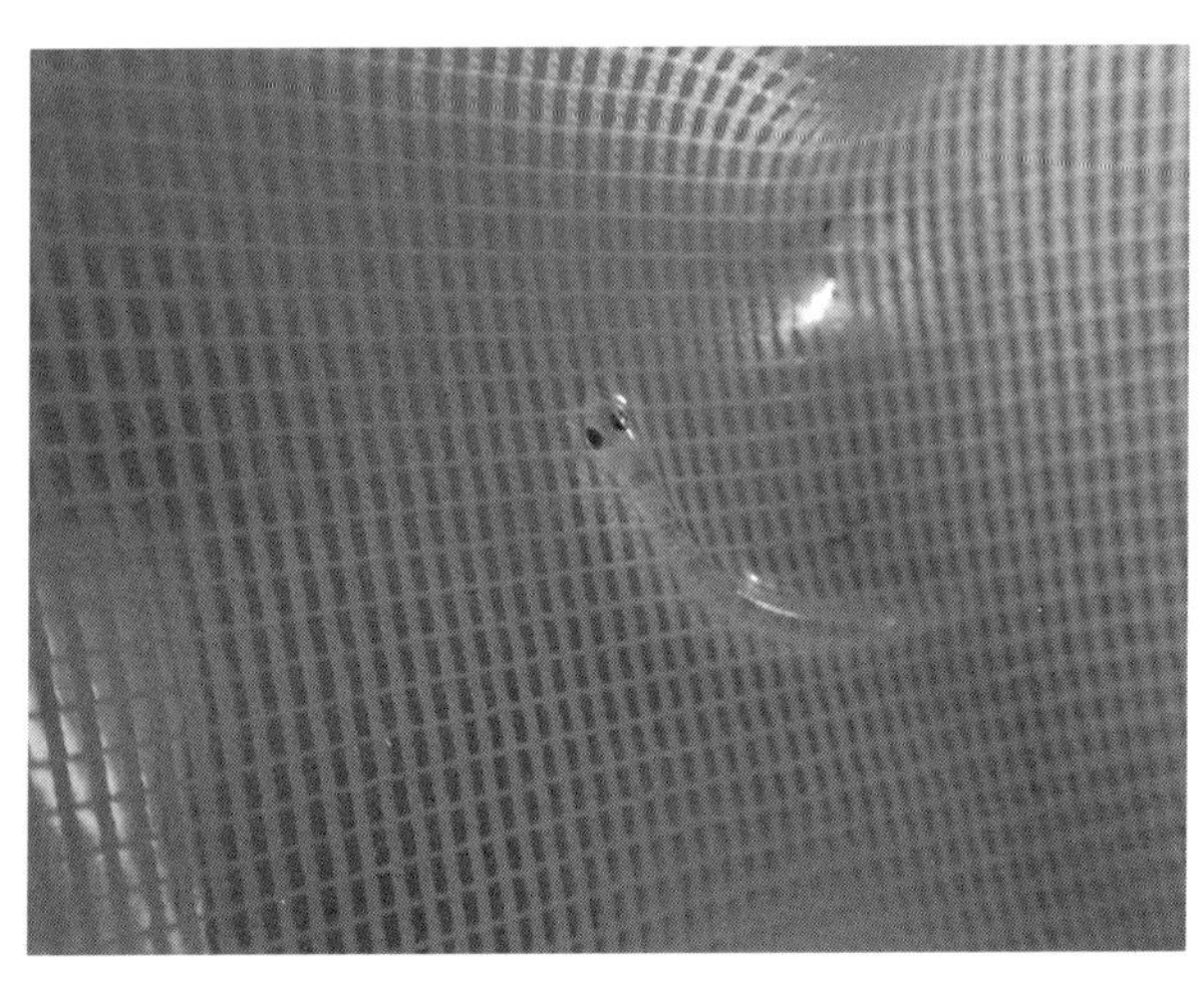

図 1-24　採集されたアユ仔魚

のが残念だが、今後、アユの遡上量予測が前年12月にできるようになる可能性が高い。

この三脚式灯火採集装置はゆるやかに進化してきた歴史がある。最初は、とにかく照らさなきゃ、と重たい発電機を砂浜に持ち込み、防水ではない電灯を用いて、水面を照らしていたという。砂浜で発電機を搭載したソリを引く様は、スポーツ根性モノの漫画をみるかのようである。しかも漏電すれば自身が感電するリスクを負っての調査だった。これでは続かない、と思い、試行錯誤の結果、今の形に落ち着いたという。現在では、ダイビング用の水中ライトも小型軽量化、高出力化されており、調査に用いられている。この調査方法だと、仔稚魚の大きさや胃の充満度、胃の内容物も調べることができるため、遡上量だけでなく、遡上サイズについても予測可能になると期待される。当たるか当たらないかわからないような机上での予測をするより、よっぽど生産的であるように思う。今後、各地でこのような直接的に仔稚魚を採集することで、遡上量の予測がより正確にできればと考えており、現在、調査計画を練っている。乞うご期待！

9　仔アユが産卵床から出られない！

［高橋］

アユ仔魚のふ化・海域への流下

アユは小石の浮き石底に卵を産み付ける（口絵5）。卵は小石（数㎜〜10㎝）にくっついた状態で発生が進み、10日〜1ヶ月（水温によってずいぶん違う）でふ化する。卵がふ化する時刻はほぼ決まっていて、18時〜20時の間に集中している。ふ化した仔魚（口絵6）は直ちに河川水（表流水）中へと浮上し、次なる生息場である河口域や沿岸海域へと流下を始める。

河川にはアユ仔魚の餌となる動物プランクトンがきわめて少ないため、流下中のアユ仔魚は卵黄の栄養に頼らざるをえない。そのため、産卵床でふ化した後の河川内での滞在時間が長くなると卵黄の吸収が進み、結果的にその後の生残にまで大きな影響を及ぼす。このような理由から、流下中のアユ仔魚の卵黄の大きさ（吸収状態）はその後の生き残りを検討するうえで重要な情報となる。

卵黄指数

塚本勝巳さん（ニホンウナギの産卵場の発見者）はかつてはアユの研究にも力を入れていて、アユ仔魚の卵黄の吸収状態の指標として卵黄指数（0〜4の5段階。図1-25）を提案した。その分析方法は簡便で大量の試料を処理できることもあって、ふ化後の経過時間の推定や飢餓に陥るリスクの評価だけでなく、産卵場の位置の推定等にも広く用いられている。

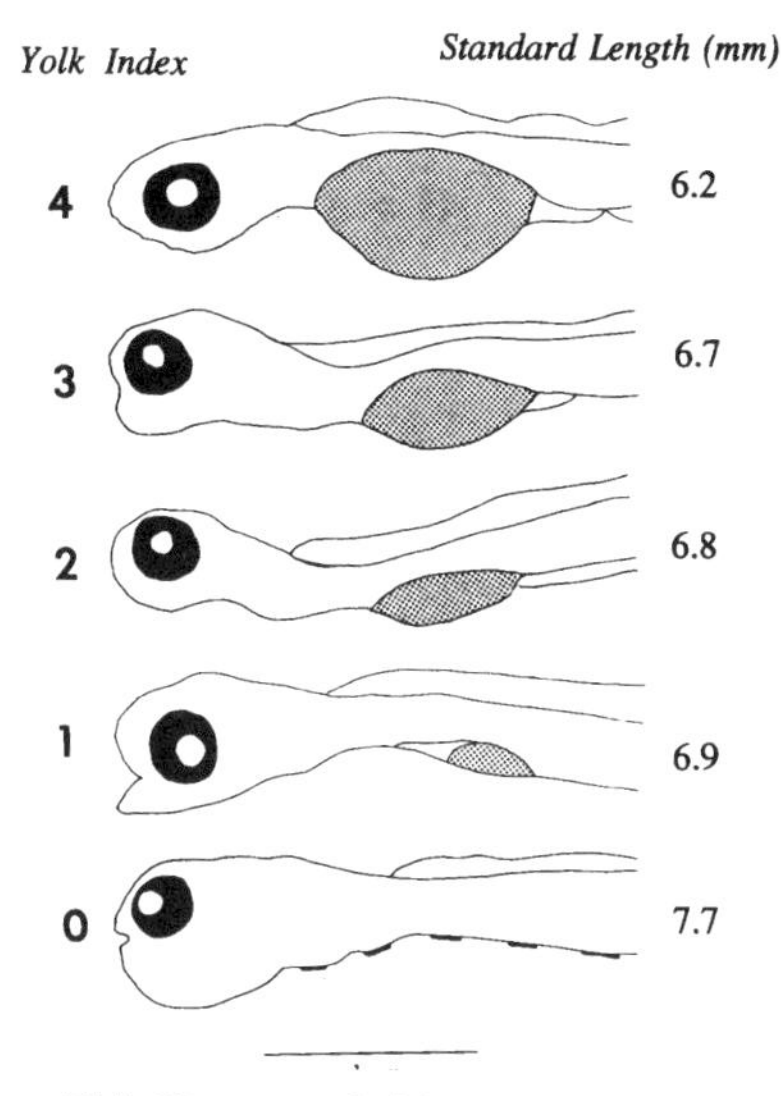

図1-25　アユの卵黄指数（塚本，1991）

その卵黄指数を使った分析をしていて、妙なことに気がついた。

天竜川（静岡県）の河口から9㎞地点で採集された流下中のアユ仔魚の卵黄指数を観察してみると、ふ化直後である指数3～4の個体よりも、ふ化後1～4日程度は経過している指数1～2の個体の割合が高いのである。普通、この現象は仔魚の採集地点からかなり離れたところに大規模な産卵場があり、かつ、そこでふ化した仔魚が採集地点の近くの淵などの緩流部に取り込まれ、翌日暗くなってから浮上して流れに乗って流下を始めるために起きると説明される。

ところが、その後の調査で、仔魚の採集地点からかなり離れた所に大規模な産卵場が存在するという事実はないことが明らかになってきた。天竜川で起きているこの不思議な現

図 1-26　水路型の人工産卵場（奈半利川）

象を合理的に説明できる仮説は、「産卵床の礫中から河川水へと浮上する際に、何らかの理由で時間を要し、卵黄を消費した卵黄指数1〜2の状態で浮上する」というものであった。

はたしてこんなことが本当に起きているのだろうか？　それを確かめるチャンスが2018年の産卵期に巡ってきた。

この年、物部川と奈半利川（ともに高知県）で水路型の人工産卵場（図1-26）が造られた。このタイプの産卵場では、取水する河川水中に流下仔魚がいない、またはごくわずかであれば、産卵場の直下で採集した仔魚のすべて、またはほとんどは、その産卵場でふ化したことになる。そこで、この2つの河川と、比較のために良好な自然産卵場を持つ四万十川で仔魚の採集を行ってみた。

物部川の場合

物部川の人工産卵場からふ化する仔魚の卵黄指数は、１～４までと幅広く、特に指数２（ふ化後数日経過）の割合が高かった。やはり、産卵床の礫中からスムーズには出られない仔魚がいたのである。ここで、共同研究者であった藤田真二さんが面白いことを提案してきた。ふ化後に産卵床から出られない仔魚がいるなら、産卵床を掘れば、ふ化後数日経過した仔魚が取れるはずだ。産卵床を掘ってみると、やはり、卵黄指数１～２の個体がたくさん取れたのである。これは自然産卵場でも同じであった。

奈半利川の場合

奈半利川の人工産卵場でふ化した仔魚は、物部川とは様相が違い、卵黄指数３～４が大部分で、指数１～２は少なかった。四万十川の採集結果も同様であった。ただ、同じ奈半利川でも自然産卵場でふ化、浮上した仔魚の卵黄は吸収が進んだものが多く、卵黄指数の組成は奈半利川の人工産卵場とは異なり、むしろ物部川で取れた仔魚の卵黄指数の組成に類似していた。さらには、自然産卵場で産卵床を掘ってみると、物部川と同様、卵黄指数１～２の個体が取れたのである（人工産卵場からは取れなかった）。

アユ仔魚が産卵床に閉じ込められるメカニズム

複雑な話となってしまったので一旦整理する。物部川では産卵床から浮上したばかりの仔魚であるにもかかわらず、卵黄の吸収が進んだ個体が多かった。つまり、産卵床内からスムーズに脱出できない仔魚が多いことになる。奈半利川の人工産卵場では産卵床から脱出できない仔魚はほとんどいないが、自然産卵場では物部川と同様に多い。四万十川では産卵床から脱出できない仔魚はほとんどいない。

結局、パターンとしては2つに分けることができ、①産卵床内からうまく脱出できない→物部川人工・自然両産卵場、奈半利川自然産卵場、②産卵床内からスムーズに脱出できる→奈半利川人工産卵場、四万十川、ということになる。

この2つのパターンが生じる主な理由は、どうやら河川（産卵場）の物理的な環境の違いにあるらしいことも、現地での観察から分かってきた。①のパターンの産卵場には砂が多く、②の産卵場は砂が少なく浮き石状態となっていたのである。

そこで、1つの河川で2つのパターンが見られた奈半利川で、人工産卵場（パターン①）と自然産卵場（パターン②）の河床材料の粒度組成を比較してみた。両者の大きな違いは2㎜以下の砂分の含有量で、人工産卵場はわずか0・1％であったのに対し、自然産卵場は4・7％と高い値を示した。それもそのはず、奈半利川の人工産卵場では、プラントでふるいにかけて砂を取り除いた礫を産卵場に敷き詰めていたのである。

産卵場に2㎜以下の砂が多いと、礫間（＝ふ化した仔魚が浮上するための通路）が塞がれやすくなることは村上まり恵さんらの研究から分かっていた。礫間が砂で目詰まりすると、産卵床内の礫中でふ化した仔魚がスムーズに浮上できなくなってしまうのである。また、水路実験で確認された「砂が礫間を塞ぐメカニズム」は次のようなものであるらしい。まず、大きめの砂（粗砂）が浮き石の礫間に堆積し、隙間を狭くする。次に、細かい砂がさらにその間隙を埋めていくのである。

産卵床内での仔魚の滞留は人為的なものか？

ふ化仔魚の産卵床内での滞留（閉じ込め）は多くの河川でごく普通に見られるものなのか？　あるいは、人為的な自然環境の改変等の影響を受けて近年になって増えている現象なのか？　今のところ結論的なものはない。

しかし、奈半利川と物部川以外にも天竜川、太田川（広島県）等、同様の現象が起きている可能性が高い河川は複数あり、奈半利川と物部川だけに見られる特異な現象ではないと判断している。また、アユの産卵に好適な浮き石状態とは河床内部に多くの空隙が存在する状態であることなのだが、流域の農地開発が進んだ河川や貯水ダムの下流河川では河床の間隙が細粒分によって目詰まりしやすくなっていることを考えれば、人為的な自然環境の改変が一因となっている可能性は否定できない。

卵黄の吸収が進んだ状態で浮上することのリスク

流下中のアユ仔魚は、河川水中には餌となるプランクトンがごく少ないため、卵黄の内部栄養に頼らざるをえない。そのため、信濃川のように産卵場から仔魚の次なる成育場である河口域や海域までの流下時間が長い大河川では、流下中に卵黄の消費が進み飢餓に陥りやすい。このような河川では卵黄の消費が進んだ状態で産卵床から浮上した場合は、その後の生残確率が大きく低下する。

また、卵黄のエネルギーは浸透圧調整にも使われるため、海域まで流下した仔魚にとってその時点で保有する卵黄の大小は、その後の生残にも大きく影響する。したがって、産卵場から海域までの距離が短い中小河川においても、産卵床内でのふ化後の滞留が長引き、卵黄の消費が進めば、その後の生残確率は低下することになる。
このように産卵床から浮上するまでに時間を要することは、アユ仔魚が生き残るうえでかなり不利な状況となるため、天然アユの資源水準の低下の一因となる。親アユが礫間の空隙が多い浮き石底を産卵の場として選択する理由は、河床が柔らかく礫間に卵を産み付けやすいということだけでなく、仔魚の浮上が容易になることでその後の生残率を高めることに寄与しているからなのである。

文献

井口恵一朗・坂野博之・武島弘彦（２０１０）異なる塩水条件下におけるアユ孵化仔魚の飢餓プロセス　水産増殖　58（4）：４５９-４６３
村上まり恵・山田浩之・中村太士（２００１）北海道南部の山地小河川における細粒土砂の堆積と浮き石および河床内の透水性に関する研究　応用生態工学　4（2）：１０９-１２０
森直也・関泰夫・星野正邦・佐藤雍彦・鈴木惇悦・塚本勝巳（１９８９）信濃川水系を流下する仔アユの日令とさいのう体積　新潟県内水面水産試験場調査研究報告　15：1-7
鬼束幸樹・永矢貴之・白石芳樹・東野誠・高見徹・的場眞二・秋山壽一郎・尾関弘明・畑中弘憲・中川由美子（２００７）アユの産卵に適した浮き石状態の発生条件　環境工学研究論文集　44：59-66
Schalchli U. (1995) Basic equations for siltation of riverbeds. *Journal of Hydraulic Engineering* 121:274–287.
田子泰彦（１９９９）庄川におけるアユ仔魚の降下生態　水産増殖　47（2）：２０１-２０７
高橋勇夫・藤田真二・東健作・岸野底　２０２０　産卵床の礫間から表流水への浮上が遅滞するアユ仔魚　応用生態工学　23（1）：47-57
塚本勝巳（１９９１）長良川・木曽川・利根川を流下する仔アユの日齢　日本水産学会誌　57（11）：２０１３-２０２２

10　アユと水温と私

［坪井］

アユの寿命は基本的には1年だが、例外もある。越年アユとか年越しアユというものが、全国各地で釣れた、獲れた、という話はしばしば耳にする。越年アユの研究の歴史は古く、１９２２年、今から１００年以上も前の水産学会報に、その名も「二年鮎について」という報告があるくらいだ。文献として報告されているものだけでも、東京都多摩川、静岡県伊豆半島先端の河津谷津川（図1-27）、広島県太田川、熊本県球磨川、鹿児島県池田湖で越年アユの存在が確認されている。

共通するのは、冬でも湧水や温泉排水により水温が９℃以上に保たれていることだ。最低水温二桁というのが、越年アユがみられる一つの目安といえるだろう。ちなみに、養殖アユを放流するのに、最低水温は８℃以上という経験則とほぼ似た値である。川でアユが生きていくには８～９℃は必要ということだろう。ちなみに、７℃で放流すると、アユが下流に降っちゃったという悲しい事例は全国にたくさんある。

越年アユの繁殖戦略

越年アユの特徴とはどんなものだろうか。まず、性比が著しくメスに偏る。精子は卵よりも作るのに必要なエネルギーが少なくてすむため、翌年の秋までに死んでしまうリスクを勘案すると、少量でも精子をつくり、その年のうちに繁殖する戦略のほうが子孫を残すのに適していると考えられる。で

図 1-27　2010年3月11日に河津谷津川で捕獲された通常のアユ（左）と越年アユ（右の3個体）（鈴木邦弘氏提供）

はメスはどうだろうか。文献を読むと、3つくらいのパターンがあるようだ。1秋に成熟して産卵し、翌年まで生き延びた。2成熟はしたが、なんらかの理由で産卵のタイミングを逃してしまい、卵黄成分を体内に再吸収するなどして生き延びた。3秋に成熟せずそのまま生き延びた。高橋勇夫さんは文献の記述から、上記2の産卵のタイミングを逸する説が主流ではないかとおっしゃっていた。一方、アユ研究の大御所、長崎大学の井口恵一朗さんは、3の未成熟説をおす。井口さんが長年研究を続けている奄美大島のリュウキュウアユでは、越年アユの分布が産卵場から遠く離れた上流域に偏っていることから、そもそも成熟せず、つまり産むつもりはなく、湧水付近で越年しているのだろうと推測している。いろいろな成熟パターンで越年個体が出現するようだが、気になるのは翌年、越年アユが産卵しているかどうかである。

太田川の調査事例では、パターン1の産卵後も生き延びる説を支持しているが、翌年7月以降に越年アユが捕獲された実績はなく、越年し再産卵まで果たす個体はいないのではないか、と論文中で考察している。しかし、この場合は前年に産卵して子孫は残せているので、生物学的にはOKだろう。気になるのは2と3のパターンであるが、いかんせん知見が見当たらない。ここからは筆者の推察にすぎないが、越年してから秋まで生き延び、産卵しないと子孫が残せない。そうなってくると、越年する性質を持つ遺伝子は淘汰されてしまうことになる。しかし、現在も越年アユが各地で散見されるということは、少なくとも一部の越年個体が翌年の秋に産卵できているのだろう。ちなみに、越年アユの食味については、どの論文でも報告されており、越年アユは食べてもマズい、ということが遠回しに書いてある。頭でっかちで、皮もかたく、タンパク質含有量も低いことが原因のようだ。

越年アユと地球温暖化

最近、越年個体はアユをとりまく環境バロメーターなのかもしれないと言われている。河津谷津川では秋に未成熟だった一部のメスが越年しているようだ。こちらも、リュウキュウアユと同様、前述3未成熟説である。そもそも越年かどうかをどうやって見分けるのか。その答えは、アユの頭の中に隠されている。脳のすぐ近くに耳石という平衡感覚をつかさどる器官が1対（2個）ある。この5㎜にも満たない小さな粒にいろいろな情報が詰まっている。通常、耳石は樹木のように年輪を数え年齢推定を行う。しかし、アユやワカサギなど、寿命が基本的には1年の魚では、1日1本できる日輪を計数する。つまり、この本数を調べることで、誕生日までわかってしまうのだ（図1‐28）。

図 1-28　アユの耳石の顕微鏡写真（鈴木邦弘氏提供）。2010/3/11 に河津谷津川で採捕された越年アユではない通常の個体。輪紋が 114 本観察されたため、11 月 17 日生まれということがわかった

耳石の主成分はカルシウムだが、海ではストロンチウムも多く含まれる。このストロンチウム／カルシウムの比の変化を調べることで、いつ川に遡上してきたか、わかってしまう。まさにアユに搭載されたフライトレコーダーである。

越年アユの日輪を調べたのは静岡県水産技術研究所の鈴木邦弘さん。河津谷津川の越年アユは、ふ化時期が12月から翌1月、海から川への遡上時期も6月と、他の個体よりも非常に遅いことが明らかになった（図1−29）。

調査が行われたのが3月であるため、越年後に産卵しているかは定かではない。しかし、産卵適期を逃し、越年個体となってしまい、しかも越年後に一部の個体しか産卵できていないのであれば、資源維持の面からも問題がある。鈴木邦弘さんは、温泉

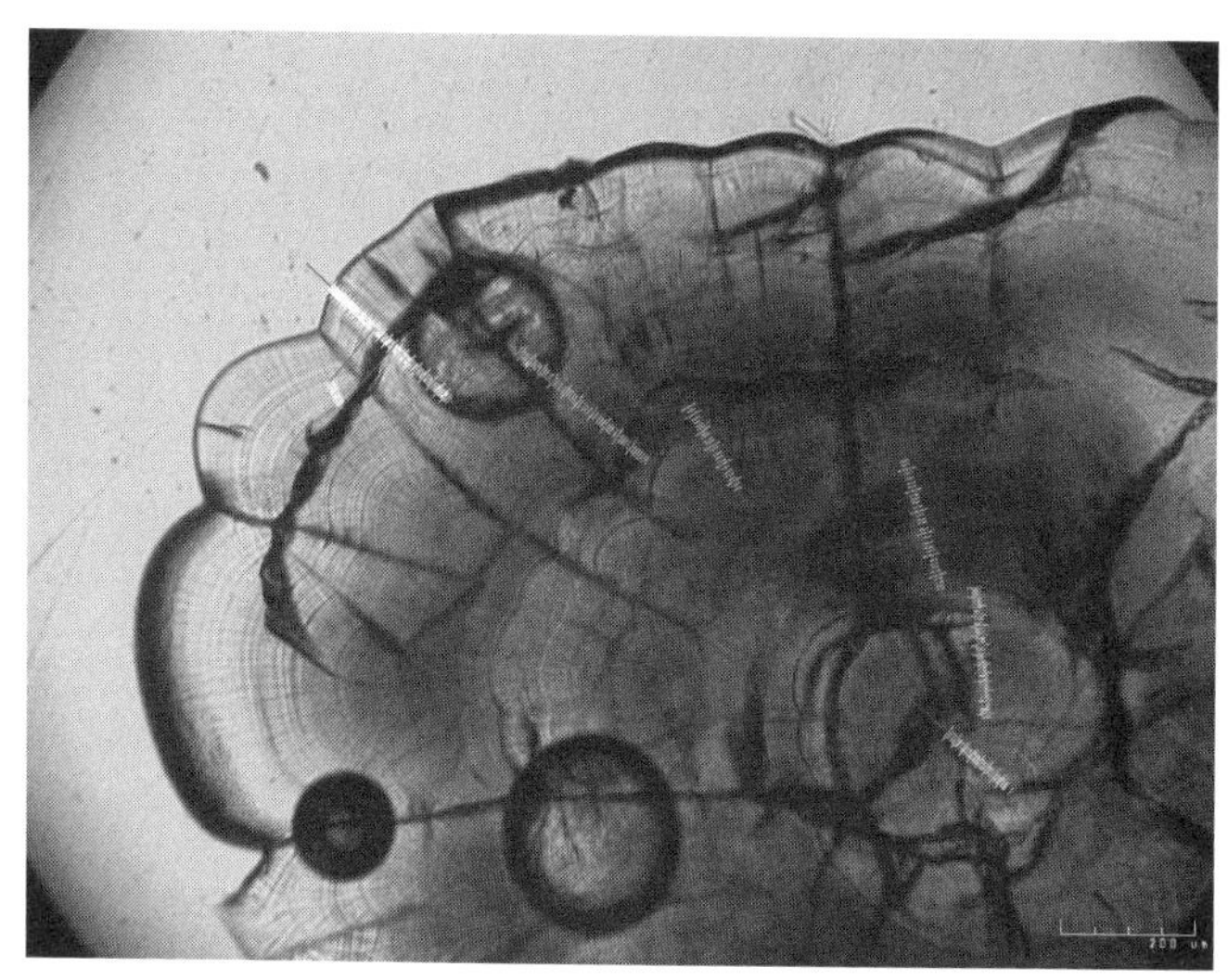

図1-29　越年アユの耳石の顕微鏡写真（鈴木邦弘氏提供）。通常のアユよりも輪紋が著しく多い。画像に記された測定バーに計数の苦労が偲ばれる

排水の流入に加え、昨今の温暖化が越年個体をより高頻度に生み出している可能性を心配しており、越年アユの増加は温暖化加速のシグナルかもしれないという。温暖化には懐疑的な考えを示す人も多いが、夏が長くなっていることは皆さんも肌感覚としてお持ちではないだろうか。11月でも各地で友釣りが可能になりつつある現状をみると産卵期が遅れているというのは、間違いなさそうである。

アユのフェノロジー

アユシーズンが長くなることは、一見良いことのように思えるが、そうでもない。桜の開花時期や鳥の渡りの時期など、生き物の暦はフェノロジーと呼ばれ、研究者たちが長期データを積み重ねている分野の一つだ。最近、春や秋が不鮮明になり、四季が二季化しているという論文をしばしば目にするようになっ

た。今後、ず〜〜っと夏で、ちょっと秋があり、はいもう冬、といった、生き物のフェノロジーを狂わすような年が頻発するかもしれない。

アユ資源研究部会という各地の水産試験場などが参加している部会があり、そこで保有されている産卵時期、遡上時期の長期データを解析させてもらったことがある。1989年から2015年にかけて、東北地方から九州までの20河川以上の広域かつ長期のデータである。結果は、産卵、遡上ともに年々遅れており、1990年代と2010年代を比較すると産卵期で10日ほど、遡上時期では15日ほど、遅れていることが明らかになった（図1-30）。

この遅れは、解禁日に釣れるアユの小型化を意味するため、良くないニュースといえる。高木優也さんによると、今から40年ほど前の釣り雑誌では、6月初旬の那珂川解禁日に、23cm以上以上の大きなアユがじゃんじゃん釣れた記事が載っているが、現在では20cmを超えるものは稀で、大きくても21～22cm程度という。

アユの研究業界では、早期産卵群、早期遡上群という言葉がしきりに使われる。友釣りの対象となるアユ資源そのものだからだ。しかし、長引く夏のおかげでみんなが欲しい大型個体は減少し、貴重な資源の争奪戦が起きているように感じる。友釣りでの大型個体へのフィッシングプレッシャー（釣獲圧）は、増すばかりだと感じるのは筆者だけだろうか（図1-31）。

繁殖間近、大きく育ったアユを乱獲から守るため、多くの河川では産卵期に産卵場所で禁漁措置がとられている。しかし、産卵の時期、場所ともに、実情とズレてきているような事例が全国でみられるようになった。前述のアユ資源研究部会では、そういったミスマッチをデータで示し、実情に合わせた規制にしようとする試みもしばしば報告される。アユの寿命は基本的には1年であるため、ヤマメやイワナといった渓流魚よりも2倍速、３倍速で世代が進んでいく。気候変動に伴い、刻一刻と変わるアユのライフサイクルに、私たちも寄り添っていきたい。

文献

野村貫一　１９２２　二年鮎について　水産学会報　３　２０５-２０９
立原一憲・木村清朗　１９８８　池田湖における越年アユについて　日本水産学会誌54（７）：１１０７-１１１３
https://doi.org/10.2331/suisan.54.1107
栄研二・海野徹也・高原泰彦・荒井克俊・中川平介　１９９６　広島県太田川における越年アユの生物学的、生化学的性状　日本水産学会誌　62（１）：46-50　https://doi.org/10.2331/suisan.62.46
鈴木邦弘　２０１６　河津谷津川に出現した越年アユの日齢と回遊履歴　静岡県水産技術研究所研究報告　49　21-26
https://agriknowledge.affrc.go.jp/RN/2010903292.pdf

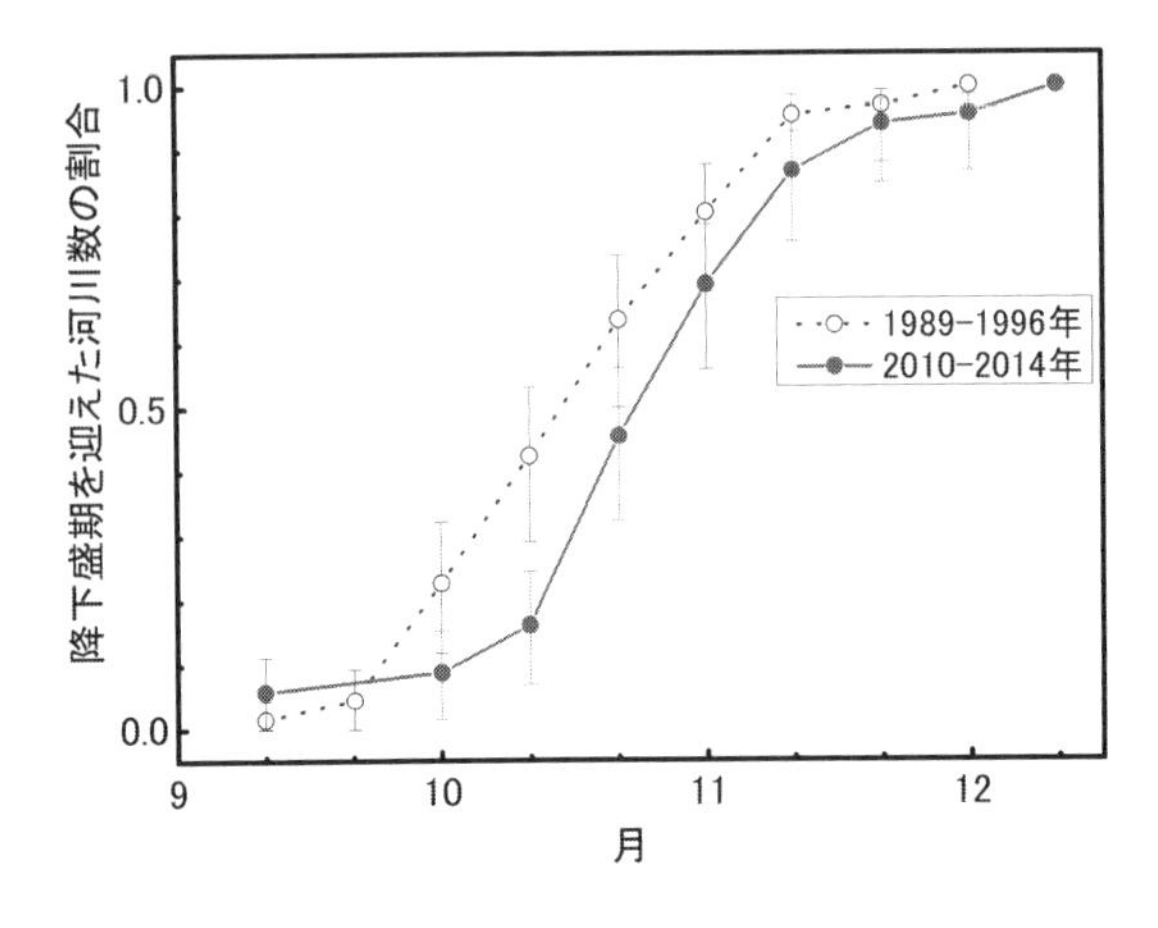

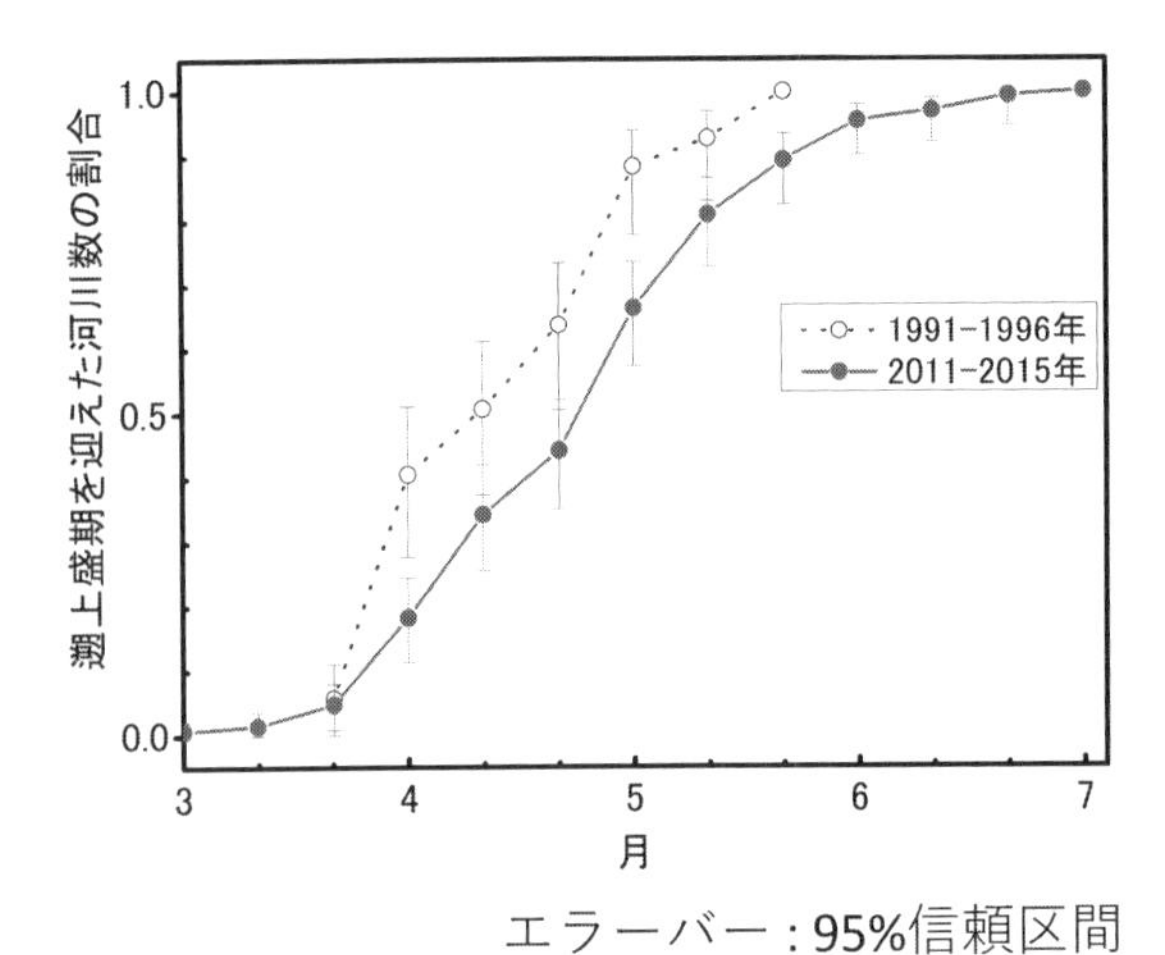

エラーバー：95%信頼区間

図 1-30 アユの繁殖に伴う降下（上）と遡上の盛期。1990 年代（点線と○）と 2010 年代（実線と●）を比較すると、降下、遡上ともに遅い方向にシフトしていることがわかる

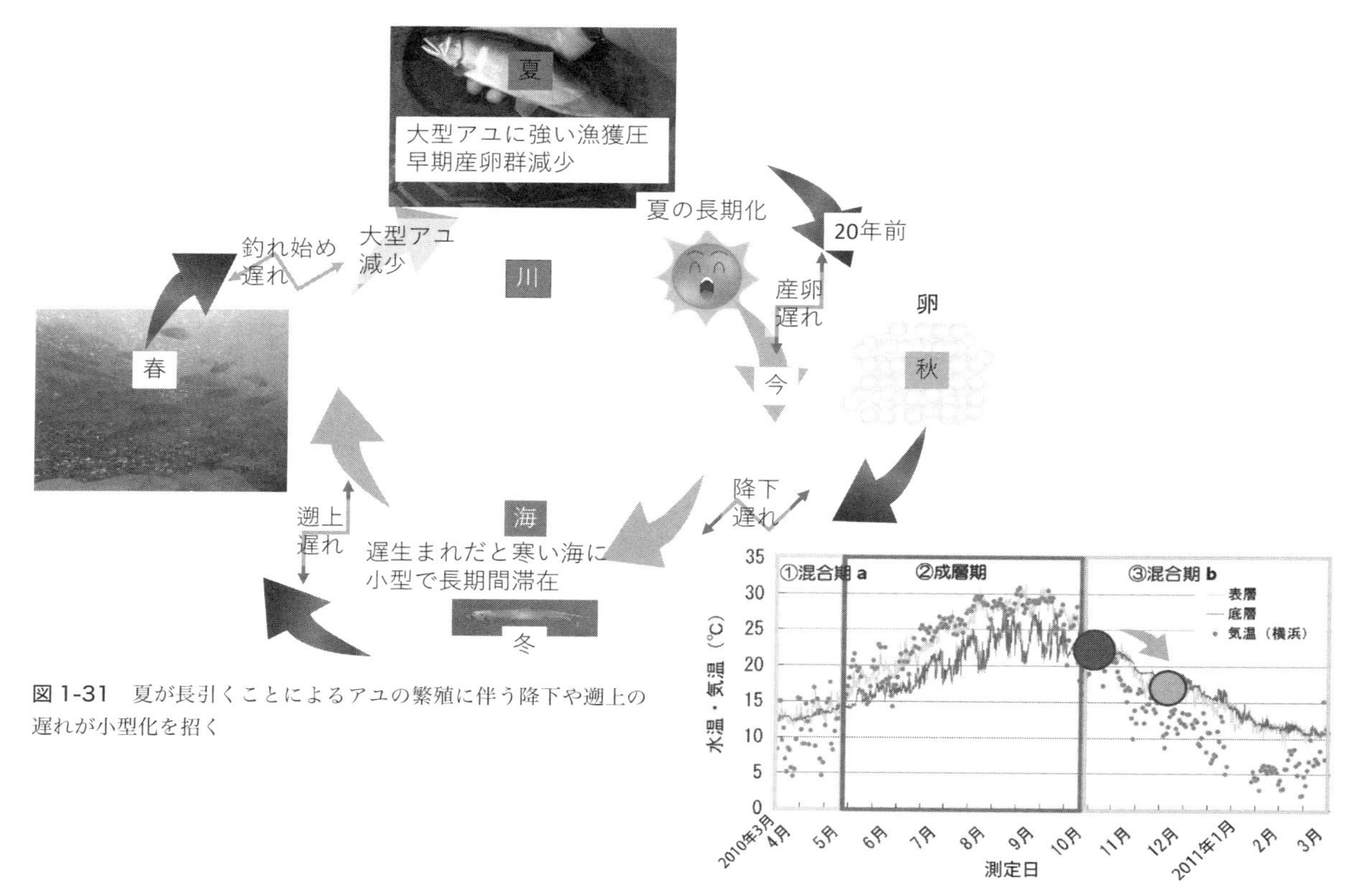

図1-31　夏が長引くことによるアユの繁殖に伴う降下や遡上の遅れが小型化を招く

第2章　アユの暮らす環境

1　アユが釣れる河床、釣れない河床

［高橋］

アーマー化した河床はアユに嫌われる

アユが瀬を好む魚であることはよく知られている。しかし、瀬であればいいかというと、それほど単純なものではなくて、アユが密集する瀬もあれば、ほとんど姿を見ない瀬もある。アユに嫌われる瀬となる理由の一つは「河床が動きにくい」であることが経験的に分かってきた。

例えば、上流にダムがあって、河床のアーマーコート化（河床が粗粒化し動きにくくなる現象。以下「アーマー化」と省略）が顕著な場所では、「アユが定着しなくなった」「釣れなくなった」という話をよく聞く。そのような場所に潜ってみると、アユはほとんどいないことが多い。河床のアーマー化がアユに嫌われやすいことは事実なのである。

アーマー化が進行した河床（図2-1）がアユに嫌われる理由は色々あるようなのだが、理解しやすいのはコケ植物（陸上に生えるコケと同じ仲間）が繁茂したケースである。ダムができて数十年が経過して河床のアーマー化が進み、少々の洪水では河床が動かなくなってしまうと、言い換えれば、

図 2-1　アーマー化した河床（愛知県矢作川）

河床が過度に安定すると付着藻類（アユの餌となるコケ）が生育していた石面にコケ植物が繁茂し始める（口絵7）。アユはコケ植物を食べないので、その場所に定着しない。

やっかいなことに、コケ植物がいったん河床に生育すると少々の洪水では消失しない。仮に洪水で大きなダメージを受けたとしても、比較的短期間（数ヶ月）のうちにもとに近い状態まで回復するしたたかさを持っているのである。このようなことから、アユの漁場になっていた瀬にコケ植物が入り込んでしまうと、もうそこは漁場としては諦めるしかないのが悲しい現実であり、ダムによる環境変化の恐さでもある。

このようなコケ植物の繁茂という末期的な症状まではいかなくても、アーマー化した河床にアユが定着しにくいという現象は全国各地で観察される。その理由についてはまだよく分からない部分はあるのだが、アーマー化した河床を攪拌したり、土砂を投入したりして石の表面をクレンジングするると、アユが定着するようになることが多い。こういった実証例から考えれば、おそらく、石表面の付着藻類が古くなりやすい（アカ腐れしやすい）ことがアユに嫌われる原因となっているのだろう。

このような仮説をもとに、アユ漁場の回復を目指した河床のリフレッシュ化対策も始まっている。

河床を耕耘する

福井県の九頭竜川は天然アユが多く、全国から釣り客が訪れる人気河川である。しかし、そんな九頭竜川でもダムの下流ではアーマー化が進み、アユが釣れない場所が広がりつつある。２０１４年、対策として九頭竜川中部漁協は重機を使って「河床耕耘（こううん）」を行った。その現場に潜って観察してみると、耕耘した区画の河床にはアユのハミ跡がびっしりと付いているのに対して、隣り合った耕耘していない区画にはハミ跡はほとんどない（口絵10・11）。あまりの違いにちょっと驚かされた。

同じような事例を天竜川でも観察したことがある。天竜川では天竜川漁協とダムを利用している電源開発株式会社（J-POWER）が協力して、アユ漁場の再生を行っている（詳しくは「まるっと天竜川」で検索）。ここでも河床のアーマー化の解消を狙った河床耕耘を行っている（図2-2）。

その工事後に追跡調査をしてみると、工事後1ヶ月経過した時点では、河床耕耘したエリアでのアユの密度が明らかに高く、アユが好んで集まっている様子がうかがえた。ところが、工事後2ヶ月以上経過すると工事をしなかった区域との差は無くなってしまった。原因は河床表面に大型の糸状緑藻（カワシオグサ）が繁茂してしまったことにあると思われた。ただ、アユがずっと居着いて石の表面

図 2-2　重機による河床耕耘（天竜川）

のコケを食んでいたなら、糸状緑藻の繁茂は抑制されたと考えられるので、工事後短期間の間にアユが少なくなったと考えるべきだろう。つまり、耕耘による河床のリフレッシュ効果というのは、かなり短命であることが多いようなのだ。

土砂をダム直下から流す（土砂還元）

高知県奈半利川でも、ダムの下流では河床のアーマー化が進んでいる。ダムを利用している電源開発は、対策として最下流のダムの直下に土砂を投入すること（置き土とか土砂還元と呼ばれる）を２０１７年から始めた。ダムの貯水池の上端付近に溜まった粒径の大きめの土砂を毎年1万㎥採取し、ダンプでダムの直下まで運んで、シューターから川に投入するのである。（図２－３）投入された土砂はダムがゲート放流するような出水の際に下流へと流されて、河床に還元されていくという仕組みである。

図 2-3　奈半利川平鍋ダム直下に付設された土砂シューター（ダンプで運んできた土砂をシューターを使って川に投入する）

筆者はこの対策が始まる以前からダムの下流に設けた定点でアユの観察を行っており、土砂投入が始まってからの変化も克明に観察してきた。

最初に気がついた変化は、ナワバリアユが顕著に増えてきたことである。土砂投入前はダムの下流で竿を出す釣り人はごく少数だったのだが、投入開始から3年ほど経って、河床に砂礫が行き渡る（巨岩でできた空間が砂利や玉石で埋まった）と、アユの定着が良くなり、釣り人も目に見えて増えてきた。かつては閑散としていた釣り場が、人気釣り場へと変化したのである。

もう一つの変化は、水中の透明度が良くなってきたこと。土砂投入前はダム下流の定点での水中の視界は1・5～2m程度とかなり悪かったのだが、投入開始後3年目ぐらいから3m程度先まで見えるようになってきた。投入された砂礫によるろ過作用で、水中の懸濁物が取り除かれているのである。

奈半利川のダムの下流のアユは、かつては「泥臭い」と酷評されていたのだが、砂利投入が始まって6年目の2022年、ダムの下流で釣られたアユが「清流めぐり利き鮎会」でグランプリに輝いた。アユの味が向上した理由の一端は、砂利投入による水質の改善にあったと筆者は確信している。

巨石の存在はアユのナワバリづくりに寄与する

これまで、アユが嫌う河床について見てきたのだが、今度はアユが好む河床について考えてみたい。これは、高知県安田川で有川崇さん（近自然河川研究所）と共同で行った「アユがナワバリを作る場所の物理的な特性を分析する」ための調査から得られた「答えらしきもの」である。

調査時期は2022年のアユ漁解禁直前の5月下旬。アユは漁獲圧力にさらされていない「ウブ」な状態で、アユ本来のナワバリ形成ができる時期である。調査の方法は次のようなものであった。

まず、観察者（筆者）が潜ってアユがナワバリを作っている位置を確認し、その中心部をピンポイントで陸上の記録員（有川さん）に指示する。記録員は、指示された位置を上空から撮影した川の写真上にひとつひとつ精確にプロットするという根気のいる作業である。安田川は透明度が良くて4m先のアユまで確実に観察できるので、観察の精度はかなり高い。

調査区間の長さは70m、川幅は25mほどであったので、面積は1750㎡となる。その調査区間で確認されたナワバリアユの数は287尾で、6㎡に1尾の割合でナワバリを作っていたことになる。

上空からの写真上にプロットしたナワバリアユの位置を概観すると、川全体にランダムに分布しているように見えた。ところが、渇水期に撮影した河床の写真（水位が低いため石の位置や川底の微地形が鮮明に分かる）にナワバリの位置を重ね合わせてみると、一定の法則のようなものが見て取れた。大きな石（径１ｍ以上）の周辺（上流面や側面）、中小の石から構成された小さな窪地、溝状の掘込みといった場所にナワバリが集中する傾向にある。一方で、フラットで石の大きさが揃ったような場所にはナワバリが形成されることは希であった。つまり、立体的に変化している場所がアユにとってはナワバリを作るのに魅力的な場所になっているようなのである。

考えてみれば当然で、窪地や溝状の地形はナワバリを守りやすいし、大きな石の上流面や側面は、水当たりが良くて砂泥が付着しないので、良質な藻類の生育が期待できる。アユがナワバリを作る場所は、やはりそれなりの必然性があるのだ。

この調査から得られたデータはまだ解析の途中なのだが、ナワバリと河床の微地形との関係をもっと詳しく知ることができれば、不漁漁場の改良に向けて重要なヒントが得られそうである。また、河川改修工事の際に、アユが棲みよい川底（＝爆釣漁場）に仕上げるといったこともできるようになると夢想している。

文献

山本敏哉・内田朝子・白金晶子　２０１８　アーマーコート化した瀬の上に敷設した礫に蝟集したアユ　矢作川研究　22：51‒52

山本敏哉・内田朝子・白金晶子　２０２１　矢作川の川底改善によるアユの生息環境の回復～大規模野外実験の３年間の結果～　矢作川研究　25：67‒81

2　土木工事と向き合う

［坪井］

現在、アユの置かれている環境は、おそらくアユという生き物が地球上に誕生して以来、最悪だと思う。いうまでも無く史上最悪の環境は、私たち人間が作り出している。ダムや堰など川に段差が多すぎる。人間の英知をもってすれば、こういったものがなくても、人の暮らしは成り立つし、安全に暮らしていけるのに。裏を返せば、こういったコンクリート系のモノを作ることで生計を立てている日本人がいかに多いかを物語っている。河川管理者の社会的責任で、魚道は完璧に整備されてもいいはずだが、現実はまだそうはなっていない。魚道を作るのも、良いシゴトになるのに。そして、アユが上流まで、支流のすみずみまで遡上できれば、莫大な資源量が確保されるというのに。残念でならない。

この残念でならない気持ちを、漁業補償としてお金でなぐさめてもらってきた歴史がある。しかし、ダムができる、漁業補償で琵琶湖産を放す、という必勝パターンも、冷水病の出現でとっくに賞味期限切れである。たぶん神様がくれたお仕置きなんだと思う。だいたい、資源が皆無のところに、毎年毎年、放流だけで漁場を作っていくことには無理がある。こんな魚種、アユぐらいではないだろうか。食事で例えるなら、放流はサプリメント程度であり、主食はやはり天然アユでなくてはならない。筆者は球磨川にほぼ毎年通っているが、人吉近辺で釣れているのは、ほとんどが球磨川堰の魚道で捕獲され、汲み上げ放流された天然魚だと思っている。特に、尺アユの魚拓を見ても、鱗が粗かったり、

図 2-4　球磨川堰左岸にある天然アユ捕獲装置。左奥が魚道で、そこに金属製のスクリーンを設置することで、遡上してきたアユが、わきにある溜め升に入る仕組み

鰭（ひれ）が曲がったりしたザ養殖アユのような個体は見たことがないし、そもそも、養殖アユが球磨川のような激流に耐えられるとは到底思えない。梅雨時期ず～～～っと濁っていても、お盆くらいになると、なぜか25cm以上のアユがばんばん釣れてしまうのは、天然アユのなせる業だろう。「どこにいたの　生きてきたの」とあの名曲を思わず口ずさんでしまう。球磨川漁協の関係者もそこはよくわかっている。球磨川堰の魚道が汲み上げ放流しやすいように完璧に設計されていることからも、天然アユにこだわる情熱が伝わってくる（図2－4）。

球磨川は１９９３年に「魚がのぼりやすい川づくり推進モデル河川」に指定され、球磨川堰は１９９８年に魚道と採捕場が一体となった「掬い上げ放流」「発眼卵放流」に適した施設に改築された歴史がある。一度みなさんも見に行ってほしい。球磨川といえば県営の荒瀬ダム撤去も英断だったと思う。電源開発の所有する瀬戸石ダムについても、せめて遡上時期だけでも、ゲート全開などの措置をとってもらえないものか、と思う。そして、川辺川ダムだけは、本当に作らないでほしい。もっと、みんなで声をあげなければならない緊急案件だと思う。

放流は放流として続けていくとして、今後、漁協は、アユを上流にのぼらせることに、もっと心血を注いでほしいと思う。養殖アユを○kg放流ではなく、○km天然遡上範囲拡大！とか、汲み上げ放流はじめました！のほうが、今風だと思う。堰直下に滞留した天然アユがカワウの子育てに利用されるより、よっぽどいい。そういった作業に釣り人が積極的に参加し、みんなで釣り場を作っていくという機運が出てきてもいいと思う。

濁りはストレス

アユは濁りを嫌う。このことは経験的に知られていたが、大阪市立大学の安房田智司さんが真正面から研究に取り組んだ。濁水環境で飼育したアユの血液成分を調べ、ストレスホルモンであるコルチゾルが増加することを明らかにした（図2-5）。

ふつうに考えて、1年で30㎝にまで育つ代謝活性の高い魚が、濁水にいたら鰓（えら）がシルトで詰まってしまい、ストレスを感じることは、だれでも想像がつくと思う。しかし、近年、異常気象がもはや恒例行事のように常態化するなかで、災害クラスの大洪水が頻発する。河川が決壊しインフラが破壊されれば、莫大な緊急予算がつき、河川のいたるところで工事が始まる。長野県水産試験場の山本聡さ

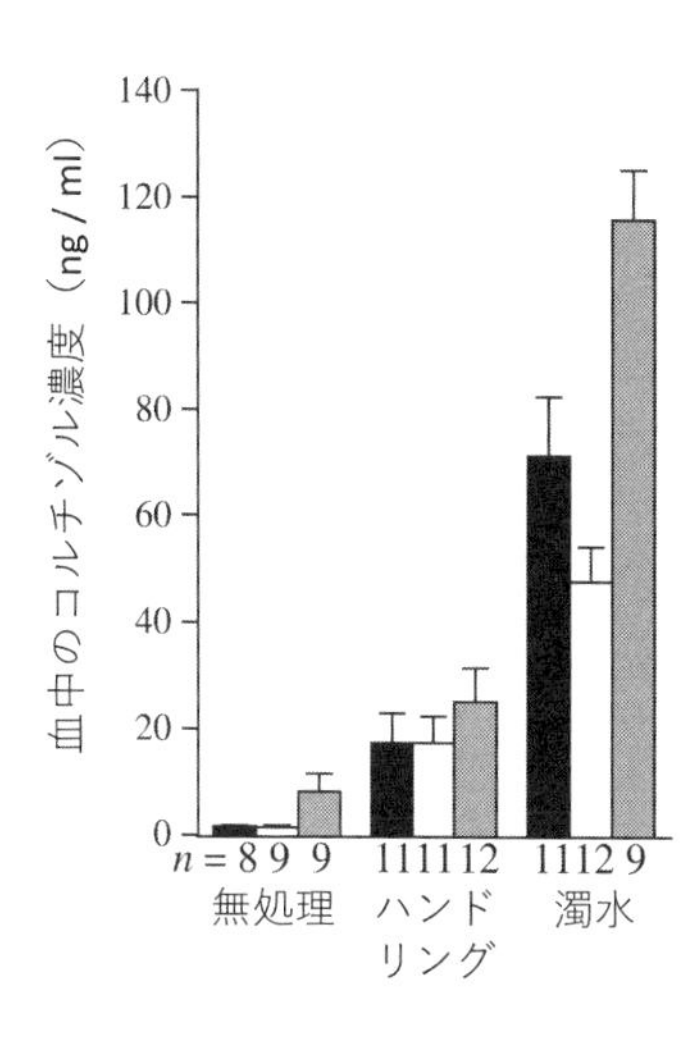

図 2-5　ストレス指標である血中コルチゾル濃度（Awata et al. 2011 を改変）。なお、n は測定をした尾数を示す。なお、ハンドリング区は濁水区と同じようにアユをイケスから小型水槽に移した処理区。■が１回目、□が２回目、ねずみ色の四角が３回目のトライアルの結果を示す。濁水を３回も経験させられたアユのコルチゾル濃度が非常に高い値を示した

んは、大洪水そのものより、その後に行われる河川での工事が大規模、長期化していることを危惧している。

２０２０年、総務省では、昨今の相次ぐ河川氾濫などを踏まえ、地方公共団体が緊急かつ集中的に浚渫（しゅんせつ）事業に取り組み、危険箇所を解消できるよう、緊急浚渫推進事業債を創設した。と、総務省のウェブサイトに書いてある。

１級河川を管轄する国土交通省ではないところが肝だ。時間をだいぶ巻き戻したい。１９９７年、河川環境の整備と保全を目的に「河川法」の改正が行われ、翌年、国交省が「美しい山河を守る災害復旧基本方針」（ガイドライン）を策定した。このガイドラインは長いので業界では「ミサンガ」と略されることもある。縦割り行政の弊害なのか、このミサンガが総務省の浚渫事業には通用しないのだ。もちろん、ミサンガは２級河川にも適用されるようであるが、工事後の川の様子を見ると完全に無視されているといっていい。ミサンガを形骸化するために、本事業が国土交通省で

図 2-6　浚渫工事後の２級河川（大浜秀規さん撮影）

はなく総務省によって行われているんじゃないかとさえ思えてくる。

本流にはダムがあり、一度濁るとなかなか濁りが取れず、次の大洪水にみまわれる。アユ釣りシーズン中、ずっと濁りが取れない河川もある。となると、数多の支流群（都道府県管轄の2級河川）がアユの最後のサンクチュアリとなっていた。アユ的には、本流が濁っても、支流に逃げ込めばなんとかなった。それが、今、支流ではドブさらいをするかのような浚渫工事で、河床がまったいらにならされ、巨石はことごとく除去され、水路のようにされつつある（図2-6）。

巨石は神様からアユをはじめとする川の生き物への贈り物で、そうそうもらえるものではない。河川をよく知る関係者は「巨石は在庫限り」と口をそろえて言う。もちろん、浚渫中は重機が縦横無尽に走り回り、濁水が容赦なくアユを包み込む。高木優也さんは、地元那珂川に遡上してきてくれるアユたちに申し訳ない、と常々嘆いている。われわれの税金を使って、なんでこんなに川をめちゃくちゃにされなきゃならないのか、本当に残念でならない。

河川管理者とのコラボレーション

しかし、世の中、泣き寝入りしている人たちばかりではない。２０２２年8月、山梨県漁業協同組合連合会の大浜秀規さんは、これ以上残念な工事をされないよう、県の河川管理者を対象に勉強会を開催した。コロナ禍も手伝い、対面とオンラインでのハイブリッド開催となった。大浜さんは筆者のかつての上司であり、当時から国交省の河川国道事務所や県の河川砂防管理課に足を運び、関係者が集まる場で河川生態系の保全に関するプレゼンを継続してきた。長年の信頼関係が実現させた勉強会だった。富士川といえば、一大支流である早川の濁水が、駿河湾でのサクラエビ不漁とも相まって社会問題化した。高橋勇夫さんに、「死の川」と言わしめたほどだった。大浜さんはこの濁水問題にも積極的に取り組み、粘り強く業者と話し合い、濁りの問題は解消されつつある。２０２２年、それに応えるように富士川にアユが戻ってきた。涙が出るくらい嬉しい出来事だった。本人に伝えたことはないが、大浜さんは本当に尊敬できる大先輩だと思っている。大浜さんに刺激を受けた水産関係者は筆者だけでなく、２０２２年11月には「多自然川づくり研修会」と題して、栃木県宇都宮市でも川づくりや魚の勉強会が、県の県土整備部河川課と水産試験場の共催で開催され、河川管理者を中心に約90名が参加した。日本大学の安田陽一さん、近自然河川研究所の有川崇さんの講演や、県河川課の実施した堆積土砂浚渫工事の事例写真を見て、工法など改善点について検討が行われた。講習会の効果は早速あらわれた。2023年1月に、土砂をふるって玉石、巨石を取り出し、3月に川の中に石を組みながら戻す工事の実施が決まったのだ。石を組むことにより淵は無理だが、瀬を作ることなら可能だと、有川さんはいう。当然、瀬の前後には淵が形成されやすくなる。この工事に合わせ、栃木県水産試験場と栃木県立馬頭高等学校水産科で、Before－After で環境測定や魚類の資源量調査を実施する予定だ。先にも書いたが、われわれの税金で行われている公共工事である。魚屋は川のことについて、もっと口出しをしていいと思う。何も言わないと、これでいいのだ、と河川管理者も勘違いしてしまう。忖度不要、言うのはタダ。ぜひ、みなさんも自身の愛する川の環境について、声を上げていただきたい。

関係者と真摯に向き合う

実は、筆者も15年ほど前、大浜さんに替わって、山梨県の河川管理者を前にプレゼンしたことがある。研究成果の中身は、治山ダムによる生息地の隔離によって、ダム上流域で天然のヤマトイワナやアマゴが絶滅している、というものだった（図2-7）。

この研究はアユ釣り仲間でもある遠藤辰典さんの卒業研究で、山梨県水産技術センターに研修生として来てくれていたときの思い出でもある。もちろん筆者にとっても思い出深い研究だ。話がそれてしまったが、肝心の研究の中身を説明したい。例えば、大洪水が起こって生息個体数が10分の1に減ってしまうと仮定しよう。100匹なら10匹まで減っても復活できるが、治山ダムによって生息地が分断化され最上流にもともと10匹しかいなかったら、1匹になってしまう。当然1匹では子孫は残

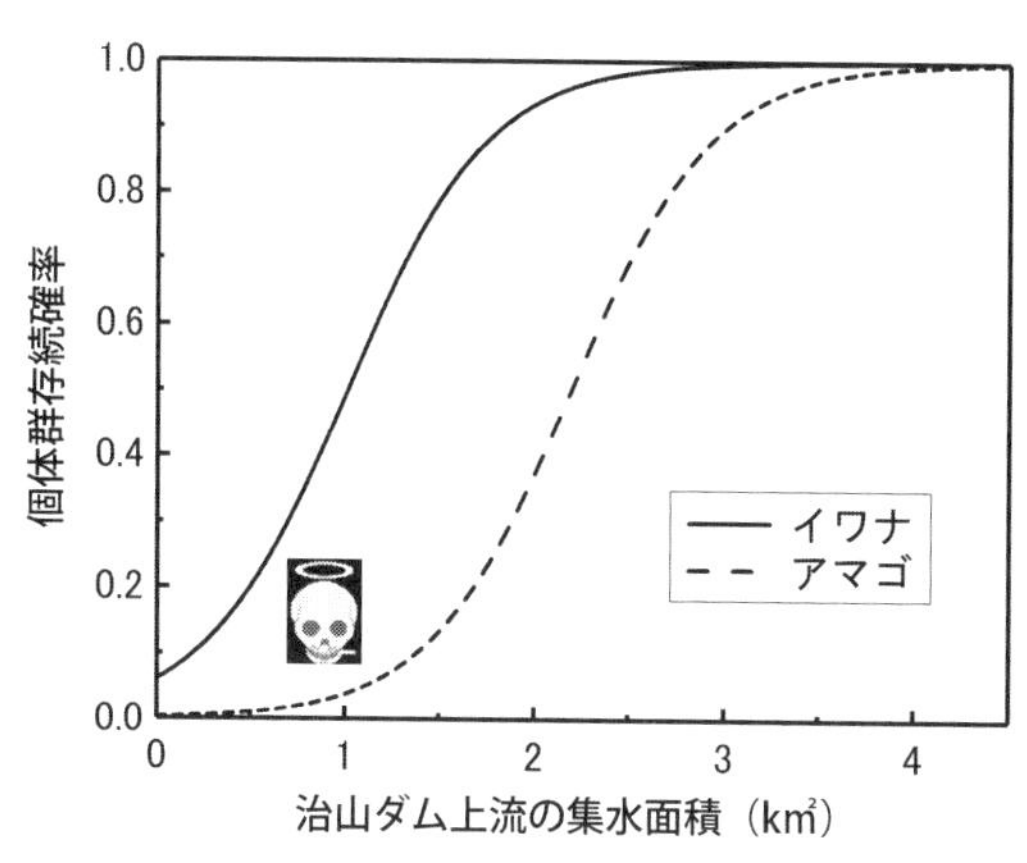

図 2-7　治山ダム上流域におけるイワナ、アマゴ個体群の絶滅確率（遠藤ら 2006 を改変）。集水面積とは山の分水嶺で囲まれてできる面積のことで河川規模をあらわす。同じ集水面積km²でも種によって傾向は異なり、イワナは９割程度の確率で個体群が存続するが、アマゴでは７割程度の確率で絶滅する

せない。これは人口学的確率と呼ばれるもので、できるかぎり生息域を広くして保全していくことが求められる。イワナやアマゴなどの渓流魚は、治山ダムによってあまりに狭い環境に隔離されてしまうと絶滅してしまい、下流からの遡上ができないため個体群復活も望めない。そうなると、魚が行き来できるような環境を整えることが個体群維持に重要になってくる。

このプレゼンは超アウェイな場である上に、成果は山梨日日新聞にもカラーで取り上げられたため、その後、しばらくは夜道を歩くのが怖かった。自分とは逆の立場の人を相手に、研究成果をしゃべることは勇気がいるが、とても大切なことだと思う。そもそも、治山ダムのせいで魚がいなくなることを、治山ダムを作っている人たちに知らせなければ、研究をした意味がない。ちなみに、このプレゼン

図 2-8　アマゴのために設置された台形魚道。写真ではお伝えできないが、魚道の上下で多くのアマゴを目視できてほっとした

のおかげか、その後、天然のアマゴが生息する河川に設置された治山ダムに魚道が設置された。この魚道は日本大学の安田陽一さん監修の台形魚道で、2022年11月現在でも機能しているのを確認した（図2-8）。

アンチを相手にしたプレゼンつながりでもう一つ。2022年9月、ドローンを活用したカワウの繁殖抑制について、日本鳥学会で口頭発表してきた。筆者は鳥学会の会員になって15年以上経つが、最初は「思いつきで鳥を殺すな」等々、愛鳥家からディスられることが多かったが、嫌い嫌いも好きのうち、というか、喧々諤々やっていると、鳥類研究者と信頼関係が生まれてくる。そこで教えてもらった鳥の基礎生態を逆手に取って、カワウ被害対策の技術開発を行ってきた自負がある。日本人は周りと逆の言動や行動に弱く、すぐつぶそう、とか消し去ろうとするが、みんなが同じ方向を向いていたら気持ち悪いと思うのは筆者だけではないはず。みんなちがってみんないいし、アユの替わりにモノを言う人がいたっていいと思う。

文献

遠藤 辰典・坪井 潤一・岩田 智也　2006　河川工作物がイワナとアマゴの個体群存続におよぼす影響　保全生態学研究　11（1）：4–12.　https://doi.org/10.18960/hozen.11.1_4

Awata S., Tsuruta T., Yada T., Iguchi K. 2011. Effects of suspended sediment on cortisol levels in wild and cultured strains of ayu *Plecoglossus altivelis*. *Aquaculture* 314, 115-121. https://doi.org/10.1016/j.aquaculture.2011.01.024

中島みゆき　1998　「糸」『命の別名／糸』　アードパーク

3　アユに優しい河川工事

［高橋］

劣化するアユ漁場

「自然豊かな」という形容詞をつけたくなる河川が本当に少なくなってきた。それと同調して「アユが釣れなくなった」という話を聞くことが増えている。

原因は多岐にわたるとは思うものの、近年の気候変動に伴う災害の頻発と、それを復旧するための手荒な河川工事の増加が一因となっていることを、アユ釣りをする方なら感じているのではないだろうか。

１９９７年の河川法改定で、治水、利水に「環境」が加えられ、河川行政も生き物に配慮した河川事業を推し進めた。当時は、感心はしないまでも努力した跡の分かる工事が多くなり、近自然河川工法[※]、多自然型河川工法（現在は多自然河川工法）といった生き物との共存に重点を置いた工事のあり方が注目されていた。

しかし、近年の気候変動に伴う洪水の頻発は、河川行政から「環境配慮」という意識を奪いつつある。それに伴って河川環境は急速に劣化し始め、かつては一級だったアユ釣り場にアユが定着しないといったことが普通に起きるようになってきた。

１９７０～１９８０年代（昭和50年頃を中心とした20年）に無配慮な河川の開発が進んだことで、生物の生息場所が消失し、多様性や生息量も減少したという負の時代の反省から１９９７年の河川法改定が行われたにもかかわらず、再び負の時代を迎えようとしている。

なぜ、環境には配慮されないのか？

確かに、例えば2017年7月に起きた九州北部豪雨の被災現場を目にすると、「環境に配慮など と悠長なことは言っていられない」という、関係者の心情はもっともなことのように思える。生物屋として意見を言うことも、正直ためらわれる。

しかし、日本が「先進国」と自認する以上、もはや生き物に無配慮な事業は許されない時代になっている。治水や利水と同時に生き物と共生すること、生態系サービス（自然の恵み――アユ釣りができることもその一つ）を持続的に利用することは、国として決して諦めてはならないことなのである。

河川行政に関わる県や国の担当者と話をしてみると、彼らもそのことは、少なくとも頭の片隅には置いていることが多い。河川工事によって川の環境が悪化していることに心を痛めている担当者も少なくはないのである。にもかかわらず、改善ができない。

理由は意外に単純なように思える。工事を発注する側も施工業者も、「どうすれば環境の悪化を防ぐことができるのか？」「生き物と共存できるのか？」を知らない（たまに無関心ということもあるのだが）。つまり、川の環境保全に対する知識も技術も持ち合わせていないということに尽きる。

河川法が改正された後に、国をあげて多自然型河川工法の考え方で進めたせっかくの河川工事等の事業も、その効果に対する検証が甘く、そこからフィードバックされるべき知識と技術が蓄積できていないということも一因であろう。

このように、時系列的に概観してみると、今の川の置かれた状況に希望を見いだすことは難しくなっている。

漁場を再生する河川工事の登場

しかし、悲観することばかりでもない。改善に向けて動き始めた漁協も出てきた。川の漁協は、漁場の劣化の被害を一番強く受ける団体であり、一方で、法的な裏付けを持って物言える唯一の団体でもある。

ここからは、国土交通省を説き伏せて災害復旧工事の現場にアユ漁場を再生させた物部川漁協の事例と、ダムによる漁場劣化が進んだ天竜川での、ダムを管理する電力会社と天竜川漁協による漁場再生の試みを紹介する。

物部川での災害復旧工事後の漁場再生

物部川では2018年7月の西日本豪雨によって多数の箇所が被災した。その災害復旧工事の「仕上げ」として、近自然河川工法によって、2020年にアユ漁場の再生が試みられた。治水機能一辺倒となりやすい災害復旧工事としては、かなり希なケースと言える。

「戸板島」と言えば、物部川を代表するアユ釣りポイントで、これまでにいくつもの友釣り大会が行われてきた(図2-9)。しかし、西日本豪雨の際に漁場がひどく傷んでしまった。河床の巨石が消失するとともに、河床低下に伴って瀬が縮小し、河道が平坦化してしまったのである。上流にダムがあ

図 2-9　再生された戸板島の瀬（2020 年 10 月）

り、土砂供給のバランスが崩れた河川でよく見られる漁場劣化のパターンである。

さらに、河岸が洗掘されて治水上危険な状態となっていて、早急な復旧工事が必要であった。工事を進めたい国交省から工事計画を提示された物部川漁協の松浦秀俊組合長は、「治水に偏った工事計画で、このままではアユはおろか、すべての生き物が棲みにくい単調な水路と化してしまう」と、強い危機感を感じたという。そのため、国交省に対して工事の仕上げに漁場を再生することを要望し、国交省もそれに応じたのである。

この工事が実現した重要なポイントは２つあった。一つは、物部川漁協は、河川工事に対して工事中の濁りの低減だけでなく、工事後に漁場の価値が低下しないように（むしろ高めるように）、環境保全対策を要望するという基本姿勢を貫いていること。国交省と漁協の間に

図 2-10　河岸の洗掘を防ぎ水際に多様性を持たせる水制

「話し合う」という土台ができていたことは非常に大きかった。

二つめは具体的な工事の設計図を漁協が国交省に対して示したこと。国交省も工事を請け負う工事関係者も生物のことに関しては素人である。「こうして欲しい」という具体案を示さなければ、漁場の再生はなかなか実現しない。

とは言え、イメージは頭に浮かんでも、それを図面にする技術は漁協には無い。漁協を技術面でサポートしたのは、近自然河川研究所の有川崇さん。近自然河川工法の設計や施工管理を手がける河川技術者で、漁協の漁場再生への思いを設計図に「翻訳」したキーパーソンである。

有川さんの作成した設計図は、漁場を再生するための要素が盛り込まれていることはもちろんのこと、治水上もプラスとなるように考慮されていた。例えば、河岸に設置された石組みの水制（図 2-10）は、河岸の形状や河床材料

図2-11　工事完成直後の戸板島の瀬。瀬の上流には淵ができた（2020年5月）

（石や砂）に多様性を生み出すとともに、川岸近くの洗掘を防ぐという治水上の効果がある。国交省としても採用しやすかったことは想像に難くない。

２０２０年2月、災害復旧工事の仕上げとして漁場再生工事が始まった。被災現場から掘り出された岩や巨石（護岸や捨て石に使われていたもの）を使用して、石を組んでいく。単に置くのではない。出水時に流されないように、また河床に埋まり込んでしまわないように、基礎石を置いた上に慎重に角度を調整しつつ（岩や石が出水でも動かない角度が存在する）、岩や巨石を組むという手間のかかる作業である。

２０２０年5月15日。物部川のアユ漁解禁日である。漁場を再生した現場にはそれを知ってか知らずにか、多くの釣り人が詰めかけ、竿を曲げていた。配置された岩や巨石によって流れに変化が付いたことで、アユの定着を促したよ

図2-12　再生された瀬の石組み（石の配置が分かるよう渇水時に撮影）

うである。再生した瀬の上流側は淵ができ（瀬肩の高さを石組みで固定したことで、その上流に安定した淵ができた）、アユのたまり場となっている（図2-11）。ここではドブ釣りの愛好者が竿を並べていた。松浦組合長は「この工事がモデルとなって、環境配慮型の工事が定着してほしい」と期待している。

このように、大きな成果を残した工事の現場は、2022年1月時点でもその姿を全く変えずにある。この間、水位が3～4ｍも上昇する出水を数度経験しているが、石の流失などは起きておらず、施工技術の確かさを窺い知ることができる。

ただ、アユの観察者としての筆者のわがままを言わせていただくと、石の配置には改善の余地がある。どこか〝人工的なもの〟を感じてしまうのである（図2-12）。自然が生み出す絶妙な岩や石の配置、強弱のある流れ。それらを再生できてこそ、本物の漁場再生である。このようなわがままとも言える願いをわざわざ書くのは、私にとってはとても魅力的な技術であり、無い物ねだりをしたくなるためである。

天竜川での瀬の再生

次は、天竜川中流にある秋葉ダム直下の瀬を再生した現場。ここでは２０１７年から再生工事が進められ、２０１９年の第三期工事で一応の終了をみている。

この現場も漁協の要望を実現する形で漁場再生が行われてきた。発端は２０１５年頃で、ダム直下のかつての「優良漁場」がサッパリ釣れなくなったことで、天竜川漁協がダムを管理する電源開発に環境保全の視点から改善を依頼した。この頃、筆者は「天竜川天然資源再生連絡会」のメンバーとして、天竜川にアユの調査のために通っていた。

当初の工事は、ダムの流入点に溜まった巨石を、淵（トロ場）に投入しただけのものであった。意図は分かるものの、正直に言って、感心できる現場ではなく、実際、アユの定着も観察されなかった。技術的なサポートが必要と感じ、有川崇さんを紹介した。

有川さんは秋葉ダム湖から掘り出された巨石を使って、巨石による列とその間にできるプールを交互に形成していった（図2-13、図2-14）。プール部分には支流から出る砂利をトラップする機能を持たせている。

筆者はこの瀬の再生現場に毎年潜水し、アユの定着状況を観察してきた。ダムの直下であるため、少し濁りがあって、アユを直接観察することは難しい。個体数の代わりにハミ跡の多さでアユの多さ

図 2-13　再生前後での比較(上：再生前、下：再生後)。再生前は単調な2段の瀬であったが、再生後は多段化され延長も長くなった

図 2-14　再生された瀬の流れ。小さい滝落ちとプールで構成されている

を推定してみた。結果は一目瞭然で、工事を行った区域（施工区）でのハミ跡が対照とした非施工区に比べて圧倒的に多かった（図２−15）。

施工区では巨石によって流れや水深にメリハリが付いただけでなく、支流から流入してきた砂利によって、プール部に巨石と玉石、砂利で構成されたいかにもアユが好きそうな川底ができており、生息場の改善につながっている。

この現場でも、丁寧に石組みがなされており、施工後５〜７ｍもの水位上昇を複数回経験しているが、基本的な石組みは流されていない。驚くべき技術である。その一方で、プール部分に投入した中程度の大きさの玉石や支流から流入して溜まった砂利は、出水のたびに少しずつ流され、施工区の下流側の環境に変化を与えている。施工していない下流側にもアユが定着し始めたのである（図２−15）。

この現場での問題点を挙げるとすれば、工事

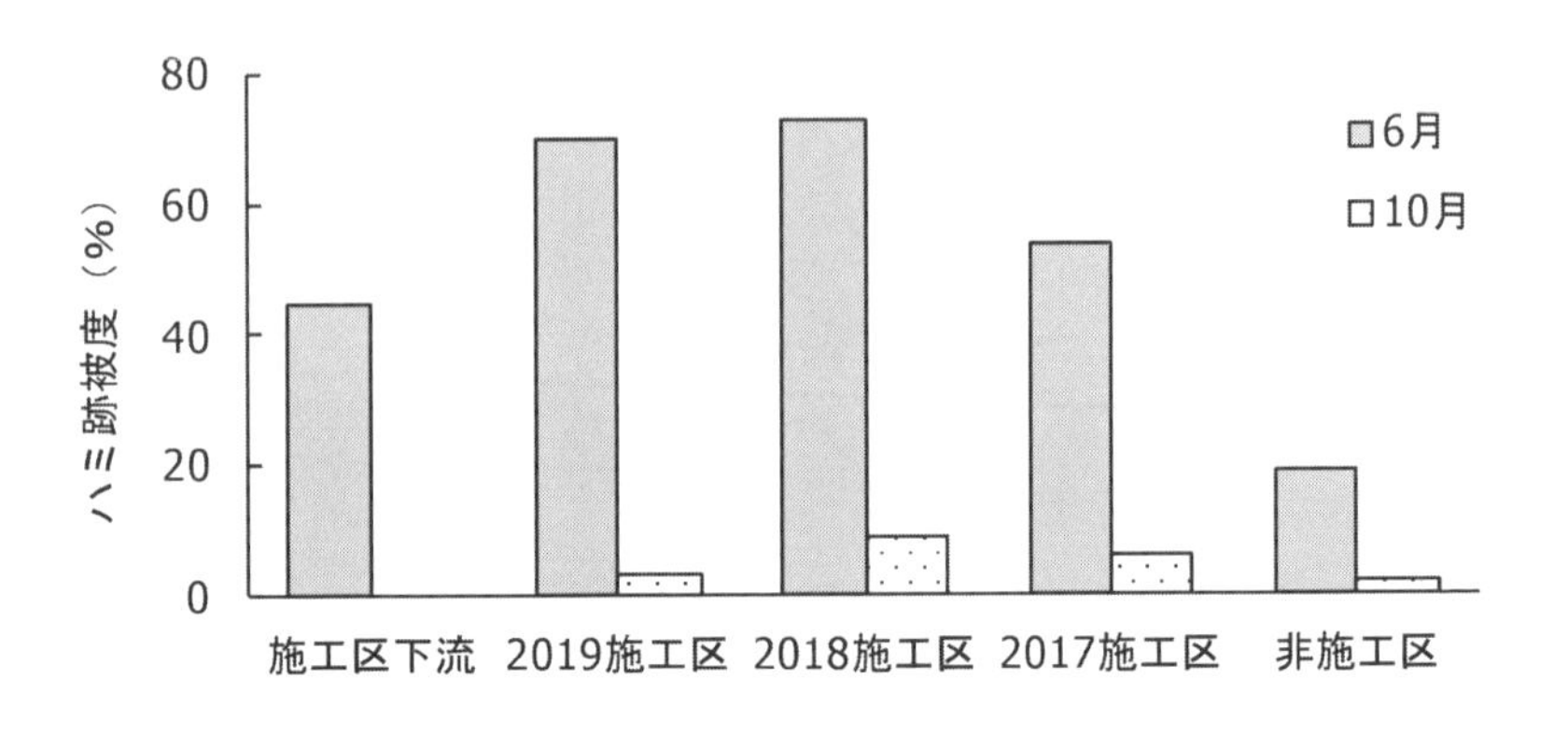

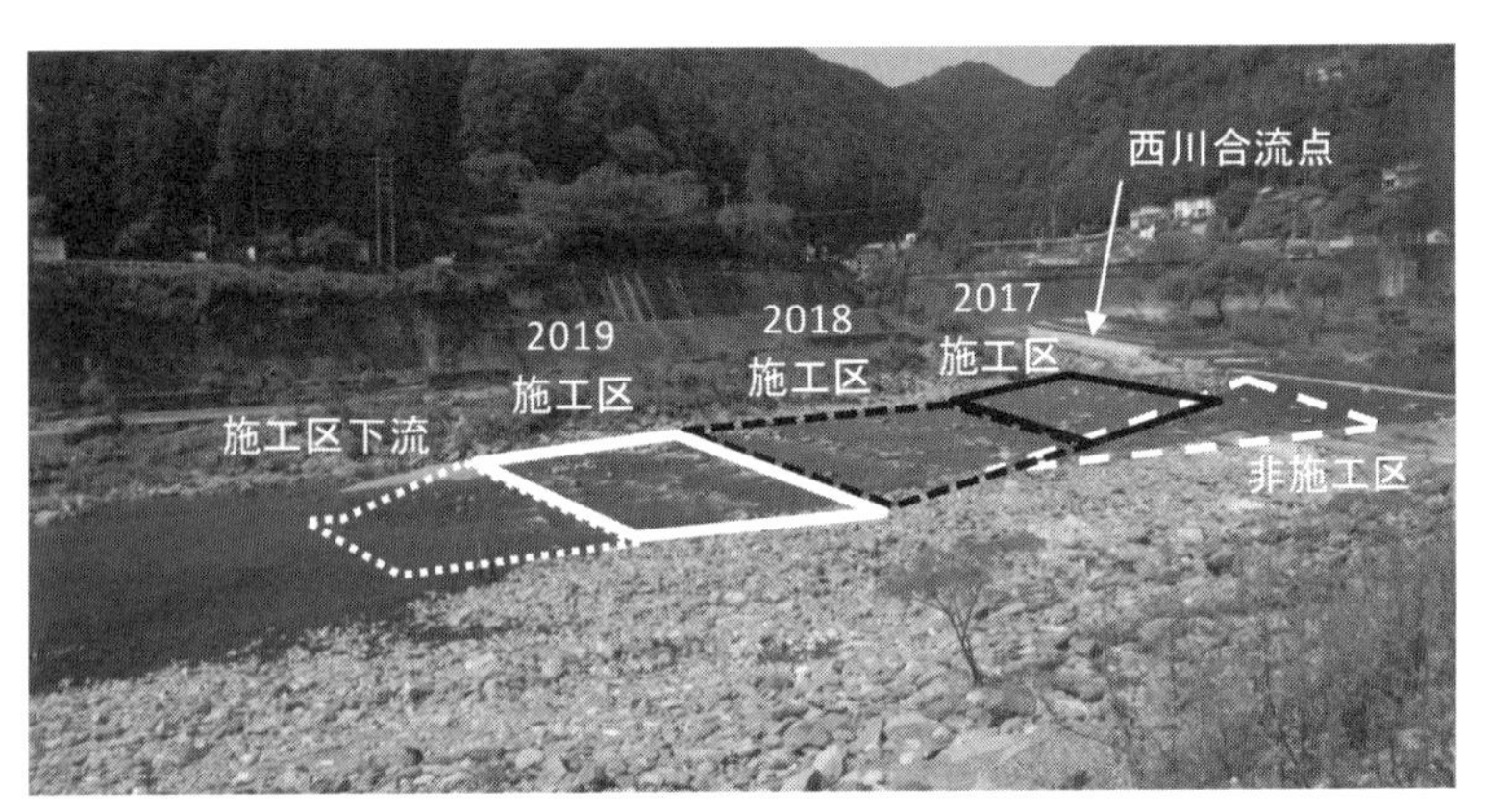

図 2-15　瀬の再生工事の施工区と非施工区でのアユのハミ跡の多さの比較

に使用できる石の大きさにバリエーションが不足していたために、自然河川のような変化に富んだ景色とはなっていないことである。ここでも自然の造形の妙を思わずにはいられない。

漁場再生の今後

今回は、有川崇さんが施工管理した漁場再生の2つの現場を見てきた。有川さんには失礼ながら、2つとも自然らしさという点でまだ完璧とは言えない。ただ、物部川にしろ、天竜川にしろ、再生した現場の耐久性が確認できたことは大きい。これまでにも全国各地でアユ漁場を造った現場を見てきたが、それは、単に巨石を配置しただけのものがほとんどで、1回の出水で石が流されたり埋まったりして、機能を失うということを繰り返してきた。これに対して、物部川や天竜川の施工現場で確認できた耐久性は、投資効果が大きいことにもつながっている。

また、治水と相反しないことはもちろんのこと、治水上のメリットもあるやり方（工法）が見えてきたことは、朗報と言える。

今後の課題は、大きく2つある。一つめは、技術者の不足である。技術者を紹介してくれと依頼されると、今のところ、有川さんしか思い浮かばない。川の環境を保全する具体的な技術をもった河川技術者がもっと多く出てこないと、ごく単発的な事例で終わってしまう危険性があるし、玉石混淆となっては、工法の信頼性が疑われ、持続的な取り組みとはなりにくい。

二つめは「誰がお金を出すの？」という点。天竜川の事例では、ダムが引き起こした環境悪化という観点から、ダムを使って発電を行っている電源開発が支援した。これは、今のところ希な例であるが、ＳＤＧｓの取り組みとして広がりを見せることに期待したい。

ただ本来は、河川工事に関わる国交省や県の土木部が拠出するべきではある。特に、災害復旧工事の現場で自然再生をアレンジするには、行政の関心が不可欠である。

しかし、現状ではその機運は高まってはいない。そういった機運を生み出すのはおそらく河川行政の内部からではない。漁協の要望はもちろん必要だが、それが単なるクレームや補償金の下心のあるものでは、ますます、川の環境悪化が進行するだけになりかねない。物部川漁協のように、まっとうな理論で話し合い、相手も理解できる方法を提示することが重要となる。さらには、釣り人に代表される「川が好きな人」がきちんと声を上げていくこともとても大切なことである（これは本当にだいじ）。

日本の治水は、これまでのハード面の対策が行き詰まりつつあり、「流域治水」の考え方が広まり始めている。この流域治水に不可欠なことは、住民が川に対して関心を持つということである。そして、住民の関心が川に向くためには、「魚がたくさんいる川」「景色の美しい川」といった川本来の魅力が必要なことは論を俟たない。アユ漁場の再生は、実は流域治水の一助となり得るのである。

※　近自然河川工法——１９８０年頃のスイス・ドイツで生まれた生態系を復元する工法。故福留脩文博士（西日本科学技術研究所を主宰）がこれを日本に紹介するとともに、その普及と発展のために尽力した。

4 森・川・海

［坪井］

筆者は職業柄、全国の内水面漁業協同組合の組合員や組合長と面識がある。その中でも、郡上漁協の白滝治郎組合長は別格だと思う（図2-16）。

ラーメンでいうとトッピング全部乗せみたいなスペシャルな人だ。魚類の生態はもちろん、魚類をとりまく生息環境にも造詣が深いし、渓流釣りもアユ釣りもプロ級の腕前だ。そもそも、プレゼンが異常に上手い時点で嫉妬してしまう。大手釣具店でのトークショーで鍛えられた話術は相当なもので、釣り人を相手にしたプレゼンは本当に素晴らしい。それに加え、研究者を相手にした講演でも、思わず聞き入ってしまうほど興味深い。活字になっても勢いそのままで、とても読み応えがある。新聞で連載をされているが、毎回、読み応えのあるストーリー展開、そして情景が目に浮かぶ描写にうなってしまう。

漁協が木を植える

群上漁協が「令和3年度　全国育樹コンクール」で農林水産大臣賞を受賞した。「長良川源流の森育成事業」は２０１０年から始まり、これまでに2万本にもおよぶ苗木の植栽を行ってきたという。漁協が主体となって、林業など森林をとりまく多くの関係者を巻き込み、活動を継続してきたことが受賞につながった。森が大切、とか、森林から川に流れ込む土砂が、とか、みんな言うけれど、それ

図 2-16　白滝治郎さんが長良川きっての好ポイント道満の瀬を釣る

をなんとかしようと、実行に移せる人は本当に限られている。おまけに、白滝さんはエアライフルの名手で、カワウやカワアイサの有害捕獲を積極的に行っていて、ハンターの育成にも積極的だ。漁協の屋台骨であるアユについても、釣り人が釣ったアユを買い上げ、それを「郡上鮎」として豊洲市場に出荷する手法、流通ルートを確立してきた。集荷、出荷のシステムは年々洗練されてきており、出荷量はうなぎのぼりだ（図2-17）。漁協のあるべき姿、そして今やるべきことが郡上漁協に詰まっている。

川のめぐみが流域を潤す

森・川・海のつながりの重要性が叫ばれるようになって久しいが、筆者の研究仲間の1人、京都大学の佐藤拓哉さんは、流域の人々と川や魚とのつながりについて注目している。

図 2-17　アユの自動選別機。釣り人から友釣りで釣ったアユを買い取りサイズごとに選別し豊洲市場などに出荷する

郡上八幡の人々の暮らしは長良川や支流吉田川と切っても切れないし、川遊びを通じて川や魚に親しみ、大人になるにつれて魚釣りの腕を磨いていくそのプロセスは人間形成に大きな役割を果たしているだろう。しかし、佐藤さんはもう少し広い視点、水系スケールで長良川に注目している（図２-18）。

アユは下流域で生まれ、稚魚期を伊勢湾ですごし、また長良川へ遡上してくる。ヤマメの亜種であるアマゴは、長良川の本流上流域や支流のすみずみまで広く生息しているが、一部の個体が秋に伊勢湾に降り春になると大きく成長し、サツキマスとなって遡上してくる。ウナギだって川をのぼってきて大きく成長し、産卵のためマリアナ海溝を目指す。長良川が伊勢湾とつながっていることで、上流か

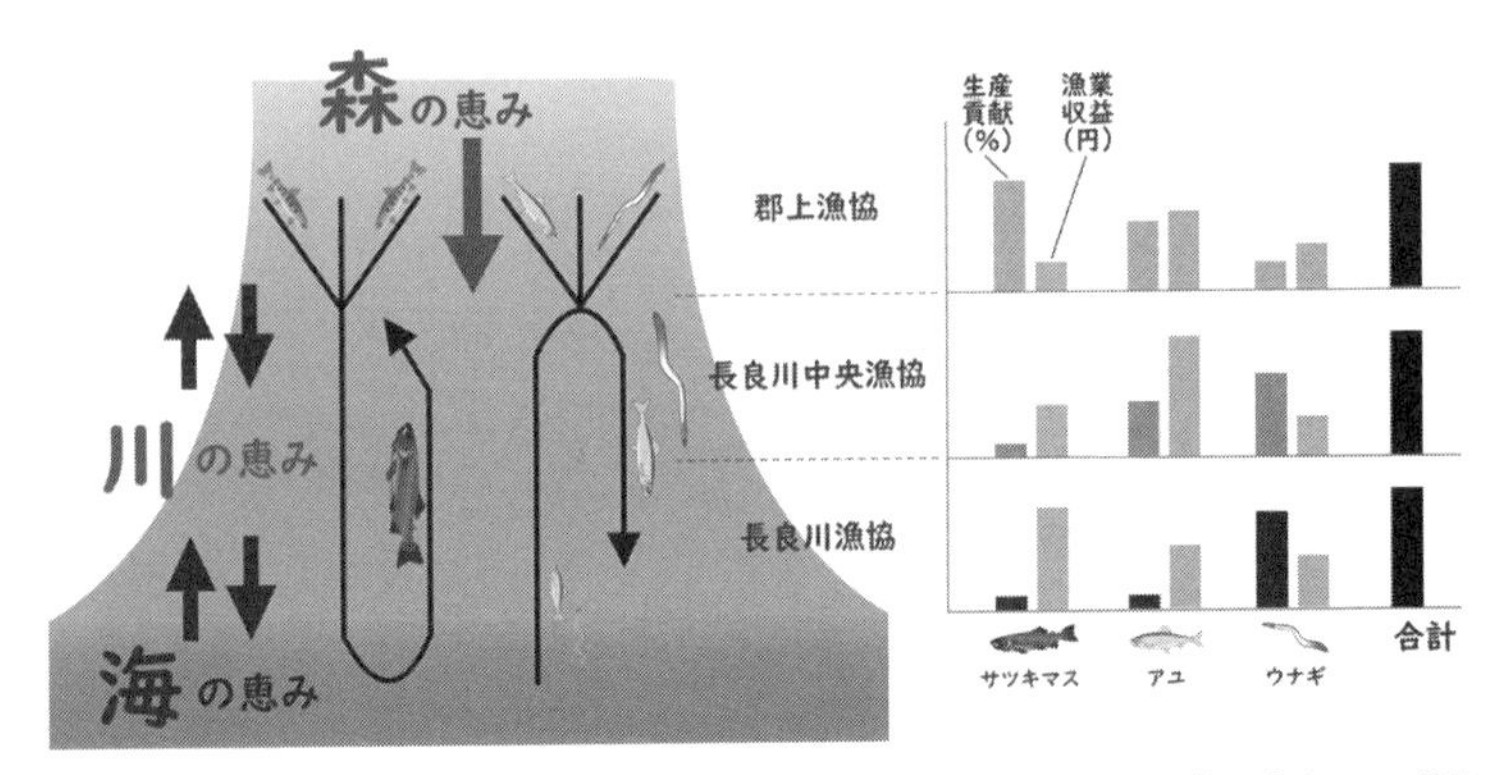

図 2-18　魚たちが森、川、海をダイナミックに回遊することで流域に暮らす人々に「長良川の幸」が配分される（佐藤拓哉さん作成）。なお、棒グラフの値はイメージであり、ここを可視化する研究プロジェクトが始まっている

ら下流にいたるまで、さまざまな魚類が川のめぐみとして流域に供給され、暮らしに潤いを与えている。鵜飼など数多くの伝統漁法が今なお残るのも必然だろう。魚類が長良川の流域ネットワークを広く、そして多様なルートで回遊することで、全身に血液が循環するかのように、魚という富が流域全体に分配される。具体的な研究アプローチとしては、支流ごとの地質の違いにより耳石に含まれるストロンチウムの比率が異なることを利用する。例えば、長良川中流域で釣れたこのサツキマスは支流の板取川生まれ、といった、長良川-伊勢湾のダイナミックな回遊様式を明らかにすることが研究プロジェクトの狙いだ。

　こういった可視化は、流域に暮らす人々の川への意識をより強め、郡上漁協、長良川中央漁協、長良川漁協など流域に6つある漁協間の連携をより強固なものにすると佐藤さんも筆者も信じている。ただ、個人的に、というかプライベートでは、富というよりも、もう少しささやかな幸せを大切にしている。森・川・

海のつながりを意識しながら楽しむ郡上でのアユ釣り、それを愛知の実家に持ち帰り、両親にふるまう塩焼きに、この上ない幸福を感じる。こういった幸せが全国の川に無数に存在していることを、そしてこの幸せを大切に守っていきたいと思っている人が世の中たくさんいるんだということを河川管理者の方々に届けたいし、それは筆者たちの大切な責務の一つだと常々考えている。川はただの水路じゃない。大切に管理し、そのめぐみを丁寧にいただくものなのだ。

5　アユのトロフィックカスケード

［坪井］

トロフィックカスケードと聞くと、何やら美味しいスイーツのようだがそうではない。トロフィックは栄養を、カスケードは段差とか段階を意味する。理科の授業で習った生態系のピラミッドでいうと、それぞれ上下に隣接する層で影響しあい、めぐりめぐって、思わぬ効果を生む、といった話だ。業界では、「風が吹けば桶屋が儲かる」と揶揄されることもある。例えば、魚が増えると岸に花がたくさん咲くといった、ウソのようなホントの話だ（図2-19）。これはアメリカのフロリダ州の事例で、魚増える↓餌となるヤゴ、トンボ減↓トンボに食べられなくなりハチ増↓植物の受粉機会増、といった具合だ。

ウグイが尺アユをはぐくむ

アユのトロフィックカスケードにチャレンジしたのが、筆者の大先輩である片野修さんだ。友釣りの外道として厄介なウグイが多くいたほうが、アユの成長が良くなることを証明した。ウグイ増える↓餌となる水生昆虫減る↓水生昆虫が食べるはずだった藻類が食べられずに残る↓アユの餌が増える、といった具合だ（図2-20）。

言われれば、確かにそうかなと思うが、何の証拠もなく、自らで考え出した仮説を信じて実験を始める先見性、行動力にはリスペクトしかない。先に紹介した波打ち際を水中ライトで照らしアユの稚

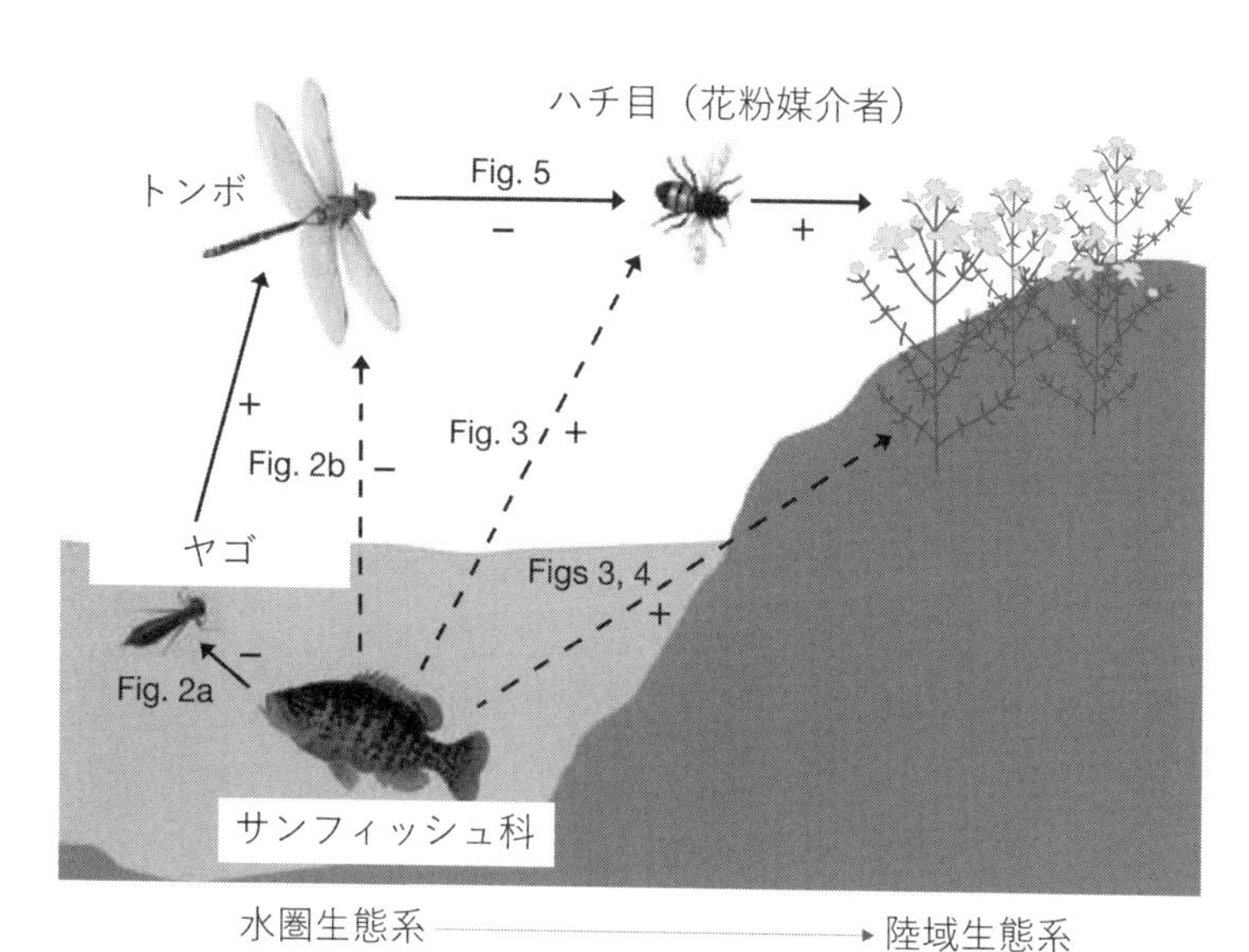

図2-19　トロフィックカスケードの一例（Knight et al. 2005を改変）

魚を集める話でも、「そりゃ照らせばアユの稚魚は集まってくるよね」、とか偉そうに言ってくる人がいるが、そういう人はえてして口ばっかり。最初にやったヤツが一番偉いに決まっている！

片野さんはアユ釣りも大好きだが、すべての川魚への愛情がとても深い。アユのトロフィックカスケードは、片野さんならではの大発見だと筆者は思っている。アユだけいればいいってもんじゃなく、川のにぎわい、水圏の生物多様性の大切さを世に訴えるメッセージとなった。ちなみに片野さんは英語で書く論文も、日本語で書く一般向けの本も、完成度が極めて高い。当初、片野さんはこの仮説を思いついたとき、天然河川を忠実に再現した人工河川を1本作り、そこで実験を行い仮説を証明した。しかし、論文を投稿しても相手にされず、リジェクト（掲載拒否）さ

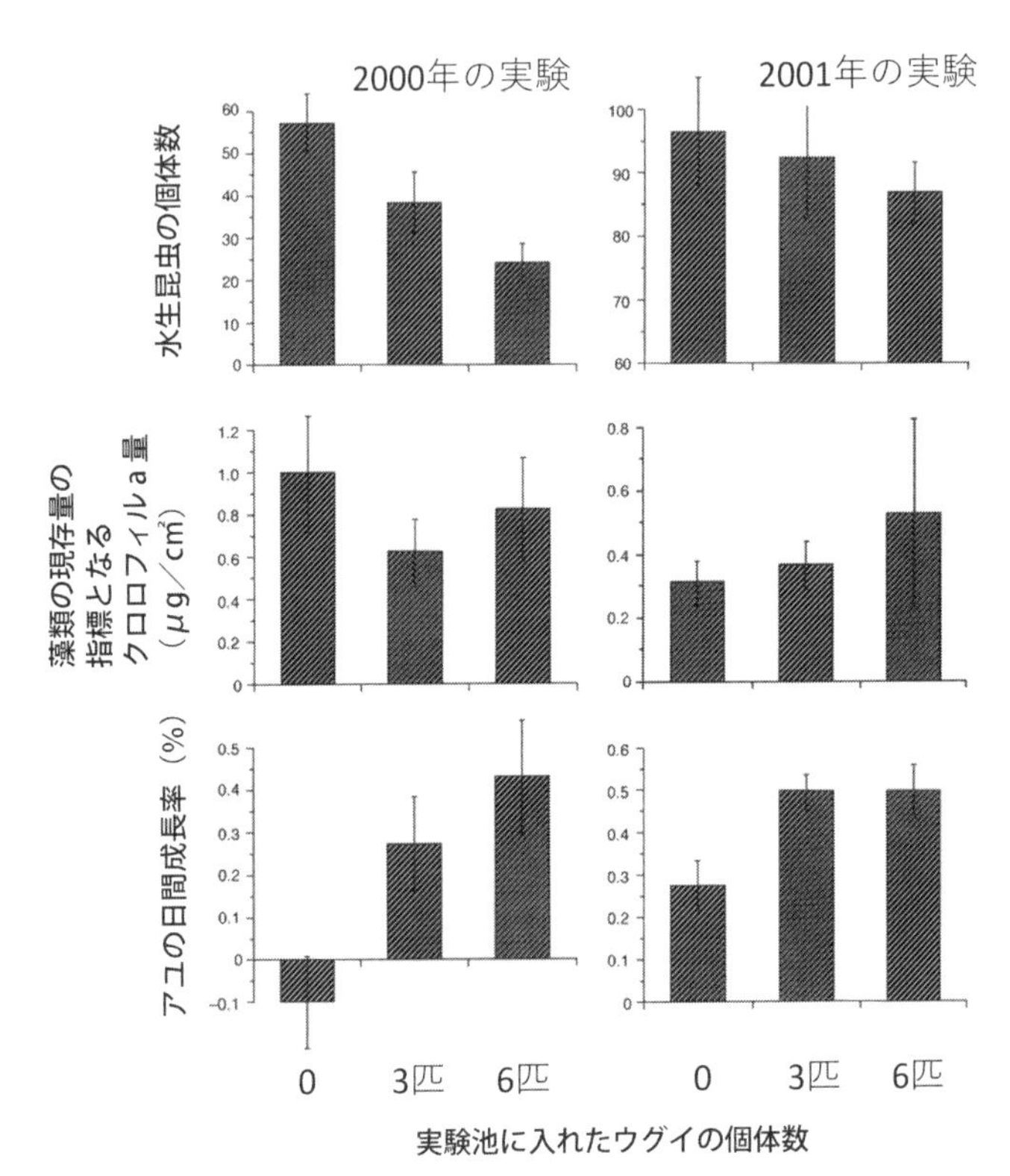

図 2-20　ウグイが水生昆虫を食べることで（グラフ上段）、水生昆虫が食べるはずだった藻類が多く残り（中段）、アユの餌が増えて成長率が向上した（下段）(Katano et al. 2003 を改変)。なお、中段の図で、藻類の量がそれほど増えていないのはアユが積極的に藻類を食べているからであり、その証拠に下段の図では、2年とも、ウグイの個体数が多いほどアユの成長率が高くなっている

図 2-21　片野修さんと子ども向けのプール

れてしまった。敗因は人工河川が「1本」だったからだ。研究の世界では、リプリケーション（繰り返し）があることが重要視される。つまり、片野さんが作った人工河川のみの傾向で、たまたま得られた結果ではないか、というやや意地悪な突っ込みを打ち破ることができなかった。そんな悔しさをバネに、片野さんが大量購入したのが、子ども向けのプールだった（図2-21）。

子ども向けのプールに、お風呂場のお湯を洗濯機に活用するバスポンプを設置し水流を発生させる。そこに、石の代わりにレンガを置いて、藻類を生育させる。飼育水には河川水を使うことで、水生昆虫が勝手に入る。そうした河川の縮図のようなプールを「複数」作って、改めて仮説を証明した。ちなみに、レンガを石の代わりに使うというアイディアは、藻類の専門家である阿部信一郎さん発のもので、理由はわからないが、アユの主食となるラン藻（シアノバクテリア）をはじめ、藻類全般がとてもよく育つという。また、レンガのサイズはどれも規格どおりなので、プールごとの環境もそろえることができるというメリットもあった。というわけで、この事実を知っていただいた読者のみなさんには、今後、友釣りでウグイが釣れた際は、ていねいにリリースしていただきたい。ウグイは未来の尺アユをはぐくむ原動力となるのだから。

川の生き物たちのにぎわいを取り戻す

ウグイや生物多様性つながりでもう一つ。ウグイの語源は諸説あるが、鵜が食いやすいという一説がある。同様に諸説あるが、鵜が食べるのに難儀する、でウナギ。というわけで、アユの天敵、カワウの食性について紹介したい。カワウはそのとき最も食べやすい魚を食べる、いわば、ジェネラリストだ。カワウがよく食べるのは、放流直後の群れたアユや、繁殖期に群れて、かつ身重になって動きが鈍くなったアユだ。つまり、食べやすいからアユが好き、という解釈である。であれば、カワウと似たような漁法を使って魚種組成を明らかにしたら、カワウ問題の真相に迫れるんじゃないか、と思いやってみた。カワウは上空から魚を探し、おおよその目星をつけて着水、その後潜水して最後は目視で魚を捕まえる。となると岸際から目視で魚を探し、投網を打つのが最もカワウに近いのではないか、と考え、富士川で投網を打ちまくってみた結果が図2-22である。

富士川では筆者が山梨県水産技術センターに就職した2003年ころに、カワウが急増した。それ以前にあたる2000年の投網データと筆者による2008年の投網データとを比較してみた。この

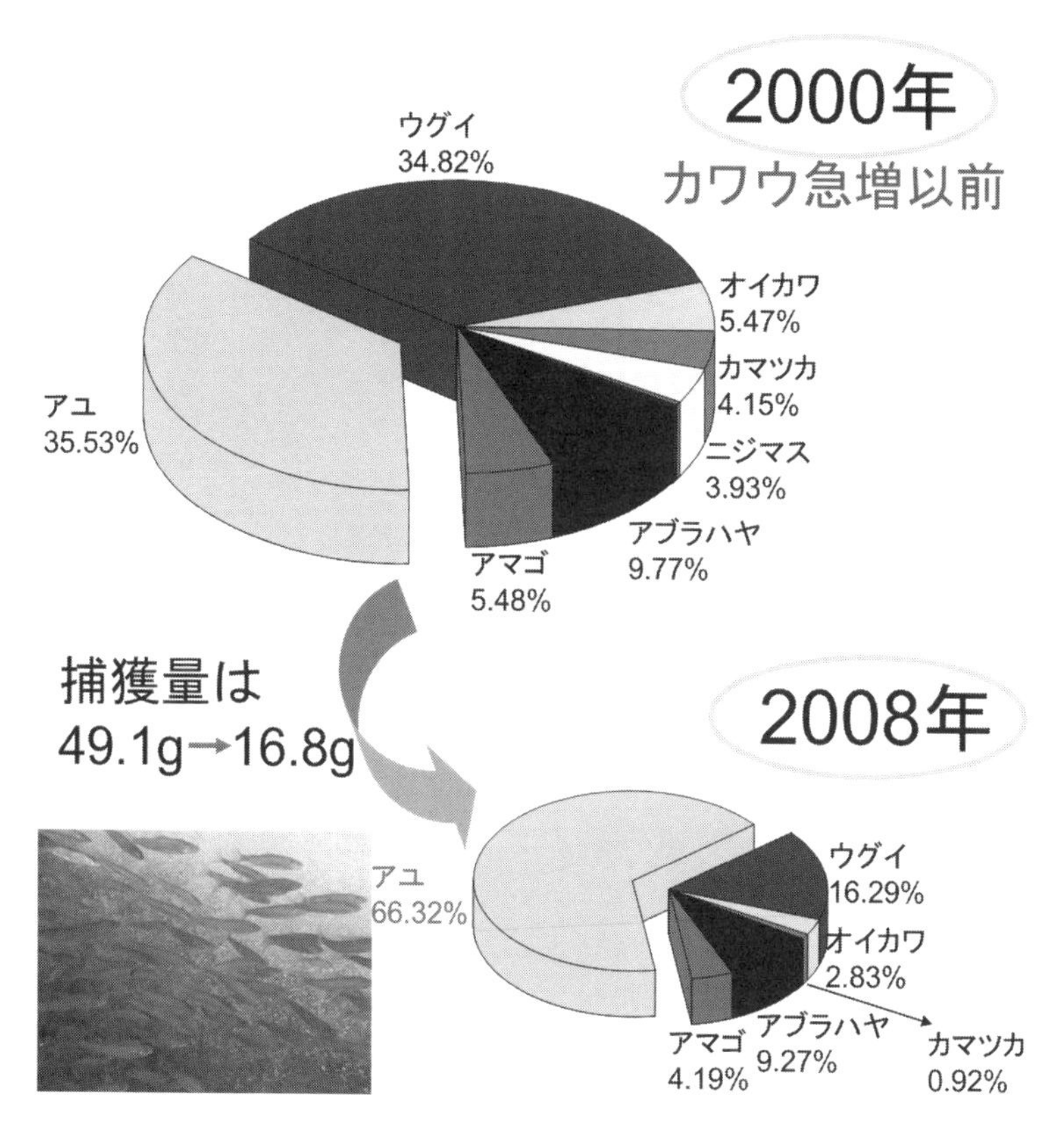

図 2-22　富士川にカワウが現れると、ウグイやオイカワが激減し、川の中は種苗放流をしているアユばかりになってしまった。なお、ごくわずかに含まれる種同定の不可能だった 2cm 未満の稚魚については、円グラフには含まれないため、数値の和は 100 にはならない

図2-23　春、繁殖期を迎えたウグイ

図2-24　ウグイやオイカワなどコイ科魚類のための人工産卵場造成と造成後に見られた卵（左下）

間、ウグイやオイカワといったコイ科魚類がカワウに食べられた結果、投網1投あたりに獲れる魚の重量は49・１gから16・８gへと、３分の１に減ってしまった。特に、ウグイやオイカワの減少が激しいことが見てとれる。その間も、水産技術センターでは年間１８０万匹のアユを養殖し、河川放流用として漁協に出荷してきた。つまり、コイ科魚類が減ってしまった川にアユを放流すると、アユだらけになってしまい、カワウも放流直後の群れるアユしか食べるものがなくなってしまった、というのが実情なのだろう。時を同じくして、毎年、風物詩となっていた富士川から支流の芦川へ婚姻色をまとって大量遡上するウグイの群れが見られなくなった（図２-23）。芦川と富士川の合流点は、カワウの一大繁殖地となっていった。ウグイの語源は鵜食いで間違いないんじゃないだろうか。

河川環境の単調化に伴う魚類の隠れ場の減少、アユのみを増やそうとしてきた水産サイドの短絡さを、カワウは筆者に突き付けてきたような気がした。同じ山梨県内の峡東漁協では、アユや渓流魚はもちろん、ウグイやオイカワのための人工産卵場づくりなど、コイ科魚類の増殖にも積極的だ（図２-24）。

今後、川のにぎわいを取り戻す試みが、全国に広がってほしいと願っているし、それこそがカワウ問題の抜本的な解決につながるだろう。トロフィックカスケードの話からずいぶん話がそれてしまったが、やはり、川の中にアユだけしかいないという状況というのは非常にまずい、ということは共通している。アユ釣りのトップトーナメンター瀬田匡志さんは、全国を釣り歩くなかで、「アユがよく釣れる川ではウグイなど外道も数多く掛かる」とおっしゃっていた。アユが暮らしやすい環境は、他の魚にとっても暮らしやすい環境といえる。第２章を通じて、大きな石が豊富にあり、瀬や淵が連続する多様な河川環境こそが、生きもののにぎわいを、そして生きものどうしのつながり（生物間相互作用）を強めてくれる、ということをご理解いただけたと思う。

文献

Katano O., Aonuma Y., Nakamura T., Yamamoto S. 2003. Indirect contramensalism through trophic cascades between two omnivorous fishes. *Ecology* 84, 1311-1323. https://doi.org/10.1890/0012-9658(2003)084[1311:ICTTCB]2.0.CO;2

Knight T. M., McCoy M. W., Chase J. M., McCoy K. A., Holt R. D. 2005. Trophic cascades across ecosystems. *Nature* 437, 880-883. https://doi.org/10.1038/nature03962

第3章　最先端のアユ放流理論

［高木優也］

1　放流アユ漁場に何が起こっているか？

放流さえすればアユが釣れた時代があった

アユのような海と川を行き来する魚は、ダムや堰が建設されると、その上流へは到達できなくなり、大きく漁獲量が減少するはずである。例えば、富山県農林水産総合技術センターの田子泰彦さんによると、かつて160トン以上あった神通川でのサクラマスの漁獲量がダムの建設に伴い減少し、1978年には10トン以下にまで落ちこんだという。

しかし、多数のダムや堰が建設されたにもかかわらず、アユの漁獲量は1992年まで増え続けた。これは、ダムや堰の上流でも、放流さえすればアユが釣れたからである。全国的に、天然遡上がなくても放流すればアユは釣れるし、釣り人もたくさん来て、漁協はもちろん、オトリ屋さんや宿など地域全体が潤うという時代があったのである。

将来的には、海と川の連続性が復活し、どこでも天然遡上アユが釣れるという時代が来ると信じている。だが、10年や20年で実現できるとは思えないし、放流をやめればダムや堰を壊してもらえるわけではない。それなのに、天然遡上が大事ですと言うだけでは、あまりにも無責任ではないだろうか。そこで、昔と今で何が変わってきたのか、どうしたら効果的なアユ放流ができるのかについて調査研究を続けてきた結果について、紹介したい。

放流で釣れるアユ漁場をつくるのが難しくなっているのは間違いないが、それでも放流アユで釣れる漁場は今でもたくさんあるし、ちょっとした改善で大きな効果が見込める漁場はさらにたくさんある。

冷水病ショックをきっかけに負のスパイラルへ

いつから、放流してもアユが釣れなくなったのだろうか？

アユの漁獲量と放流量の推移を重ねてみると、1993年を境に放流効果が低下（放流量の割に、釣れない）していることがわかる。冷水病が全国の河川に広まったのが、ちょうどこのころである。カワウも90年代に急激に羽数が増加したが、全国一斉に増えたわけではないので、1992年から1993年にかけての漁獲量の減少は冷水病によるものと言えるだろう。

その後、冷水病が克服されることはなく、カワウは増え続け、河川環境は悪化の一途をたどった。つまり、冷水病ショックをきっかけに「放流しても釣れない→釣り人減る→さらに放流減る」という負のスパイラルに陥ったのである。

漁協関係者と話をしていると、時代が悪い、釣り人が減ったからどうしようもないという声もよく聞く。しかし、これは間違いである。なぜなら、釣り人が半分、放流量も半分ならば釣れ具合は変わらないはずである。「釣れない」から釣り人が去っていく、「釣れない」から新しい釣り人が入ってこない、この状況を改善（放流で釣れる漁場をつくる）しないことには、負のスパイラルから脱出することはできない。

放流効果はどれほど低下したか？

１９９３年の冷水病ショック以前は、琵琶湖産の種苗を1トン放流すれば10トンの漁獲があると言われていた。１９９３年以降、琵琶湖産に変わる様々な種苗が模索され、琵琶湖産を冷水病に強くする技術の開発も進んだが、結果から見れば、当時ほどの放流効果を上げることはできていない。今では、1トン放流して3トン漁獲できたら、良く釣れたと言われるレベルであろう。つまり、昔と同じくらい釣れる漁場をつくろうと思ったら、昔よりもたくさん放流しないといけなくなったのである。

なのに、放流量が昔より減っている漁場がほとんどなのだから、釣れないのは当然である。逆に、岐阜県の高原川や山梨県の桂川などのように放流量が減っていない、むしろ増えている漁場では、今もよく釣れるし、釣り人も減っていないのはご存じの方も多いだろう。

釣れるアユ漁場をつくるには？

釣れるアユ漁場をつくるためにできることは、放流量を増やす、放流効果を高める、この2つである。放流量を増やすことは、多くの場合、放流経費の増加を意味するので、負のスパイラルに陥っている漁場（財政的に厳しいことがほとんど）では、放流効果を高めることが特に重要である。

放流サイズ、放流密度、種苗、河川環境、冷水病、カワウなど、放流効果に影響する要因はたくさ

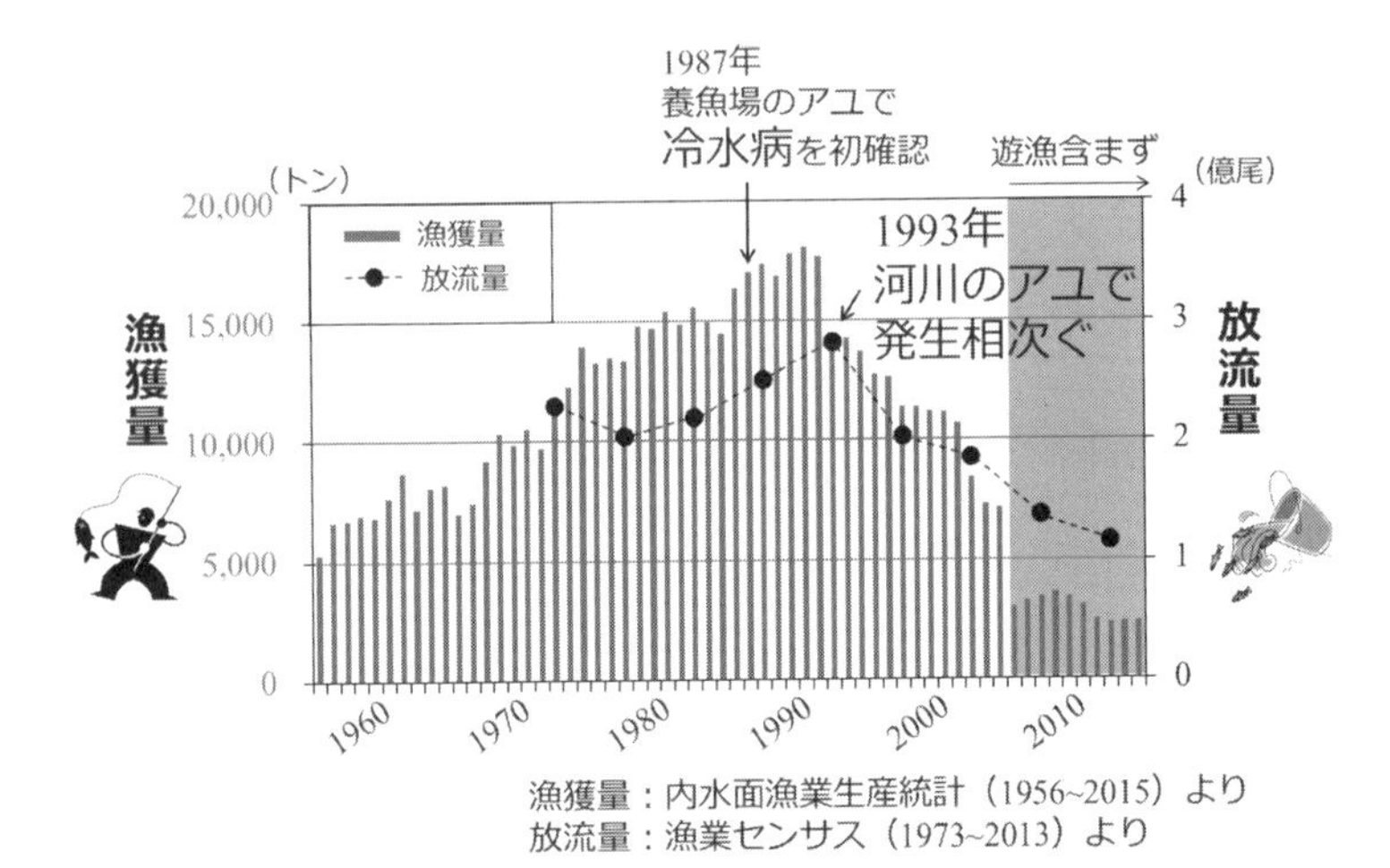

図 3-1　全国のアユの漁獲量と放流量の推移。冷水病ショック以降、「放流しても釣れない→釣り人減る→さらに放流減る」という負のスパイラルに陥った

んある。それぞれの影響と対策については後述するが、どれが問題となっているかは漁場によって違うし、同じ漁場でも時代によって変わってくる。

したがって、やみくもに対策を実施してもうまくいかないし、偶然うまくいったとしても時代が変わったときに対応できなくなってしまう。大事なことは、その漁場で今何が起こっているかをよく観察し、それに応じた対策を実施することである。

２　アユ放流のチェックポイント

［高木］

アユ放流は割り算で考える

その漁場で今何が起こっているかをよく観察し、それに応じた対策を実施する、言うのは簡単だが、実行するのは難しい。私も、アユ放流に関わるようになってからしばらくは、そもそも漁場の状況をさっぱり把握できなかった。１００万尾放流しても釣れない漁場もあれば、３万尾しか放流しなくても解禁に束釣りがでる漁場もあったのである。

このように、単純な量の大小でアユ放流の良し悪しを判断することはできない。そこで、アユ漁場のデータを割り算で考えるようにすると劇的に理解しやすくなった。例えば、放流量を釣り人数や漁場面積で割り算することで、本当の意味でたくさん放流している漁場がどこなのかわかるようになったし、釣獲尾数を放流量で割り算することで、放流効果の高低がわかるようになった。

アユ放流にはいろんな数字が出てくるが、釣れるアユ漁場をつくるためには、「年券者１人あたりの放流尾数」と「解禁日の回収率」という２つの数字をチェックすることが重要である。

（１）年券者１人あたりの放流尾数――放流量は足りているか？

そもそもの放流量が足りていないと、放流効果を改善させたとしても釣れる漁場にはならない。では、放流量が十分かどうかはどうしたらわかるだろうか？

表3-1　2016年の栃木県内の各漁協における放流尾数を年券枚数で割った1人あたりの尾数

漁協	年券枚数（枚）	放流尾数（万尾）	一人当たり（尾）
鬼怒川	3,970	183	**461**
黒川	533	20	**375**
おじかきぬ	78	3	**385**
粕尾	678	15	**221**
下都賀	819	18	**220**
西大芦	592	13	**220**
荒井川	103	2	**194**
渡良瀬	1,280	24	**188**
小倉川	1,120	19	**170**
塩原	415	6	**145**
那珂川連合	10,186	114	**112**
合計	19,774	417	**211**

これをチェックするには、放流尾数を年券枚数で割って、年券者1人あたりの放流尾数を計算する必要がある。表3-1は2016年の栃木県の漁協を例に、この値を算出したものである。これをみると、単純な放流量では2番目に多い那珂川連合が、1人あたりに直すと最も放流量が少ないことがわかる。また、鬼怒川漁協は1人あたり461尾を放流しており、これは那珂川連合の約4倍である。つまり、釣れ具合にも4倍の差があって当然ということになる。

最低でも200尾以上は必要

1人あたりの放流尾数がなるべく大きくなるようにすることが重要であるが、放流アユだけで漁場をつくる場合、少なくとも200尾以上はほしい。これ以下となると、カワウや冷水病の被害がなく、どんなに釣れる種苗を放流したとしても、釣れる漁場をつくることはできない。

1人あたりの放流尾数を増やすには

これには、種苗単価を下げるか、放流経費を増やすしかない。前者としては、種苗の平均サイズ（体重）を小さくして、放流尾数を増やすことが有効である。後者としては、漁協全体でコストカットして放流経費を捻出する、アユの集荷販売などによって年券以外の収入を増やすなどもあるが、現実的には年券の価格を値上げせざるを得ない。この値に種苗単価（円／尾）を掛けると、年券者１人あたりの放流金額がわかるので、持続可能な金額設定を検討する必要がある。

（2）解禁日の回収率――どれくらい釣れているか？

放流効果を確認するのに最も良いのは、放流アユの回収率（釣獲尾数／放流尾数）をチェックすることである。例えば、10万尾のアユを放流し、漁期を通じて5万尾のアユが漁獲できた場合、回収率は50％となる。１９３０年代〜１９８０年代にかけての調査では、平均40％（7・0〜74・7）ほどの回収率が記録されている（表３‐２）。近年の調査はわずかしかないが、１９９０年代以降に栃木県内で調べられた4事例では平均25％（4・1〜37・5）ほどであった。昔に比べて回収率が低下しているのは、冷水病の影響が大きいと考えられる。

解禁日の回収率の調べ方

シーズンを通じた回収率を調べることはかなりの労力がかかるため、どこでもできることではない。しかし、解禁日の回収率を調べることは、比較的簡単である。具体的には、解禁日に漁場へ行って、釣り人の数を数え、一部の釣り人に聞き取りをするだけである。聞き取り内容は、①何時間で何尾釣ったか、②この後、何時間ぐらい釣りをする予定か、この2つである。聞き取る人数は、解禁日の釣り人数の10％以上（１０００人だったら１００人以上、２００人だったら20人以上）を目安とする

表 3-2 文献値から算出した解禁初日の回収率（釣獲尾数／放流尾数）

出 展	調査年	県	河川	種苗	回収率
人工採苗アユの放流効果試験報告書 1978:p19	1934	群馬	神流川	海産	22.5
人工採苗アユの放流効果試験報告書 1978:p19	1934	長野	湯川	海産	32.2
人工採苗アユの放流効果試験報告書 1978:p19	1936	群馬	神流川	海産	64.0
人工採苗アユの放流効果試験報告書 1978:p19	1950	東京	秋川	河川産	42.1
人工採苗アユの放流効果試験報告書 1978:p19	1950	新潟	早出川	河川産	72.9
淡水区水産研究所研究報告 1954;3(2):1-26	1951	群馬	温川	海産	9.3
人工採苗アユの放流効果試験報告書 1978:p19	1951	新潟	魚野川	河川産	52.9
淡水区水産研究所研究報告 1954;3(2):1-30	1952	群馬	温川	海産	19.8
淡水区水産研究所研究報告 1954;3(2):1-32	1952	群馬	温川	河川産（利根川）	7.0
人工採苗アユの放流効果試験報告書 1978:p19	1952	新潟	魚野川	河川産	28.7
人工採苗アユの放流効果試験報告書 1978:p19	1952	三重	服部川	海産	29.1
新潟県内水面水産試験場調査研究報告1983;10:31-43	1981	新潟	鵜川	河川	35.4
新潟県内水面水産試験場調査研究報告1983;10:31-43	1981	新潟	鵜川	人工産（海産）	33.6
新潟県内水面水産試験場調査研究報告1983;10:31-43	1981	新潟	鵜川	人工産（海産）	31.2
淡水区水産研究所研究報告 1954;3(2):1-25	1950	群馬	温川	湖産	43.8
淡水区水産研究所研究報告 1954;3(2):1-25	1951	群馬	温川	湖産	59.6
淡水区水産研究所研究報告 1954;3(2):1-25	1951	群馬	温川	湖産	60.6
淡水区水産研究所研究報告 1954;3(2):1-25	1951	群馬	温川	湖産	74.7
淡水区水産研究所研究報告 1954;3(2):1-25	1952	群馬	温川	湖産	50.4
栃木県水産試験場研究報告 1998;41:52-54	1996	栃木	大芦川	人工産・湖産	37.5
栃木県水産試験場研究報告 2017;60:37-38	2015	栃木	黒川	人工産（ダム湖系）	28.2
栃木県水産試験場研究報告 2017;60:39-40	2015	栃木	那珂川	人工産（海産系）	4.1
平成30年度水産防疫対策委託事業（水産動物疾病のリスク評価）報告書	2018	栃木	鬼怒川	人工産（ダム湖系）	31.0

とよい。

これらから、以下の式で解禁日の回収率が計算できる。

解禁日の釣獲尾数＝平均釣れ具合（尾／時間）×平均釣り時間×解禁日の釣り人数

解禁日の回収率＝解禁日の釣獲尾数／放流尾数

解禁日の回収率は、大河川で２％、中小河川で７％が基準

表は２０１６年に栃木県で調べた例である（放流種苗はすべて人工種苗で、解禁前の出水などはなかった）。この年の解禁日の回収率は、大河川で平均１・８％（範囲：０・４-４・１）、中小河川で平均７・１％（範囲：５・３-９・６）であった。大河川より中小河川のほうが、回収率が高いというのはこの年だけの傾向でない。その原因について、ここでは詳しく説明しないが、大河川で釣らせるためには中小河川よりもたくさんの放流が必要である。

おおむね、川幅30ｍを超えるような大河川では２％、それ以下の中小河川では７％を基準として解禁日の回収率を評価するのを推奨している。回収率が基準より低い漁場や前年と比べて回収率が下がっている漁場については、その原因についての検討が必要である。

解禁日の回収率、１％違ったら大問題

解禁日の回収率にそれほど慎重になる必要があるのかと思われるかもしれないが、放流アユ漁場に

表 3-3　栃木県内の各漁協における解禁日の回収率

	河川	漁協	解禁日	放流量（万尾）	漁法	クリールセンサス		由来判別			推定値		
						釣り人数	調査人数	調査人数	調査尾数	放流魚の比率	釣獲尾数	cv	回収率
大河川	思川	下都賀漁協	5/15	18	友釣り	186	55	12	79	0.95	751	0.18	0.42%
					ドブ・毛針	23	4	4	53	0.17	52	0.60	0.03%
					合計	209	59	16	132	0.85	803	0.17	0.45%
	那珂川	那珂川漁業協同組合連合会	6/1	114	友釣り	1,173	365	62	396	0.72	15,565	0.10	1.37%
					ドブ・毛針	36	34	0	0	–	–	–	–
					合計	1,209	399	62	396	–	–	–	–
	鬼怒川	鬼怒川漁協	6/3	164	友釣り	890	96	8	106	1.00	18,643	0.09	1.14%
					ドブ・毛針	44	6	2	52	1.00	3,792	0.28	0.23%
					合計	934	102	10	158	1.00	22,436	0.09	1.37%
	渡良瀬川	渡良瀬漁協	6/12	10	友釣り	300	61	4	76	1.00	4,111	0.05	4.11%
					ドブ・毛針	2	0	0	0	–	–	–	–
					合計	302	61	4	76	–	–	–	–
中小河川	黒川	黒川漁協	6/11	19	友釣り	350	47		天然遡上なし		9,989	0.08	5.26%
					ドブ・毛針	2	2				48	0.00	0.03%
					合計	352	49		天然遡上なし		10,037	0.08	5.28%
	大芦川	西大芦漁協	6/26	13	友釣り	437	72		天然遡上なし		10,351	0.06	7.96%
	思川	粕尾漁協	7/3	14	友釣り	506	50		天然遡上なし		13,464	0.09	9.62%
	箒川	塩原漁協	7/3	6	友釣り	170	44		天然遡上なし		3,298	0.11	5.50%
					ドブ・毛針	1	1				36	0.00	0.06%
					合計	171	45		天然遡上なし		3,334	0.11	5.56%

おいては解禁日にどれだけ釣れるかは死活問題である（表3-3）。例えば、100万尾放流している漁場で、解禁日の回収率が2％から3％へと1％向上すれば、釣果は1万尾増加（2→3万尾）することになる。これは、同じ放流尾数でも解禁日の漁獲量が50％増加するということを意味するし、1人あたりの平均釣果が20尾とすれば、解禁日の釣り人が500人ほど増える可能性があることになる。

3　放流サイズを考える——小型種苗放流のすすめ

［高木］

冷水病対策として放流サイズが大型化してきた

昔の琵琶湖産種苗の多くは、安曇川に遡上したものをヤナで採捕し、そのまま放流していた。それはさておき、当時は3gでの放流は当たり前、4gあったら大型種苗と言われていた（図3-2）。

しかし、冷水病が発生するようになって以降、加温処理という工程が必要になった。これは、冷水病にかかったアユを高水温で療養させることで、自然に冷水病から回復させ、免疫を持たせるというものである。一時は壊滅的だった琵琶湖産の歩留まりを劇的に改善させた技術で、今やこの処理をしていない琵琶湖産種苗はまずない。問題なのは、ヤナどれにせよ、仕立て（琵琶湖内で採捕して池で育てる）にせよ、まずは冷水病になるのを待たなくてはいけないということである。なったらなったで、いきなり高水温にするわけにはいかないので、ちょっとずつ水温をあげて馴らし、下げるときもゆっくりやらなければならない。この結果、放流時期が遅くなり、自然と放流サイズが大型化した。また、冷水病対策として日間最低水温が13℃以上となってからの放流が推奨された（冷水病発生以前は、日間最低水温7～8℃以上での放流だった）ことも放流時期が遅くなり、放流サイズが大型化することにつながったと考えられる（図3-3）。ただし、その後の調査では、大型種苗（＝日間最低水温13℃以上での放流）で冷水病被害が軽減されたという報告はない。つまり、今となっては、琵琶湖産以外の種苗について、大型種苗を放流する意味はない。

（１）放流用種苗の大きさ

3g前後（2~4g）とする、・・・
人工種苗を主たる供試魚とする場合は状況に応じて**大型（4g以上）種苗**を使用することもよい。

全国湖沼河川養殖研究会アユ部会（1982～84）
連絡試験実施要領

図 3-2　昭和の時代、アユの放流サイズは小さかった

種苗サイズが大型化すると放流効果が低下する

こうして放流サイズが大型化してきたわけだが、このことは放流効果の低下につながっている。

例えば、平均60ｇ（18～20㎝ほど）で漁獲する場合、回収率50％とすると、３ｇから10ｇへと放流サイズが大型化すると放流効果は10分の３になる。

３ｇで放流＝１トン放流して10トンの漁獲（アユ１尾の重量20倍［３ｇで放流して60ｇで漁獲］×回収率50％）

10ｇで放流＝１トン放流して３トンの漁獲（アユ１尾の重量６倍［10ｇで放流して60ｇで漁獲］×回収率50％）

このことは、昔と同じくらい追いが良い種苗で、カワウ、冷水病の被害がなかったとしても、昔と同じくらい釣れるようにするには約３倍の放流量（＝放流経費が約３倍）が必要になることを示している。そこまで放流経費をかけられる漁協はまれなので、種苗サイズの大型化によって、ほとんどの漁場は昔ほど釣れなくなった。

3．放流に関する疾病防除対策
（1）放流時期・場所の決定

6) 放流対象河川の水温上昇（**日間最低水温が13℃以上となる時**）を目安に、それ以後の時期に放流予定量を数回に分けて、2週間程度の間隔をおいて放流するのが良い。

アユ冷水病対策協議会（2004）

図3-3　冷水病がアユの放流時期を遅らせることになった

小型種苗放流のすすめ

放流効果を高めるには、種苗サイズはなるべく小さくし、なるべく早く放流するのが鉄則である。特に、人工種苗については、放流を遅く、放流サイズを大型化することにメリットがまったくない。ただし、解禁に十分なサイズまで成長するように放流しないと意味がない。したがって、放流から解禁までに確保できる日数によって、どこまで小型化できるかは変わってくる。具体的な推奨放流サイズについては水産庁から令和5年2月に公開されたマニュアル（ボーズにならない！　釣れるアユ釣り場づくり）を参照頂きたい。単価（円／kg）が同じならば、10gから9gに小型化すると放流尾数は11％増加、10gから8gへと小型化すると放流尾数は25％増加する。たとえ1gであっても小型化できるなら小型化するべきである。

小型種苗の歩留まりは？

放流サイズの小型化を勧めると必ず言われるのが、放流から解禁までの歩留まりが低下するのではないかという懸念である。ちなみに、栃木県では5gでの放流が主流となっている。そこで、2015～2016年に栃木県内の9つの中小河川で調べたところ、

表 3-4　栃木県内の各河川における放流アユの歩留まり（残存率）

調査日	河川	流程 (km)	川幅 (m)	放流量 (尾)	放流サイズ(g)	推定生息数(尾)	cv	残存率 (%)
2015/5/22	蛇尾川	8.0	11.0	30,000	5.0	14,115	0.79	47
2016/6/28	野上川	4.2	7.1	21,000	5.0	11,265	0.28	54
2016/6/21	秋山川	6.1	7.2	38,000	5.0	27,427	0.18	72
2016/6/30	箒川	3.1	20.0	36,000	5.2	26,710	0.35	74
2015/7/3	男鹿川	6.7	10.7	30,000	10.0	22,869	0.30	76
2015/7/9	荒井川	9.9	8.6	20,000	5.0	15,710	0.40	79
2016/7/1	粕尾川	14.5	10.9	130,000	5.6	107,950	0.20	83
2016/6/16	大芦川	8.7	17.8	130,000	5.0	118,285	0.29	91
2015/6/4	黒川	5.5	8.4	59,000	6.7	66,343	0.19	100

５～10ｇの放流で解禁までの歩留りは平均75％であった。冷水病の発生が無かった時代（１９８２年から１９８４年）では、解禁日までの残存率は30％から90％の範囲内で通常50％以上とされている。また、冷水病が発生した年の千曲川での解禁日までの残存率は13％（１９９７年）と37％（１９９８年）と推定されている。これら過去のデータと比較すると、10ｇ以下の小型種苗であっても十分に歩留まりは高いと言える（表３－４）。

4 放流密度を考える——放流尾数に応じて漁場も狭めないと釣れなくなる ［高木］

放流尾数が減少しても、放流範囲は変えないのが、なぜだめか？

収入が減って放流を減らさざるを得なくなったとき、あちらの漁場は昨年並みに放流するけど、こちらの漁場への放流はゼロにしますと言ったら、たくさんの文句がでる。一方で、放流密度は薄くなってしまうけど、昨年通りの範囲に放流しますと言うと反対する人は少ない。結果的に、放流尾数が減少しても、放流範囲は変えないという漁協さんが多く見られる。しかし、これは良い判断とは言えない。

なぜなら、アユが縄張りをつくり、友釣りが成立するにはある程度の密度が必要なので、放流密度が低下すると回収率も低下するからである。

放流尾数が半分になったら、解禁日の回収率が10分の1に低下した事例

例えば、黒川漁協では、放流範囲を変えずに放流尾数が減少した結果、2020〜2021年にかけて解禁日の回収率が急激に低下した。特に2021年の解禁日は、10万尾放流して630尾しか釣れず、回収率は0・6％となり、釣れていたころの10分の1にまで低下した（図3-4）。

そこで2022年は、放流場所を流程26kmから17kmへと大幅に狭めた。その結果、2022年の解禁日は、同じく10万尾の放流に対して5298尾の釣獲（回収率5・3％）となり、放流尾数が現在

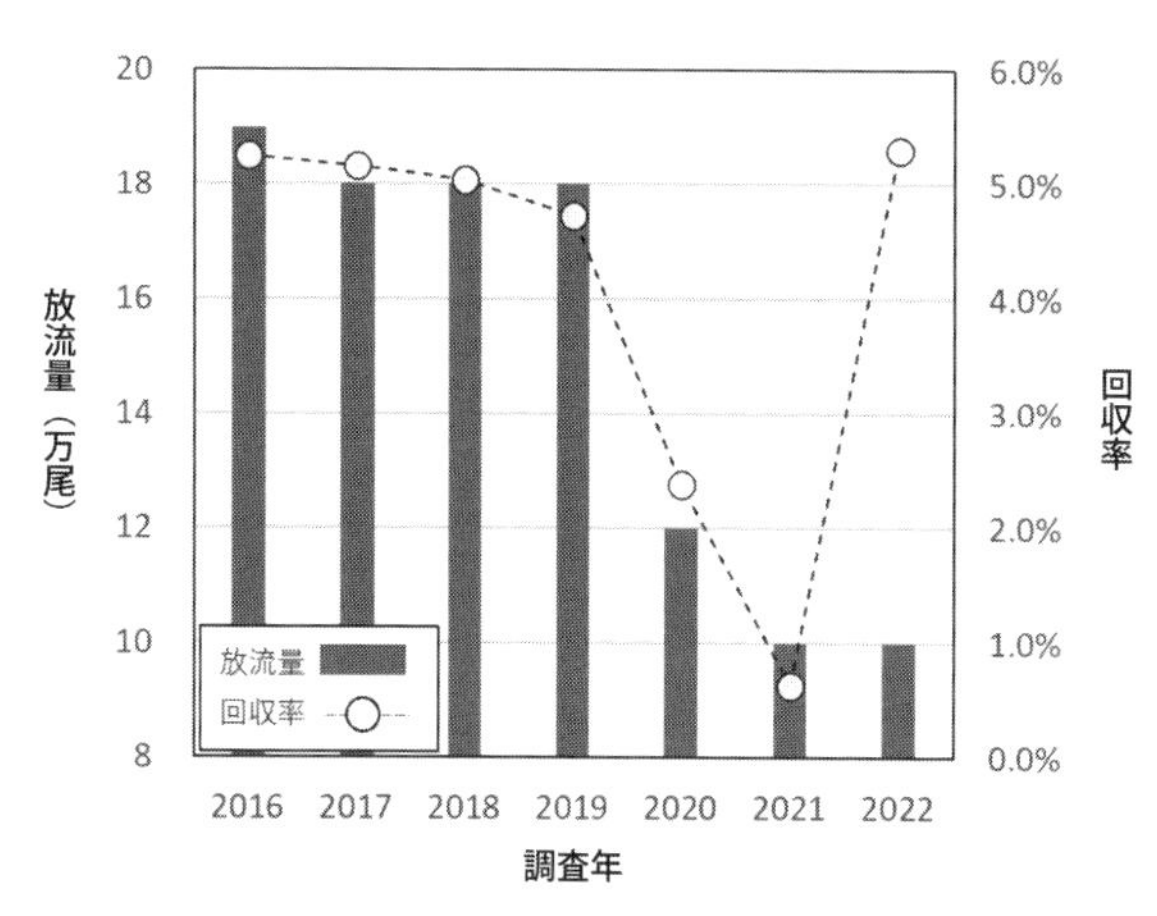

図 3-4　放流量が半減しても、漁場をコンパクト（2021 年：26㎞→ 2022 年：17㎞）にすることで回収率（解禁日の漁獲尾数／放流尾数）が回復した

の２倍あったころの水準にまで回復した。

このように、釣れるアユ漁場をつくるためには、現状の放流尾数に合わせて放流範囲を限定することが重要である。

【注意】放流量は重量ではなく尾数で！

とある漁協支部が管理する漁場の話。その漁場は15ｇほどの種苗を放流していたので、小型種苗をすすめたところ、６ｇで８万尾を放流することに。その年の解禁は、束釣り連発のお祭り騒ぎ、「こんなに釣れたのは生まれて初めてだ」と会社を休んで解禁から１週間毎日釣りをした釣り人もいたほどだった。そして、翌々年、たまたまその支部の役員さんに会ったので、「今年の放流は？」と聞くと「20ｇで２万尾、80kg減っちゃった」とのこと……。確かに、４８０kg（６ｇ×８万尾）から４００kg（20ｇ×２万尾）と放流重量でみると80kgしか減っていないが、尾数は４分の１になっている。当然ながら、

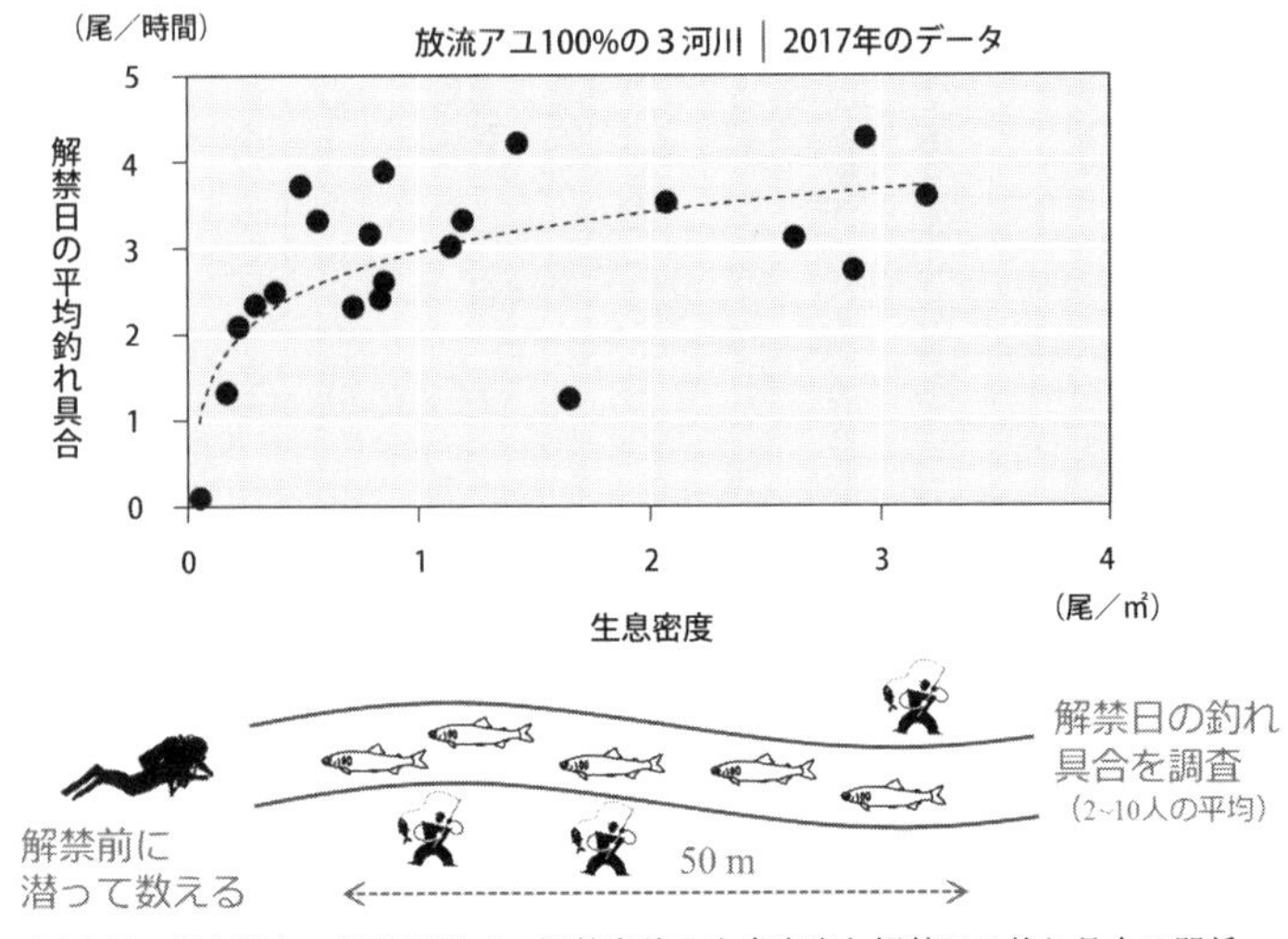

図 3-5　栃木県内の放流河川での解禁直前の生息密度と解禁日の釣れ具合の関係

その年の解禁は大不漁。そんな馬鹿なことがと思うかもしれないが、放流重量しか気にしていない、放流尾数はわからないという漁場は普通にある。こういうことがないように、放流量は重量ではなく、尾数で把握することを徹底してほしい。

どれくらいの放流密度を目指すべきか？

片野修さんは、人工水路での実験から、シーズンを通して友釣りでよく釣れる（回収率が高い）放流密度を2・1〜2・6尾／㎡としている。天然遡上河川なら、この生息密度は珍しくない。しかし、放流アユのみで達成するためには、川幅20mの河川で流程1㎞あたりに4・2万尾が必要となり、漁協の財政的にはかなり厳しい。

そこで、2017年に栃木県内の放流河川でポイントごとの生息密度と解禁日の釣れ具合を調査し、少なくとも解禁日によく釣らせるために必要な生息密度を求めた（図3-5）。すると、1尾

／㎡ほどいると十分によく釣れていた。中小河川では放流から解禁までの歩留まりがかなり高いと想定されるので、1尾／㎡を目標に放流すると良いだろう。川幅10ｍなら流程1㎞あたり1万尾、川幅20ｍなら流程1㎞あたり2万尾という計算になる。

ここまで数字を出しておいてなんだが、放流密度の値についてはある程度ファジーでも良い。放流から解禁までの歩留まりが良い漁場なら、0・5尾／㎡や0・7尾／㎡の放流で十分に釣れることもあるし、逆に歩留まりが悪い漁場では2尾／㎡放流してようやく釣れることもある。また、漁場によっては1尾／㎡の放流ですら、放流後の成長が悪くなってしまうこともある。

大切なのは、放流尾数が減ったときには漁場を狭めて放流密度を維持する、現状の回収率が低いならば放流密度を高める、この2つを守ることである。

5　放流種苗を考える

〔高木〕

放流種苗としては、琵琶湖産、人工種苗、海産、ダム湖産、の4種類が流通している。それぞれの特徴は、ざっくりと言うと以下の表3–5のとおりである。

伝説の琵琶湖産

1930年代〜1980年代（主に1950年代）の調査では、シーズンを通した回収率が、海産系人工種苗で平均32・4%、海産種苗で平均34・7%、琵琶湖産で57・8%とされている。成熟が早く、漁期が短いにもかかわらず、琵琶湖産の放流効果の高さが際立っている。

その後、琵琶湖産に追いつけ、追い越せを合言葉に種苗生産技術や放流技術の研究が進み、1970年代後半になると琵琶湖産とほぼ同等の回収率を記録する人工種苗も見られるようになった（図3–6）。

人工種苗

このような人工種苗の品質向上と冷水病ショックによって、琵琶湖産のシェアは大きく低下し、現在では放流種苗の中心は人工種苗となっている。

人工種苗の特徴は、親に使った天然種苗に似てくる。ただし、掛け合わせ（海産×琵琶湖産など）

表 3-5　種苗の種類と特徴

種苗の種類				特徴	備考
人工種苗（人が採卵）	海産系		海産を親にした人工種苗	・流通量が安定 ・性質はいろいろ ・小型種苗放流可能 （＝1尾単価安い）	継代すると、血が濃くなりやすい
	湖産系		琵琶湖産を親にした人工種苗		
	ダム湖産系		ダム湖産を親にした人工種苗		
	ハイブリッド		系統をかけ合わせた人工種苗		
天然種苗（自然産卵）	琵琶湖産	仕立て	琵琶湖で捕まえたアユを育成	・追いが良い ・大型放流 （＝1尾単価高い）	琵琶湖に閉じ込められて10万年
		ヤナどれ	河川に遡上したアユを採捕		
	海産	沖どれ	海で捕まえたアユを育成	・漁期長い ・冷水病に強い	日本には地理的に6集団がある
		川どれ	河川に遡上したアユを採捕		
	ダム湖産	川どれ	ダム湖から遡上したアユを採捕	・流通量が少ない ・性質はいろいろ	海産由来のダム湖産もいる

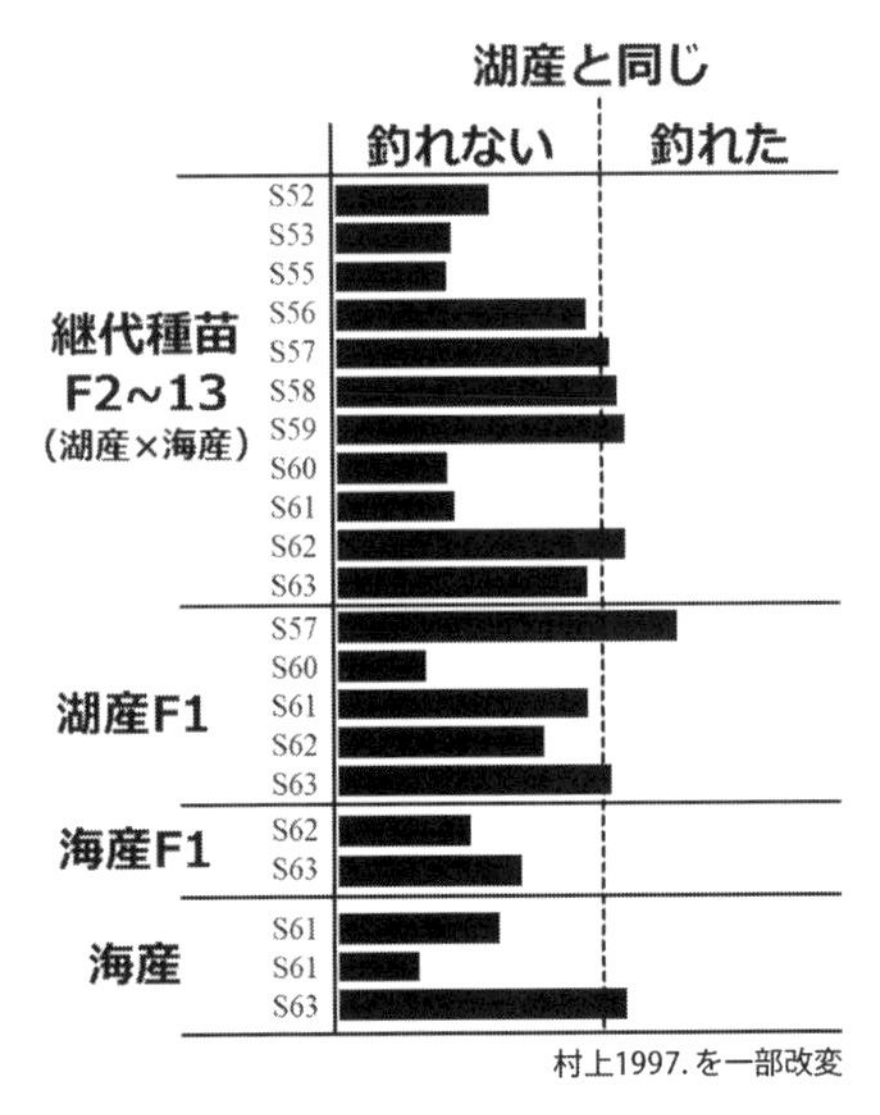

図 3-6 1970 年代後半から 1980 年代の広島県での琵琶湖産 vs 人工種苗 & 海産。全盛期の琵琶湖産と比べても、人工種苗や海産のほうが釣れたこともある。ただし、全体的には琵琶湖産のほうが釣れている（村上 1997. を一部改変）

や掛け戻し（継代飼育した種苗の卵×天然種苗の精子）によってできたハイブリッドや、もともとハイブリッド状態のダム湖産を親にした種苗の存在が、特徴をややこしくする。また、天然種苗と比べて飼育期間が長くなるので、飼育技術によっても大きな差が出てくる。結果的に、様々な特徴を持つ人工種苗が流通している。

最近の琵琶湖産（加温処理済み）

いろいろな人工種苗が開発されたが、やっぱり琵琶湖産の追いの良さは捨てがたいという声もある。実際に、冷水病に対して耐性を持たせる加温処理技術が開発されたことで、再び琵琶湖産を放流するようになった漁場も徐々に増えてきている。ただし、前述したとおり昔の琵琶湖産と比べると放流サイズを大型化せざるを得ない（放流尾数は減少する）ので、昔と同じくらい追いが良い種苗だったとしても、昔ほどの放流効果は期待できない。

海産&海産系人工種苗

冷水病ショック以降、冷水病に強い種苗の探索が始まった。その結果、海産、あるいは海産由来の人工種苗が冷水病に強い傾向があることが知られるようになった。さらに、漁期が長いので、冷水病が落ち着いてからの後半戦も期待でき、大アユ、尺アユの可能性も高い。例えば、球磨川（海産種苗を汲み上げ放流）は、シーズン中に高水で釣りができない日が1ヶ月あるのが当たり前という河川だが、毎年、尺アユで盛り上がる。こういった汲み上げ放流は、基本的に同じ河川内でダムなどの下流から上流へと行われるが、鹿児島県天降川のように徹底した資源管理のもとで、余剰分をほかの河川へと販売・放流している例もある。また、神奈川や和歌山など、海で採捕して中間育成（川で生活できる状態まで育てる）してから放流する沖どれ海産種苗というものもある。

ただし、漁期が長いことから当然とも言えるが、放流量に対する1日当たりの釣れ具合は琵琶湖産ほどではない。

ダム湖産&ダム湖系人工種苗

あちこちにダムがつくられ、その上流にアユが放流されるようになると、ダム湖を海のかわりに使う天然（ダム湖産）が生まれるようになった。ダム湖という名前のせいか、琵琶湖産由来と思う人が多いが、実際には海産由来のダム湖産もいるし、それらのハイブリッドとなっているダム湖産もいる。流通量が少ないので、そのまま河川に放流されることは少ないが、人工種苗をつくる親魚として使われることが多い。特に鹿児島県鶴田ダムのダム湖産（琵琶湖産と海産のハイブリッド）は追いの良さで全国的に噂になった時代がある。栃木県でも、2000年代に入ってこれを親にした種苗を生産したところ、めちゃくちゃ釣れて、種苗を変えただけで日券販売が3倍に増加した漁協もあったほどであった。

どの種苗を放流すればいいの？

残念ながら、どこでも、いつでも、この種苗を放流しておけばOKというものはない。どんなに釣れる種苗でも、単価（円／尾）が高くて、たくさん放流できないなら意味がない。逆に、どんなに安くてたくさん放流できる種苗でも、釣れない種苗では意味がない。

繰り返しになるが、年券者1人あたりの放流尾数と解禁日の回収率をチェックしながら、今、その漁場にあった種苗を選んでいく必要がある。つまり、「年券者1人あたりの放流尾数」×「解禁日の回収率」がなるべく大きくなるような種苗を選択するということである。

放流種苗を選ぶ具体的な手順は、以下のとおりである。

①「年券者1人あたりの放流尾数」と「解禁日の回収率」をチェックして、種苗の変更が必要かどうか判断する。

②現在放流している種苗の単価と、これから放流しようと考えている種苗の単価を比較する。
③一部の漁場に新しい種苗を放流して、解禁日の回収率をチェックする。
④結果が良ければ、翌年は新しい種苗を放流する漁場を増やす。⇒①に戻る

近隣河川で良い結果が出ているなどの情報があれば、全漁場の種苗を一気に変えても良いが、そうでなければ、まずは一部の漁場で試してみることを推奨している。

種苗によって解禁日の回収率はどれくらい違うか？

種苗によってそんなに回収率が変わるのかと思う方もいるかもしれないので、２０２２年の栃木県の事例を紹介しよう（表3-6）。この川では、２０２１年の解禁日の回収率が低かったため、一部の漁場（Ａ区間）に新しい種苗を導入した。新旧どちらも、県内産の人工種苗で単価も同じである。その結果、新しく導入した種苗の回収率は、これまで放流していた種苗の約4倍（10・９／２・９）であった。ここまで大きな差がでることは珍しいが、種苗によって解禁日の釣れ具合が変わることは間違いないし、放流尾数が多い漁場ほどわずかな回収率の違いでも釣獲尾数に大きな影響がでる（１００万尾放流なら1％の違いで1万尾の差がでる）。

爆釣河川のアユを放流したらよく釣れる？

「神通川は、めちゃくちゃ釣れてる。ものすごい人だけど、友釣りで平均でも30～40尾は釣れている。あの天然遡上アユを親にして種苗をつくったら？」。釣り人と話をしていると、よく聞かれる質問で

表 3-6　2022 年、栃木県内で明らかになった種苗ごとの回収率（解禁日の漁獲尾数／放流尾数）

漁場	放流尾数（万尾）	種苗	釣り人数（人）	調査人数（人）	平均釣れ具合（尾/1時間）	平均釣り時間（時間）	平均釣果（尾/日）	総釣獲尾数（尾）	回収率（%）
A区間	3	人工種苗（ダム湖系）	93	14	4.70	7.5	35.3	3,283	10.9
B区間	7	人工種苗（ダム湖系×海山系）	125	27	2.15	7.5	16.1	2,016	2.9
合計	10		218	41				5,299	5.3

ある。

まず、大前提として、県外も含めていろんな川の情報を収集することは、釣れるアユ漁場づくりのためにもとても重要である。自ら釣りに行くのはもちろんだが、現代では、どれくらい釣れているか、どれくらい放流しているかなどの情報が、漁協ＨＰやＳＮＳなどで簡単に集まるので、釣れている川がどんな放流をしているかは常に気を付けて観察しておく必要がある。その意味で、このようなアイディアを考えることは良いことである。

ただし、放流種苗を考える際には、割り算すること、要は回収率で評価することは忘れないで頂きたい。

さて、冒頭の釣り人の質問に回答してみよう。

〝ものすごい釣り人数〟とは何人だろうか？　Ｇｏｏｇｌｅマップで測定すると神通川の漁場流程は18㎞ほどである。私の経験上、川幅が30ｍ以上あって両岸から釣りができるような大河川では１００人／㎞（ちなみに、川幅30ｍ未満なら50人／㎞）ほどが友釣り師の上限人数となるので、ものすごい釣り人数とは多めに見積もって１８００人となる。したがって、１日で釣獲されるアユは最大７．２万尾（１８００×40尾）である。栃木県内の大河川での放流アユの解禁日の回収率が平均２％であったので、仮に放流アユで１日７．２万尾釣らせるには３６０万尾が必要である。さて、神通川では２００万尾を超える放流が実施されている。それでもなお、富山県農林水産総合技術センターによると漁獲されているアユの大部分が天然遡上アユであるという。ということは、放流アユの数以上の天然遡上アユがいることになる。

説明が長くなったが、神通川はめちゃくちゃ釣れているが、それは神通川のアユが釣りやすいアユだからというわけではなく、超高密度でアユがいて、それでもちゃんと成長する豊かな川だから釣れているのである。つまり、神通川のアユを親魚にしてもすごく釣れる種苗ができるとは思えない。

6　養殖場での継代数

［坪井］

養殖されたイワナ、ヤマメ、ニジマスなどのサケ科魚類は、とても釣られやすい。これは配合飼料をばくばく食べる個体のみが子孫を残せるという養殖場での選抜育種の賜物といえる。しかし、アユの友釣りだと話が違ってくる（図３–７）。

縄張りをしっかり持った野性味の強い個体こそが素晴らしいターゲットとなる。数万匹の群れで飼育される養殖環境では、縄張りなど持たず、協調性のある個体のみが子孫を残せることになる（図３–８）。

つまり、養殖場では、友釣りで要求される性質とは逆の方向にアユが進化する。これは養殖場（hatchery）が駆動させる進化、hatchery-induced evolution と呼ばれ、世界的に注目されている傾向である。

放流効果は毎年チェック

Ｆ１が釣れる！　泳ぎが違う！　速い！　などという言葉を、ときどき漁協の関係者から言われることがある。Ｆ１とは天然アユから採卵採精して生産した養殖環境第１世代目のアユのことで、Ｆは Filial（フィリアル＝世代）の頭文字である。しかし、漁協の特に年配の組合員に多い傾向があるが、モータースポーツの最高峰 Formula 1 と勘違いしている節があるように思えてならない。しかし、

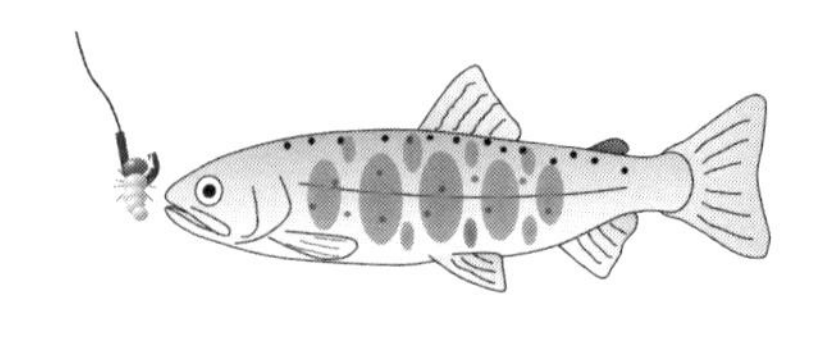

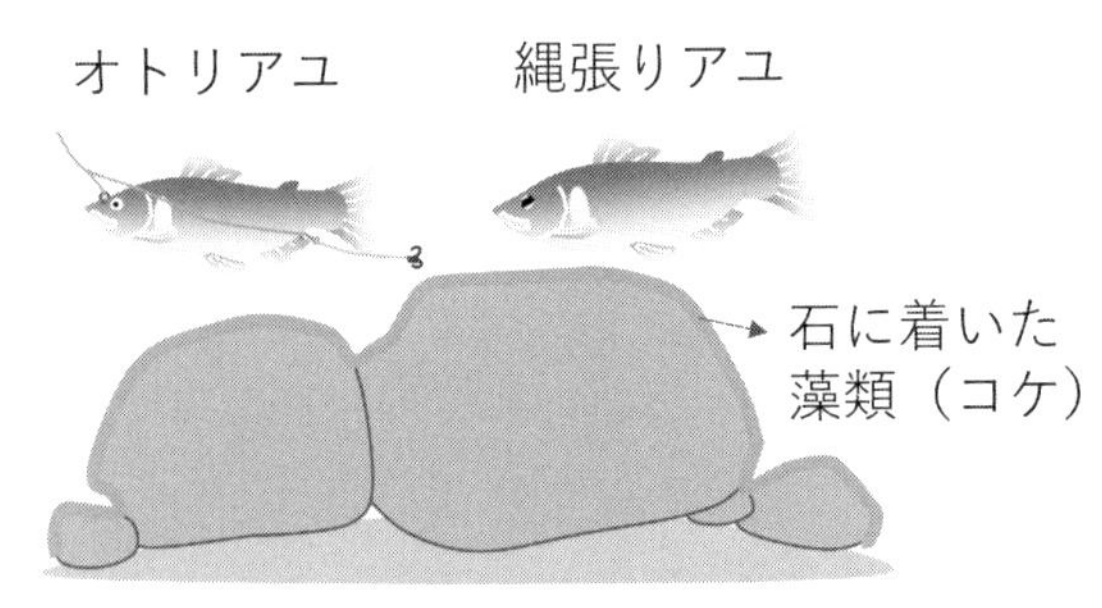

図 3-7 渓流釣り（上段）は魚の「捕食行動」を利用して釣るが、
アユの友釣り（下段）は「縄張り行動」を利用して釣る

アユ業界でのF1信仰は熱く、人気の放流種苗である。つまり、F～という継代数をx軸に、放流後の適応度（＝生きていく力）をy軸にすると、右肩下がりになるというのが定説だ（図3-9）。

本当なのか？　研究者はとても疑い深い生き物である。２００９年、思いたってやってみた。やってみようと思えたのは、アユの寿命が基本的には1年であり、F10まで飼っても10年で済むからだ。イワナ、ヤマメなどの渓流魚であれば、メスが成熟に最短で2年を要しF10まで飼育するのに最低20年かかってしまう。アユの寿命が1年ということは、毎年、放流される魚の性質が変わっていくということを意味する。シーズンごとに放流魚のスペックを評価することは、アユ放流に携わる関係者の責務といえる。

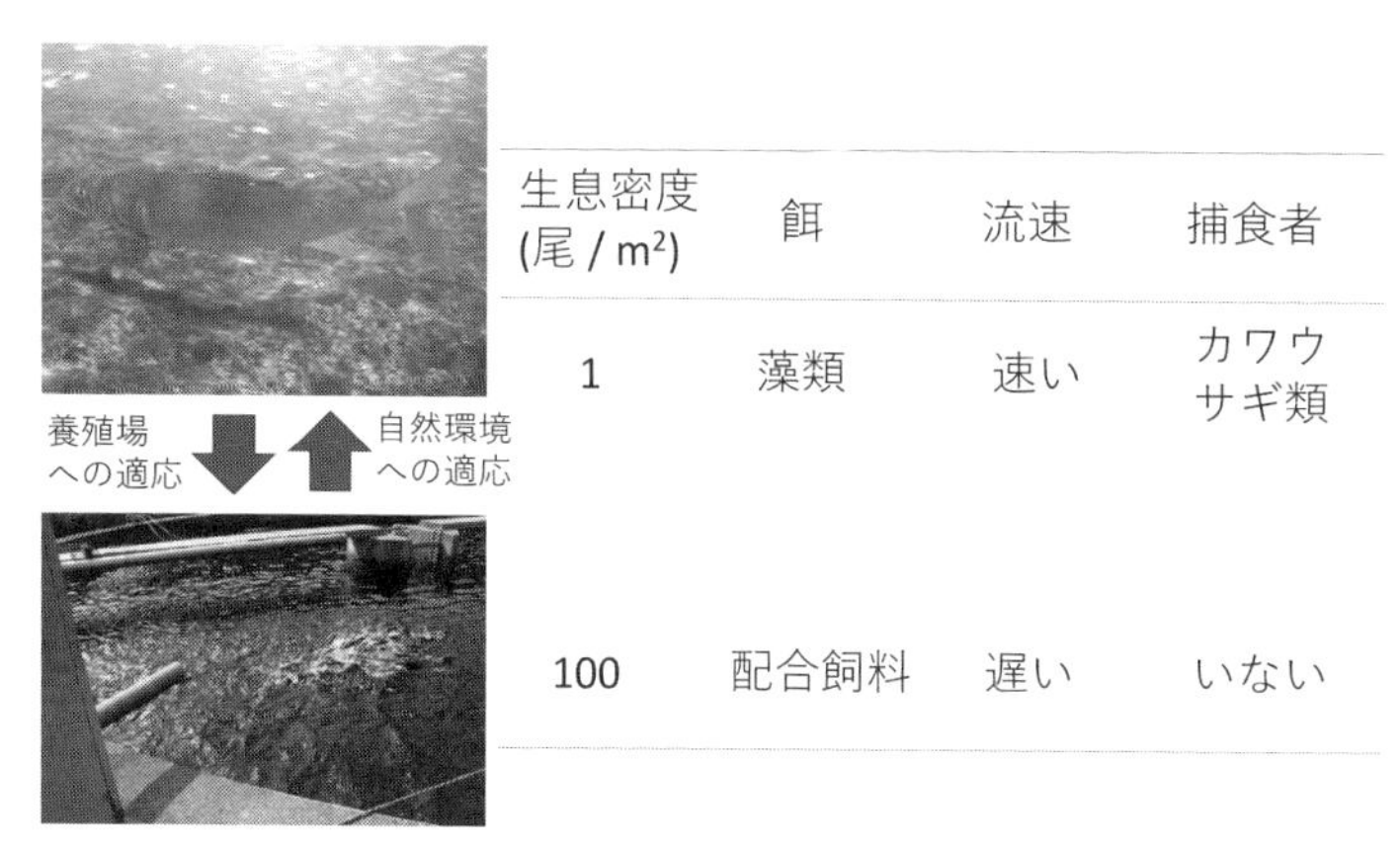

生息密度(尾 / m²)	餌	流速	捕食者
1	藻類	速い	カワウサギ類
100	配合飼料	遅い	いない

図 3-8　自然河川と養殖池でのアユを取り巻く環境の違い

放流魚のその後を追う、ということは、とても大切なことなのに、アユでも渓流魚でもほとんどされていないのが現状である。海面でも様々な魚種で放流が行われているが、放すことに意義があると言わんばかりに、放流セレモニーが美談のように扱われている。「後は野となれ山となれ」では、あまりにも無責任すぎる。実際、国内外の様々な魚種を対象にした論文で、しきりに聞こえてくるのは放流効果の低さである。というわけで、自分で育てた魚くらいは、放流後も責任をもって調べようという思いで始めた。

アユを本気で養殖してみた

場所は山梨県水産技術センター（以下、センター）。実は、山梨県では桂川漁協管内を除き、ほとんどすべてのアユを県直営で生産している。いわゆる県の水産試験場の研究員が生産を行っている。２００８年まで、カワウの被害対策の担当をしていた筆者だが、２００９年より４年間、アユ種苗生産担当を任された。２００９

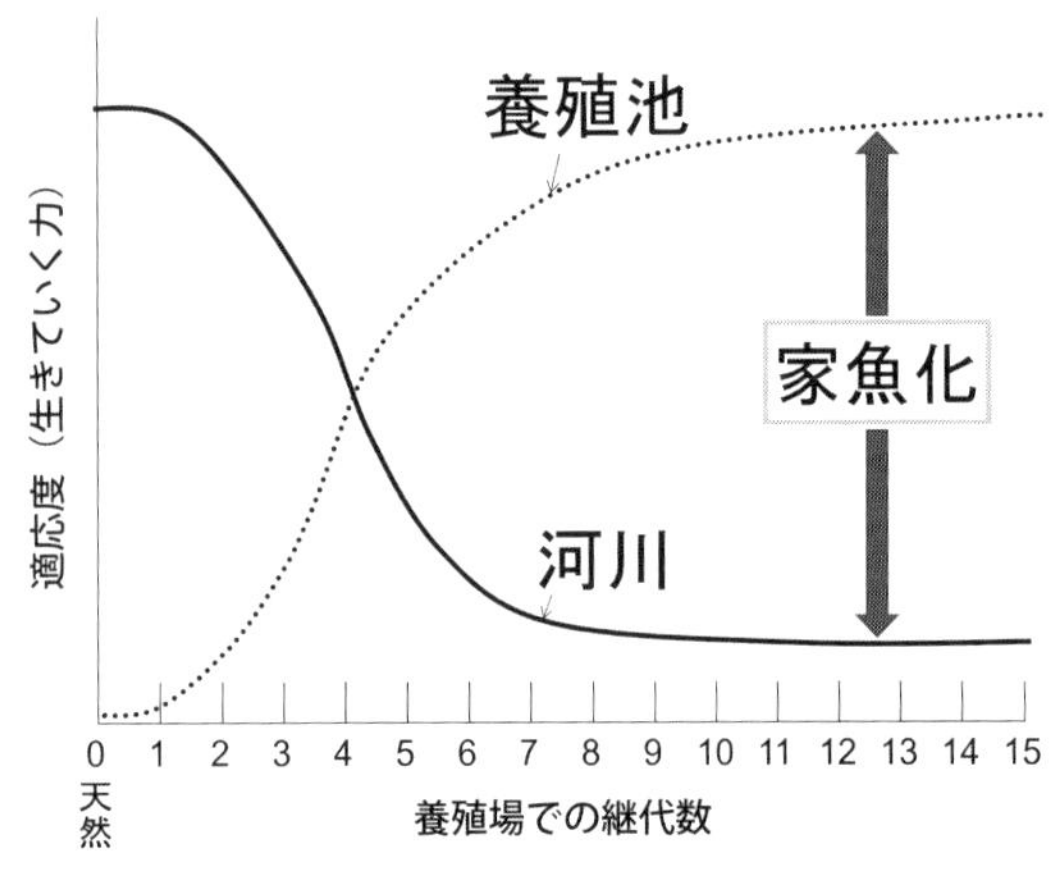

図 3-9　養殖場での継代数と河川および養殖池での適応度の概念図。養殖環境には急速に適応していく過程で、自然河川での適応度（野性味）は低下する

年当時、センターでは継代数の異なる2系統のアユを飼育していた。秋、F4（養殖場で4世代飼育）とF8（同8世代）の2系統から、それぞれ採卵、採精し、F5とF9の生産が始まった。この2系統のアユをセンターの目の前を流れる荒川（富士川水系）に放流し、その後の生存率、釣られやすさを比較してみた。

と、その前に、アユを健康な状態で放流サイズまで育てなければならない。1㎜に満たない卵径のアユを放流する稚魚サイズにまで育てるには莫大なエフォートとコストがかかる。そもそも、ふ化直後に海に降るアユを、海のない山梨県で育てるには、人工海水を作り、水を加温し、大量の餌をまきながら飼育水を循環ろ過させるという困難がつきまとう。今思うと、アユのお父さんとして子育てに奔走した4年間だったと思う。子どもの成長が気になるし、病気にならないか、ハラハラドキドキが止まらなかった。アユ種苗生産担当者

郵 便 は が き

料金受取人払郵便

晴海局承認

7422

差出有効期間
2024年 8月
1日まで

104 8782

905

東京都中央区築地7-4-4-201

築地書館 読書カード係 行

お名前	年齢	性別	男・女
ご住所 〒			
電話番号			
ご職業（お勤め先）			

購入申込書 このはがきは、当社書籍の注文書としてもお使いいいただけます。

ご注文される書名	冊数

ご指定書店名　ご自宅への直送（発送料300円）をご希望の方は記入しないでください。

tel

読者カード

ご愛読ありがとうございます。本カードを小社の企画の参考にさせていただきたく存じます。ご感想は、匿名にて公表させていただく場合がございます。また、小社より新刊案内などを送らせていただくことがあります。個人情報につきましては、適切に管理し第三者への提供はいたしません。ご協力ありがとうございました。

ご購入された書籍をご記入ください。

本書を何で最初にお知りになりましたか？
□書店　□新聞・雑誌（　　　　）□テレビ・ラジオ（　　　　　　）
□インターネットの検索で（　　　　　）□人から（口コミ・ネット）
□（　　　　　　）の書評を読んで　□その他（　　　　　　　）

ご購入の動機（複数回答可）
□テーマに関心があった　□内容、構成が良さそうだった
□著者　□表紙が気に入った　□その他（　　　　　　　　）

今、いちばん関心のあることを教えてください。

最近、購入された書籍を教えてください。

本書のご感想、読みたいテーマ、今後の出版物へのご希望など

□総合図書目録（無料）の送付を希望する方はチェックして下さい。
＊新刊情報などが届くメールマガジンの申し込みは小社ホームページ（http://www.tsukiji-shokan.co.jp）にて

あるあるなのが、１池まるまる全滅する夢を見ることだ。ふ化直後は1池あたり50万匹程度を収容して飼育するため、末端価格は１６００万円にもなる。１池で中古の家なら買えてしまうくらいの価値があるのだ。絶対に死なせてはならないと思うほど、夢の中では、循環ろ過システム崩壊や加温ボイラーの故障などという、妙にリアルなアクシデントが毎晩起こる。まさに悪夢だ。10月の採卵から年明け早々の一次選別くらいまで、眠れない日々が続くことになる。そんなわけで、アユのお父さんをやっていると２つの系統の違いを肌で感じることができる。Ｆ５とＦ９を比べると、Ｆ９のほうが圧倒的に育てやすかった。Ｆ９は飼育員の影におびえることなく配合飼料をよく食べてくれる。また、高密度でも酸欠になりにくく、大きさを選別する金属メッシュのカゴに入れられても、ハンドリングのストレスで死んでしまう個体が少なかった。９世代も養殖場で飼育されていると、まさに養殖場の環境にベストマッチした系統に進化していた。

２０１０年5月下旬、県内各漁協への出荷がひと段落し、いよいよ試験放流の日が近づいてきた。試験放流用のアユたちは14ｇまで成長していた。山梨県内で放流されているサイズは5–10ｇ程度なので、放流サイズとしてはやや大きいが、6月下旬の解禁に間に合わせるには、妥当なサイズといえる。まず、放流後もＦ５とＦ９の見分けがつくよう、標識をつけなくてはならない。アユや渓流魚で最も一般的に行われているグループ標識があぶら鰭の切除だ。Ｆ５かＦ９か、どちらの鰭を切ろうかと少し悩んだが、Ｆ９のほうがタフそうなので、Ｆ９の鰭を切ることにした。ちなみに、これまでの研究で、アユに関してはあぶら鰭を切っても成長や遊泳能力に悪影響がないことが証明されている。6月3日にＦ9系統1万匹に麻酔をかけてあぶら鰭を切り、その後、十分に蘇生させたうえで、翌6

月4日にセンターの前の荒川にF5、F9各1万匹を試験放流した。1地点に2万匹、重量にして300kgちかくを放流するので、当然、釣れる釣り場ができあがる。上下1㎞にアユが分散すると仮定して、川幅が14・8mなので1㎡あたり1・35匹の生息密度になる。高木優也さんによると、放流アユの生息密度については1㎡あたり1匹以上が釣れる釣り場の条件なので、この試験放流でもそれが達成されたことになる。6月26日から9月22日まで不定期に友釣りで採捕を行った。自分で育てた魚を放流し、友釣りで釣るというのは、なんとも不思議で少し嬉しい瞬間でもある。採捕初日の6月26日は友釣りが大好きな職員総出で試験採捕を満喫し、縄張りアユをできる限り回収した。翌6月27日（と8月6日）に投網による採捕を行った。投網は縄張り行動と関係なく無作為に魚を採捕できるため、研究業界で重要視されるランダムサンプリングが可能である。つまり、1万匹ずつを放流したのだから、放流後の生存率が同等であれば、投網で採捕される個体は、あぶら鰭のある個体（F5）とない個体（F9）は半々となるはずだ。しかし、この年の結果の面白さはそこにあって、半々にはならなかった。F5が74匹でF9が41匹だった。ダブルスコアとまではいかないが、統計的にも差があるという結果で、F5のほうが放流後の生存率が高かった。一方、シーズンを通して友釣りで釣れた個体はF5が63匹、F9が43匹であり、投網の比率と差はなかった。つまり、2010年の放流試験の結果は、F9は生存率が低いが、自然河川に適応できた個体は、友釣りでF5と同程度に釣られた、と解釈することができる。あんなにセンターの養殖池で優等生だったアユが、自然河川に適応できなかったことは、少しショックだった。しかし、冷静に考察すると、養殖場で長期継代されたアユは、野性味を失ってしまい、もはや川で生きていくことができなくなってしまったと考えられる。

Ｆ１に挑む

２０１０年の結果を受け、Ｆ９から次世代を生産することはやめた。ちなみに、海と行き来している通常のアユ、いわゆる海産アユについては、Ｆ10以上の二桁の継代数は良くない、という経験則が、アユ養殖業界で広く定着している。そうなるとＦ10を生産するという選択肢はなくなり、２０１１年シーズンに向け、Ｆ５からＦ６を生産しつつ、駿河湾産の天然アユから懸案のＦ１を生産することとなった。ついにＦ１を試すときがきた。しかし、すぐにテンションは急降下した。まず、天然アユの成熟時期が個体ごとにばらばらで、まとまった親魚数を確保できなかった。三々五々産んでいくのだから、それが自然というものだが、養殖場では採卵採精回数が増えてしまう。卵消毒のタイミング、ふ化の時期などなど、すべてのタスクが激増した。ふ化後も苦悩は続いた。Ｆ１は配合飼料にまったく餌付かなかった。ふ化直後は動物プランクトンのワムシを与えつつ、配合飼料も同時に給餌する。そうして、だんだん配合飼料のみに切り替えていくのだが、ワムシしか食べてくれないので、とても困った。ミルクだけ飲んで、離乳食はまったく受け付けません、という状態に似ている。そうこうしているうちに栄養失調が始まり、脊索白化など奇形が目立つようになった。初期に成長曲線から下方に外れてしまうと、その後も、不健康なまま大きくなることが経験的に知られている（図３‐10）。

しかし、Ｆ１最強説を信じ、飼育を続けた。２０１１年シーズンも前年同様の放流・採捕試験を行ったところ、投網での採捕数は、Ｆ１が76匹、Ｆ９が１２９匹だった。統計的にも、Ｆ１最強説が打ち砕かれた瞬間だった。友釣りで採捕された個体は、Ｆ１が13匹、Ｆ６が55匹となり、Ｆ１は定着しない上に、追いが悪いという最低最悪な結果となった。Ｆ１は野性味が強すぎて、養殖環境になじ

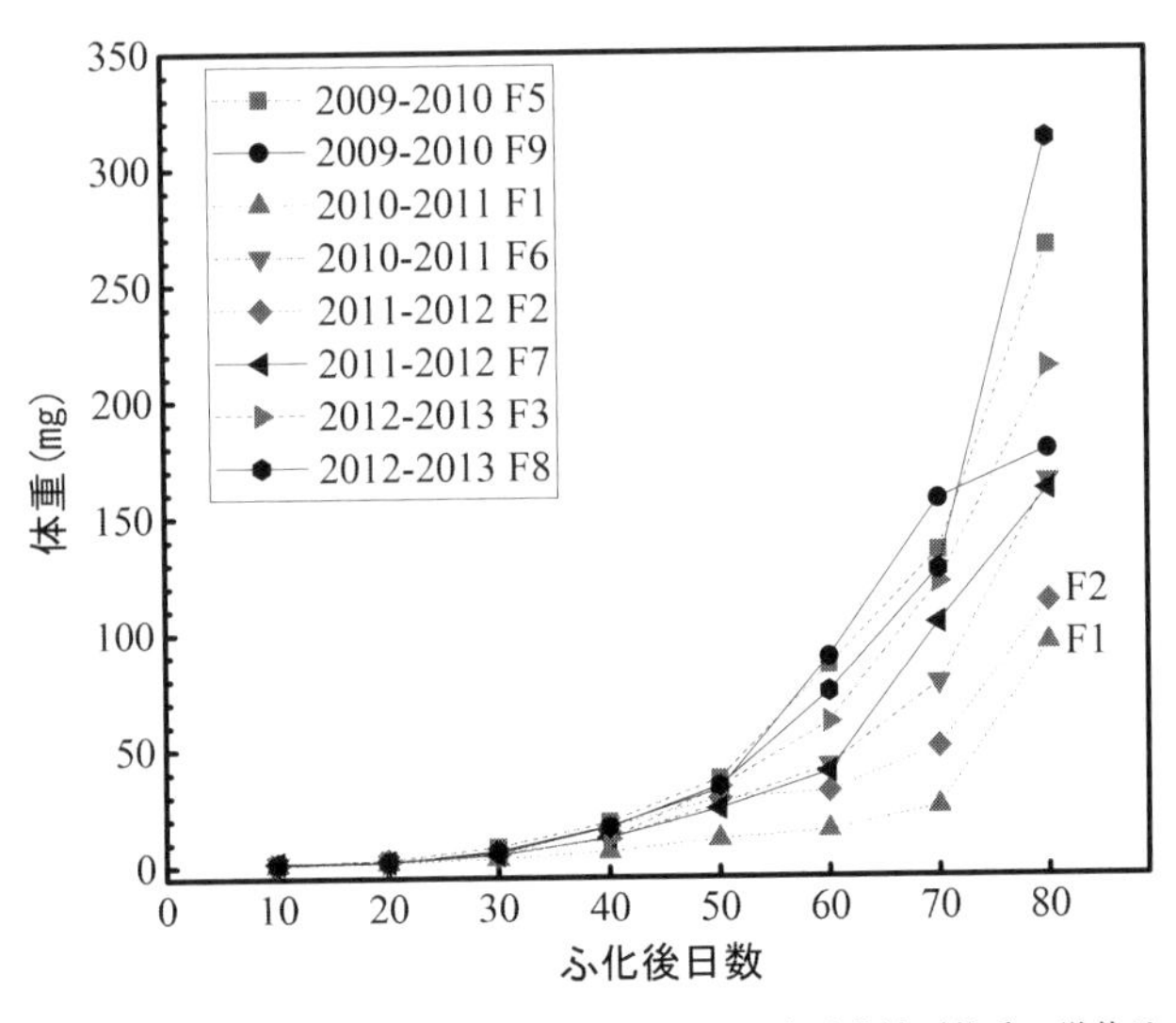

図 3-10　養殖場で継代飼育されたアユ仔魚の成長曲線（体重の単位はmgで1 mg ＝ 1 ／ 1,000g）。天然魚から生産したF1、その次の世代であるF2の成長率が低いことがわかる

めず、不健康なまま成長し、自然河川ではＦ６に大きく劣る結果となった。

普通、ここであきらめるが、筆者は執念深い。師匠である東京大学の森田健太郎さんからの「予想と違う結果が出てきたときこそチャンス！」というアドバイスも後押しとなり、その後も放流試験を継続した。２０１２年にはＦ２ vs Ｆ７で、投網では１１５匹 vs １３０匹で２系統で同程度の採捕比率だった。釣りではＦ２が63匹、Ｆ７が98匹と統計的には差が無いもののＦ７のほうが１・５倍の釣られやすさだった。Ｆ２はＦ１ほどではないが、まだまだ野性味が強く初期成長が悪かった。これが不健康さ、転じて追いの悪さにつながったのかもしれない。そして２０１３年、Ｆ３ vs Ｆ８で、投網では２系統で同程度の採捕比率で、友釣りではＦ３が59匹、Ｆ８が28匹となり、ついにＦ１から苦しみぬいてきた系統がダブルスコアで勝った。

４年間を通じて、少なくとも山梨県水産技術センターで飼育した富士川水系の海産アユでは、Ｆ１が最強ということはなく、ある程度、養殖場にも適応しつつ、かつ、野性味も残っているようなＦ３からＦ７くらいが、放流魚として最適である、という結論が得られた。ノンパラメトリックブートストラップメソッドという解析手法を使って、x軸に継代数、y軸に時速○匹という釣れ具合の指標をとると、図３-11のとおりドーム型を示した。

一連の研究は、*Canadian Journal oF Fisheries and Aquatic Sciences* という専門雑誌に掲載された。120年以上続く老舗の雑誌で、アユを扱った論文が掲載されたのは初めてのことで、サケ科魚類の専門家からも高い注目を集める成果となった。

よく釣れるアユを養殖するには

Ｆ１、Ｆ２の生産でつまずいたのは、筆者の養殖の技術が稚拙だったのでは？　という突っ込みが来そうだが、筆者の後任がＦ１生産に挑んでも奇形だらけで散々な結果となったため、そこは否定しておきたい。しかし、Ｆ１神話がくずれていない地域もある。山口県の畑間俊弘さんによると、海水を潤沢に使える施設で、かつ、大量に天然アユが遡上したシーズンに大型個体からのみ採卵・採精できた場合は、やはりＦ１が最良であるという。また、別の地域では、Ｆ１はうまく生産できればラッキーで、保険でＦ２も生産するという養殖施設もある。いずれにしても、放流用のアユを養殖する際

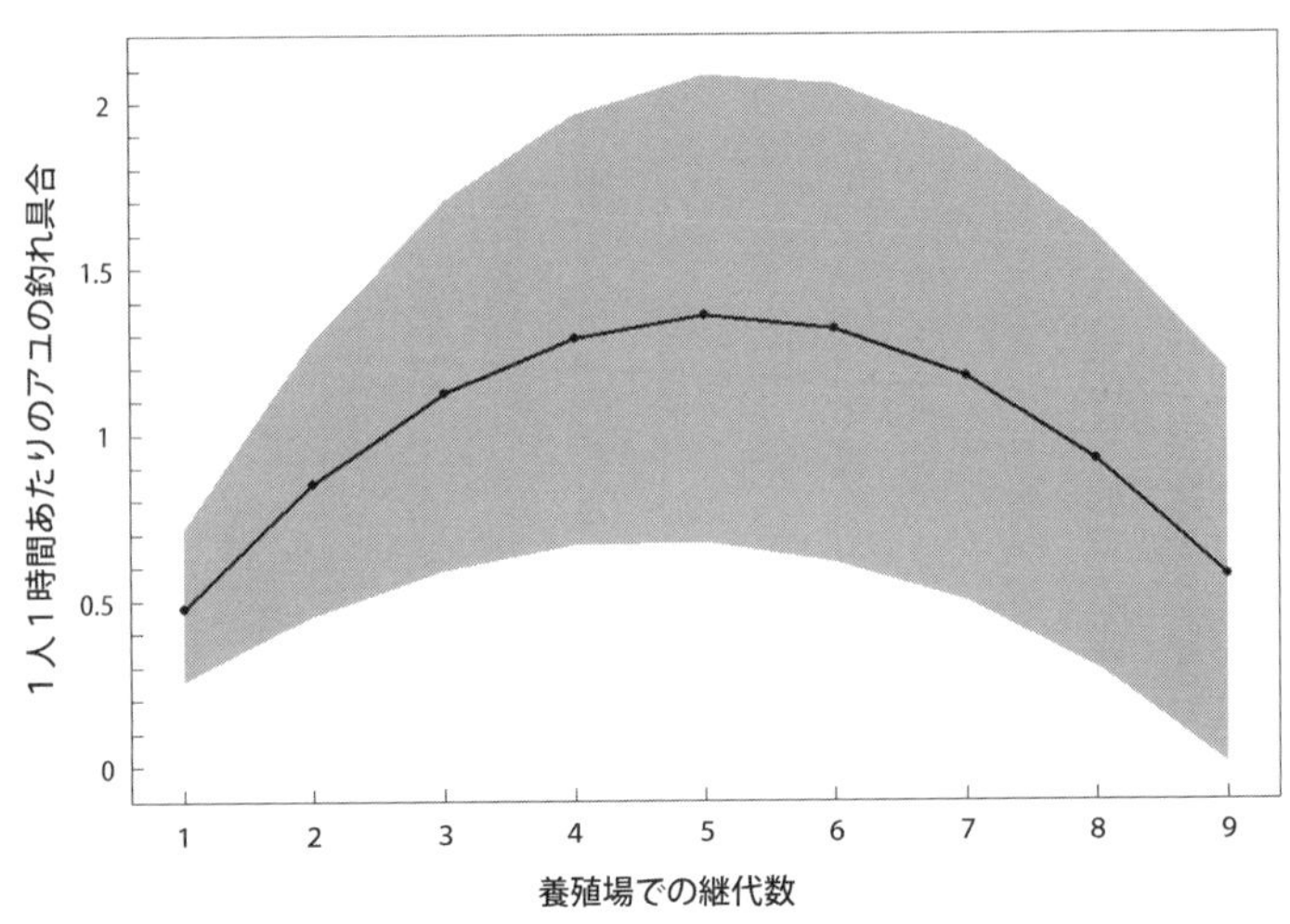

図3-11　養殖場での継代数と放流後のアユの釣れ具合の関係。釣れ具合は継代数に掛かる係数で、F1よりもF5のほうが3倍程度よく釣れることを示す。なおグレーのエリアは95%信頼区間を示す

には、天然魚が養殖場に適応していく過程で、野性味（自然河川への適応度）が失われるという、トレードオフの関係が存在することは間違いないだろう（図3-11）。

筆者の4年間の試験放流では、研究ベースで行ったため実施しなかったが、野性味を取り戻すには、継代飼育魚の卵に、野生魚の精子を掛け合わせる「戻し交配」が有効である。実際、千葉県での事例では、冷水病の耐性が向上したという。前述のとおり天然アユをメス親として用いると排卵時期が同調しないため、必要卵数の確保に苦労するが、オス親であれば排精期間が長く少量で済むため、戻し交配はお手軽な野性味復活手法といえる。

ここでは、養殖場での継代数と放流後の自然河川での釣られやすさについて紹介させていただいた。実験レベルではなく、180万匹という産業レベルでアユを養殖しながら研

究できたことは、本当に貴重で幸せな経験だった。やってみて思うのは、アユの種苗生産には、科学的に、あるいは経験的に裏打ちされた多くの技術が詰まっている、ということである。こういった技術を体系だって説明する「アユ種苗生産マニュアル」を作ろうとしたが挫折した。細かな、しかしとても大切なコツを言葉で表現することは筆者にはとてもできなかった。やはり、現役の担当者から次の担当者へと、手取り足取り、やりながら伝えていくしかない。各地の養殖施設で、種苗生産技術が脈々と受け継がれていくことを願っている。

文献

Tsuboi J., Kaji K., Baba S., Arlinghaus R. 2019. Trade-offs in the adaptation towards hatchery and natural conditions drive survival, migration, and angling vulnerability in a territorial fish in the wild. *Canadian Journal of Fisheries and Aquatic Sciences* 76(10), 1757–1767. https://doi.org/10.1139/cjfas-2018-0256

7　放流魚としての琵琶湖産アユ

［坪井］

継代数もよく話題になるが、系統（血統）にも強い関心を持つ読者の方が多いことだろう。基本的には、地産地消、つまり、放流を行う河川と同じ水系由来の系統を選ぶことをお勧めしたい。理由は、アユの集団は日本全体でみると大きく6つの地域個体群にわかれていると言われており（図3-12）、地理的に近い河川由来の養殖アユほど、天然アユと遺伝的に近く、放流後の生存率や釣れ具合が良いと期待されるからだ。

川ごとに洪水の時期や頻度、水温の上昇降下のトレンドが異なる。そのため、河川環境にマッチした遺伝子を有した系統が最善ということになる。また、地産地消であれば、輸送コストや、アユの輸送に伴うストレスも最小限に抑えることができる。地産地消で、継代数の浅めの健康な種苗が最適だと筆者は考えている。

禁断の果実

アユの生活史はバラエティに富んでおり、琵琶湖産（以下、湖産）という放流用のアユ種苗においては禁断の果実が存在する。この本の読者の方であれば、ほとんどの方がご存知かと思うが、湖産アユは、体高が高く鱗が細かく、容姿端麗である。そしてなんといっても低水温でも縄張り性能（追い）が強い（図3-13）。きれいなアユがばんばん掛かれば友釣り用の放流魚として最高の種苗といえ

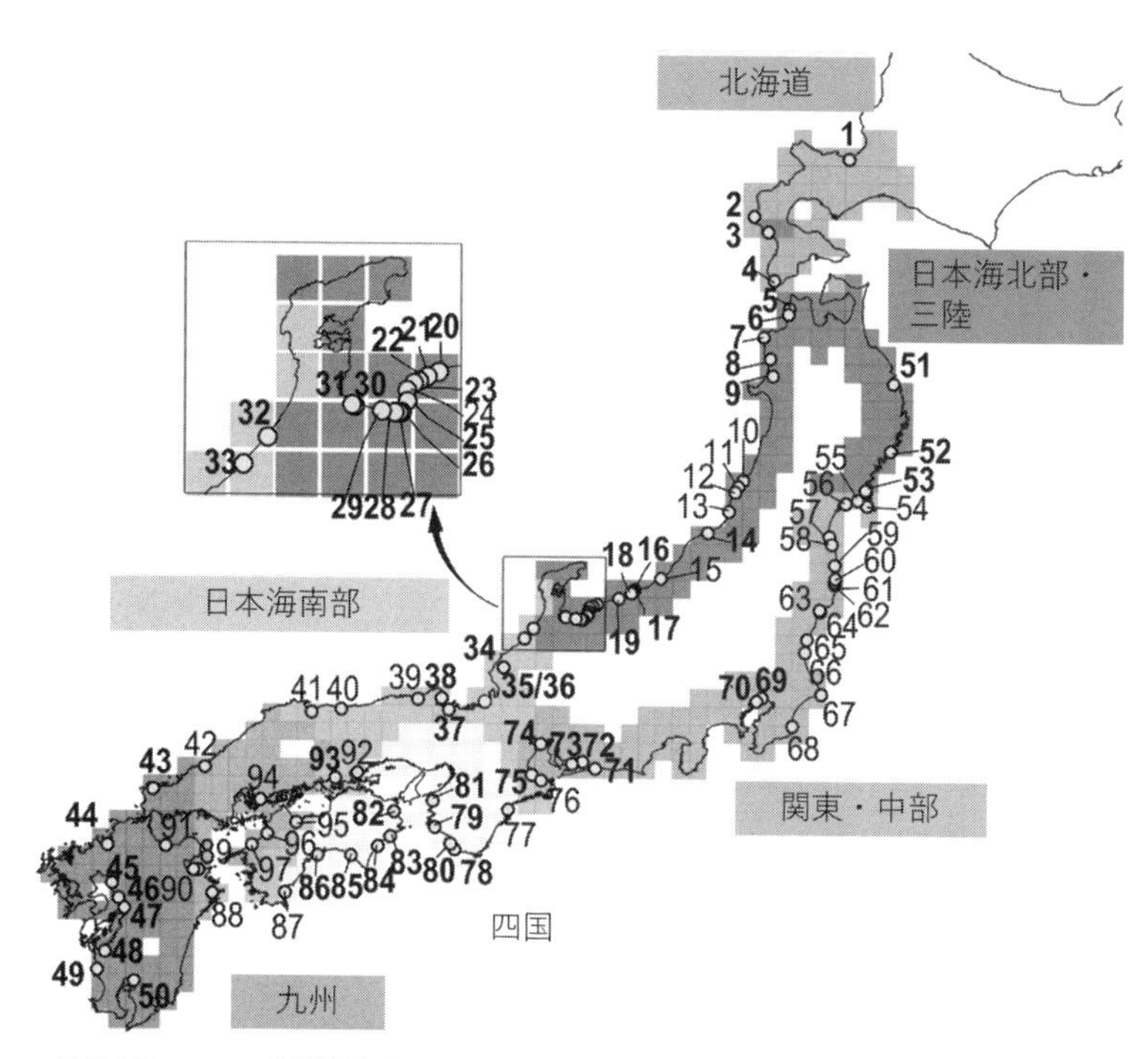

図 3-12　アユの系統地図（Takeshima et al. 2016 を改変）。12 のマイクロサテライトマーカーを用い遺伝子解析を行ったところ日本のアユは６系群にわかれることが明らかになった

図3-13　鱗が細かく容姿端麗な琵琶湖産アユ

る。

一方、湖産アユは成熟が早く漁期が短いという特性がある。そして、なんといっても冷水病菌など病原菌のキャリアである、という致命的なリスクをはらんでいる。琵琶湖ではアユの繁殖期がとても長いため、病気は遅い時期に繁殖する親魚から、早くにふ化した稚魚へ世代をまたいで感染してしまう。これは垂直感染と呼ばれ、一度、まん延してしまうと、なかなか病原菌が消失しない主な原因とされる。また、冷水病菌の特性として変異が多いことがあげられ、アユの冷水病に適応する進化スピードよりも、はるかに速いスピードで変異（進化）が進む。これが冷水病によるアユの斃死が30年経っても沈静化しない根本的な理由である（詳しくは第4章参照）。冷水病を治癒する手法として、加温処理という手法が開発され効果を発揮しているが、その効力は30日程度とされ、放流1か月後には河川で冷水病が発生することを受け入れなくてはならない。となると、多数回の放流をする必要が生じる。つまり、どこか（いつか）のロットが健康かつ釣れるアユとして機能してくれないと、いつ行っても友釣りが成立する漁場を維持できないというわけだ。多数回の放流には、輸送や放流作業により多くのコストがかかるため、どこの漁協でもできることではない。また、天然アユの遡上エリアでは、湖産からの感染リスクが高まってしまう。先ほど説明したとおり、天然アユは、その川の環境にベストマッチした遺伝子を有している点で最良の系統であり、未来へ引き継がなければならない貴重な資源である。これが人為的な放流によって減耗してしまうことは避けたいところだ。魚病のまん延以外にも、湖産アユには無視できない特徴がある。海と川を行き来している通常の天然アユと交雑すると、塩分耐性を持たない稚魚が生まれてくることだ。例えば、長良川では早期に産卵する天然アユが次世代に貢献する親として重要であることがわかっている。そこに産卵期の早い琵琶湖産が放流されると、交雑により、海に降った仔魚が死んでしまうことが危惧されている。そのため、琵琶湖産アユの放流は、基本的には天然アユが遡上しないダム上流域などで行われることが望ましい。

養殖業者との信頼関係

継代数や系統について、これまでいろいろ説明してきたが、一番大切なのは養殖業者をコロコロ変えないことである。浮気は良くない。筆者の4年間の種苗生産経験に基づくと、同じように丹精込めて飼育していても、プレミアムな池から、そうでもない池まで、いろいろ出てくる。また、共食いを避けるために行うサイズ選別では、金属メッシュを抜けた「小」でも、釣りの対象として遜色ないという研究もあるが、基本的には、金属メッシュを抜けなかった「大」のほうが活力があるように思う。そのため、養殖業者さんからしてみれば、昔から買ってもらっているところに、より良いロットを出荷するのが人情というものだろう。逆に、漁協目線でみると、アユの釣り場づくりが上手い漁協は、特定の養殖業者と懇意にし、シーズンごとに釣れ具合などを業者に伝え、翌年以降にフィードバックさせるといった信頼関係が築かれている場合が多い。養殖業者と漁協が二人三脚でより良い放流アユの生産に取り組んでいってもらいたい、というのが筆者の切なる願いである。

文献

Takeshima H., Iguchi K., Hashiguchi Y., Nishida M. 2016. Using dense locality sampling resolves the subtle genetic population structure of the dispersive fish species *Plecoglossus altivelis*. *Molecular Ecology* 25. 3048–3064. https://doi.org/10.1111/mec.13650

8　釣れたアユは何者か？　――アユの由来を探る

［高橋］

釣れたアユは放流したアユなのか、それとも海から遡上してきた天然アユなのか、漁協も釣り人も関心を持ち始めている。単に釣れれば良いという「量」の時代から、何が釣れているのかという「質」の時代へと変わりつつあるのかもしれない。

そんな時代の変化を反映してか、漁獲されたアユの由来判別の依頼が近年増えている。由来判別というのは、側線上方横列鱗数（図3‐14）や鰭等の形質・形態から、そのアユがどのような種類なのかを判別する方法である。

判別のための形質

アユの由来を判別するための基本的な方法は側線上方横列鱗数の計数で、背びれの頭側から5番目の鰭条（きじょう）（ひれの筋）の基部から鱗の配列に沿って側線までの鱗の枚数を計数する。この枚数は、人工アユであれば12～17枚で、15枚以下であることがほとんど。天然の海産アユは15～21枚で17枚以上であることが多い。つまり、人工アユは天然アユと比べると枚数が少なく、粗い（図3‐15）。慣れると、釣った人工アユもその場で鱗の粗さから高い精度で見分けられるようになる。

このような計数値をもとに14枚以下であれば放流された人工アユで、18枚以上であれば天然アユと判定できる。問題は両者が重なる15～17枚のケース。筆者はこれらについては、背びれの鰭条のゆが

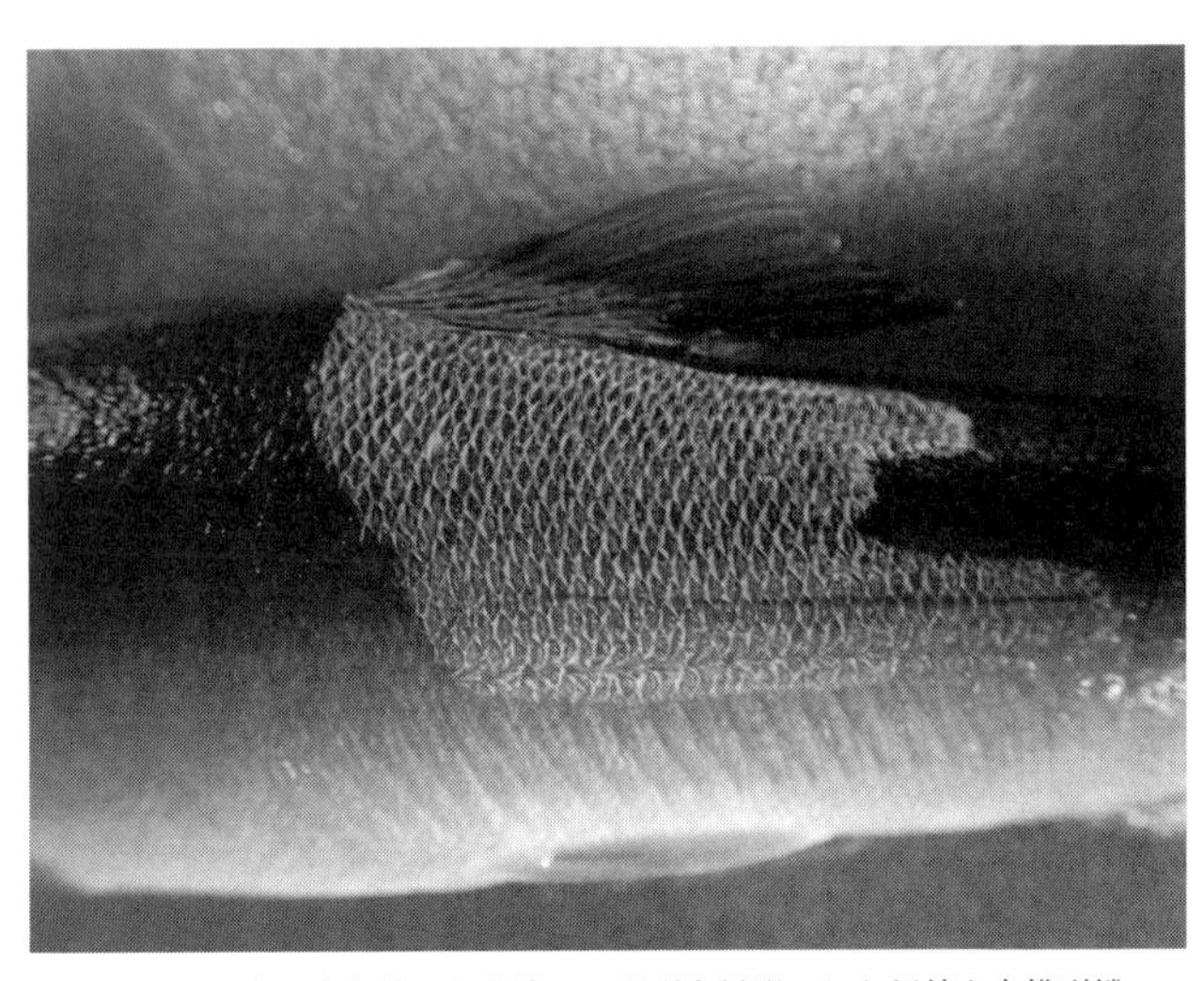

図3-14　白い水彩絵の具を塗って配列を鮮明にした側線上方横列鱗

みの有無、鱗の配列のゆがみの有無、下顎側線孔の並びや数の異常の有無（いずれも人工アユに高率で発現）、といった形質の観察結果も補助的な情報として取り入れて判断している。

ちなみに、釣り人が釣ったアユの下顎側線孔の並びや数を見て、「異常があるからこれは人工アユ」と話しているのを時々耳にする。しかし、天然アユでも10％程度の割合で側線孔の異常は認められるし、人工アユでも異常が40％以下というケースもある。つまり、下顎側線孔だけの情報はあまり信用できないのである。

判別事例その1　放流の効果を判断する（高知県奈半利川）

奈半利川ではダムの下流河川に海産系人工アユが毎年放流されている。天然遡上も多いため、人工と天然の2種類のアユが漁獲されることになる。

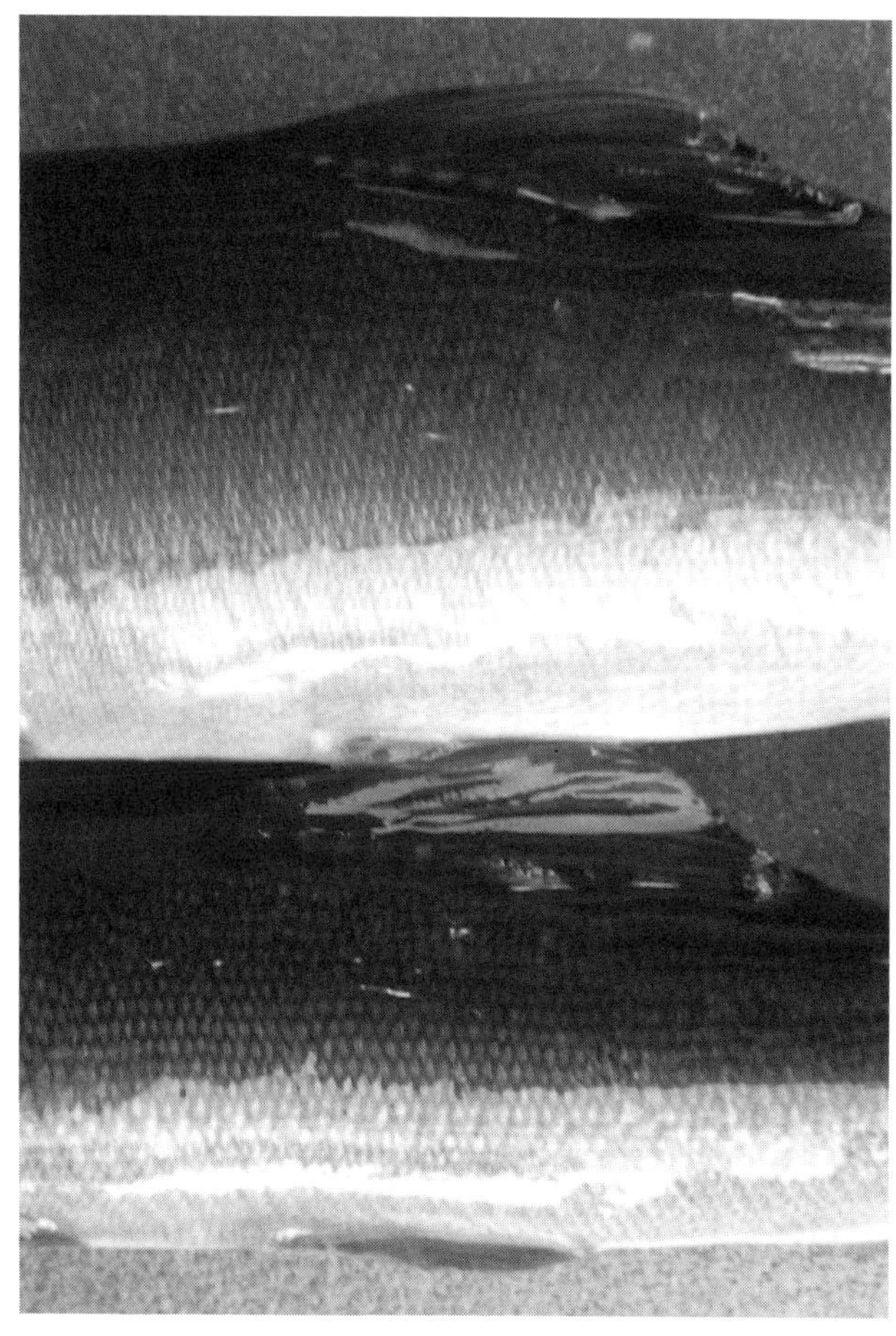

図 3-15　鱗が細かい天然アユ（上）と粗い人工アユ（下）

放流された人工アユの漁獲への寄与度をみるために、２０１１年から毎年6月の解禁直後に友釣りで採集した60尾のアユの由来判別を行っている。

図3－16は10年間の調査結果である。図の上段の天然と放流の漁獲割合は、年によってかなり変動したが、基本的には漁獲の主体は天然アユであった。図の一番下の人工アユの放流数は、天然と放流の漁獲割合とは傾向が一致しない。一方、中段の天然アユの遡上数は、上段のグラフの天然の割合の変動傾向と概ね同調している。また、解禁日の釣果は、やはり天然アユが多い年ほど多くなる傾向があり、特に三桁釣りができるような年は天然遡上が多いのである。

つまり、奈半利川では放流数よりも天然アユの遡上数が圧倒的に多いため、解禁初期から天然アユが数多く釣れる。そのため、人工アユよりも天然アユの方が漁獲に対する寄与度が明らかに高い。このような河川では放流量の増加に努力するよりも、天然アユを増やす対策（産卵場整備や親魚の保護区設定等）に注力する方が効果的であり、かつ、経済的な効率も良いという判断ができるのである。

判別事例その2　少量でも効果抜群の人工アユの放流。それでも……（北海道朱太川）

朱太川では２０１２年に調査を行った。その年の放流種苗はすべて海産系人工アユ（東北産）で放流数は河川全体でわずか2万尾であった。その年の天然アユの遡上数は約30万尾であったことから、釣れるアユに占める放流魚の割合はせいぜい10％程度だろうと想像していた。

判別データを見て驚いた。解禁当初の7月では、上流で釣れたアユの30％が、下流では実に60％が人工アユであった（図3－17）。全体の生息数の６％程度に過ぎない放流数なのに、驚くべき漁獲率で

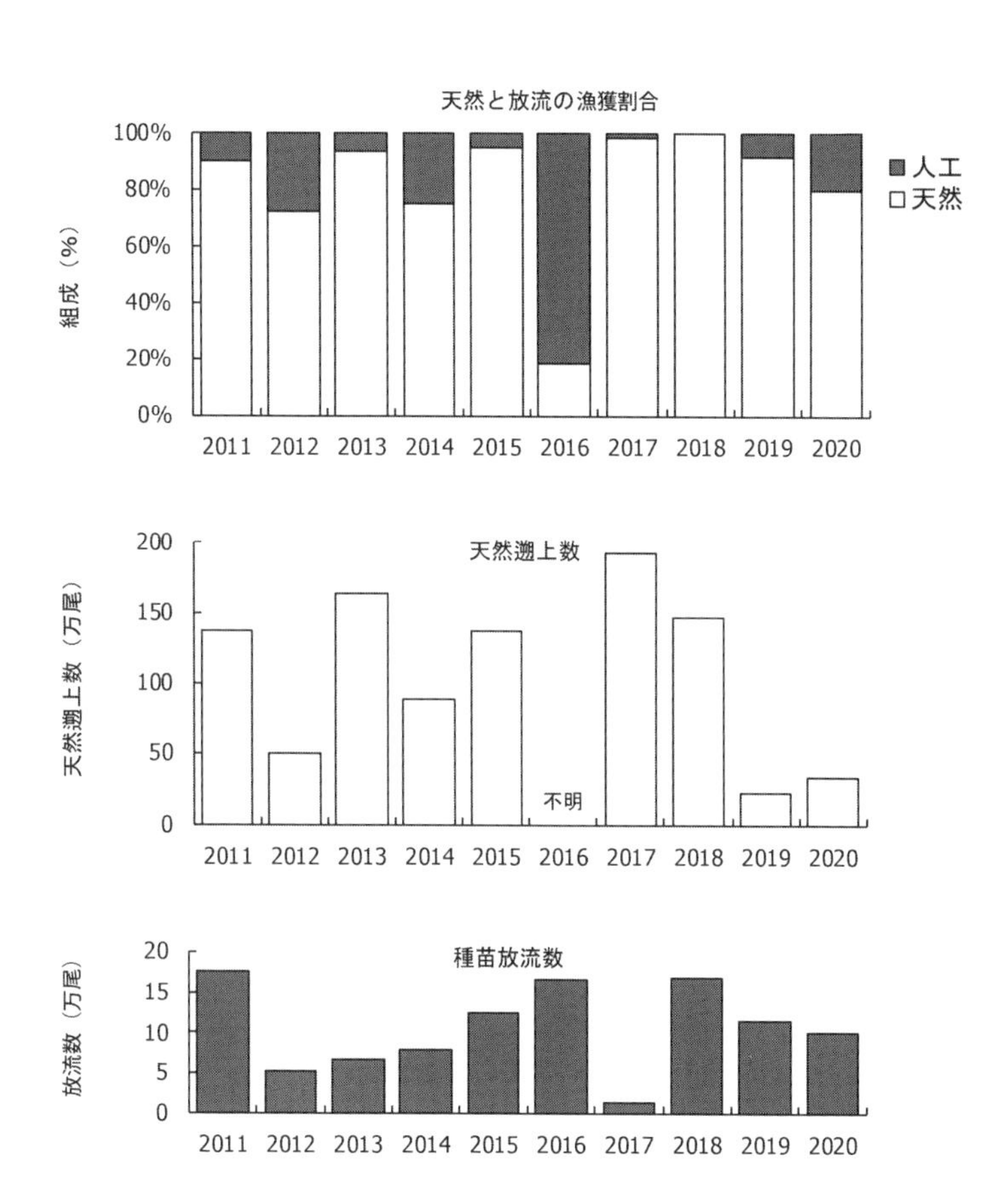

図 3-16　奈半利川での由来判別調査による天然と放流の割合（上)、天然遡上数（中)、放流数（下）

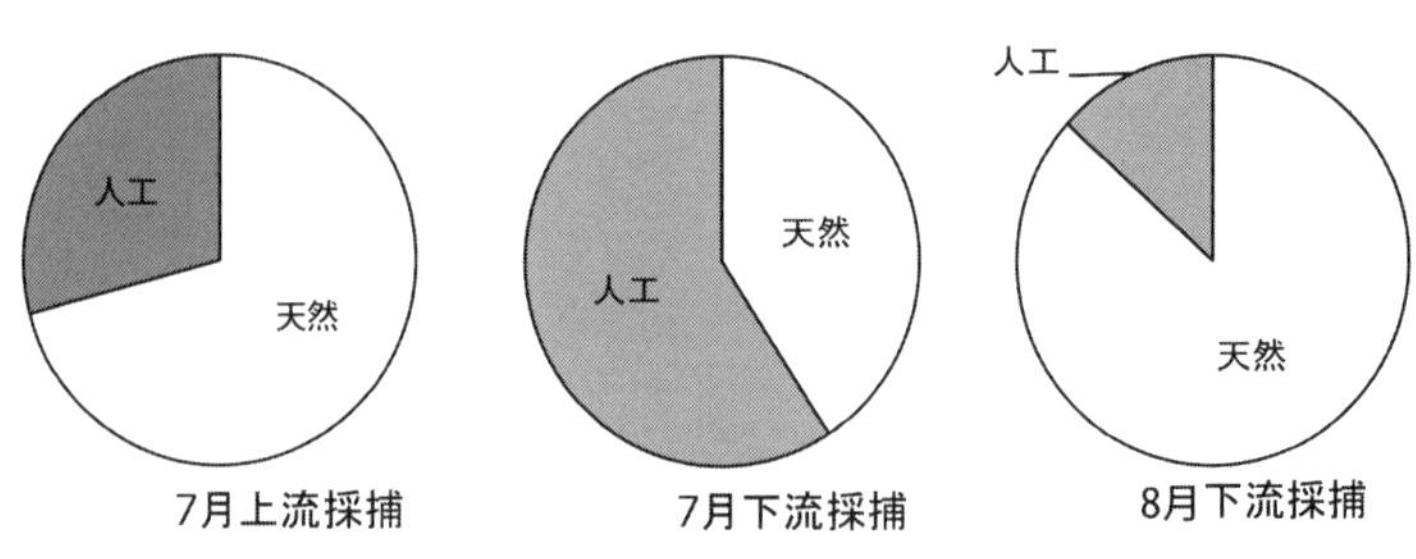

図3-17 朱太川での由来判別調査による天然と放流（人工アユ）の割合

あった。

朱太川では天然アユの遡上が本格化するのは6月から。解禁になる7月ではまだ十分に成長していない。一方、放流されたアユの方は成長が良いために、優先的にナワバリを持つことができる。その結果、解禁当初は人工アユが圧倒的に釣れるということになったようだ。ただ、8月（7月の調査から半月後）のデータを見ると、釣れたアユの90％近くは天然アユで（図3‐17）、放流数の少ない人工アユは短期間のうちに釣りきられてしまうことも分かってきた。

朱太川の場合、解禁当初から「釣れる漁場」を作るには、放流量を増やすことが一番手っ取り早い。これだけの放流効果というのは、狙ってもなかなか得られないように思う。

しかし、それでも朱太川では人工アユの放流をこの調査の翌年の２０１３年から中止した。実は、北海道ではアユの種苗生産が行われておらず、放流するためには本州（東北）産の種苗を買わざるを得ない。ところが、北海道のアユの遺伝的特性は本州のアユとは異なっていることが武島弘彦さん（福井県立大学）らによる全国各地から集めたアユのＤＮＡ分析によって判明している。放流アユと地のアユが交雑することで低水温耐性の低下といった好ましくない問題を引き起こす可能性がある。長期的に見ると、地のアユの遺伝的特性を保全すべきだという判断からの放流停止であった。

放流停止後の状況は第5章で紹介するが、簡単に言えば、資源が減ることもなく、目立った釣果の減少も起きていない。それどころか、近年は天然遡上量が大幅に増えたことで釣果も上がっていて、釣り人も急増している。それとともに、放流停止後時々耳にした「放流を再開しろ！」という声も聞こえなくなってきた。

放流によって刹那的に釣果を追うのではなく、天然のアユ資源を長期的にかつ持続的に活用するという方向を選んだことが功を奏したと言えそうである。

判別事例その3　ダム湖の陸封アユは釣れているのか？（静岡県天竜川）

天竜川の河口から29・5㎞上流にある船明ダムのダム湖では陸封アユが発生していることが分かっている。ただ、陸封アユがどの程度いるのかは全く不明で、ダム上流に遡上した陸封アユが夏場に漁獲されているのかどうかも分かっていない。

そのため、船明ダムの上流で漁獲されているアユが何者なのか？　陸封アユは漁獲されるほどいるのか？　ということを調べるために由来判別調査を行った。

ただ、やっかいなことに船明ダムの上流河川には、放流された人工アユと海から遡上してきた海産の天然アユ（船明ダムには魚道が敷設されていてダムを越えることができる）も生息している。つまり、人工アユと天然アユ2種（海産と陸封）の計3種類がいることになる。

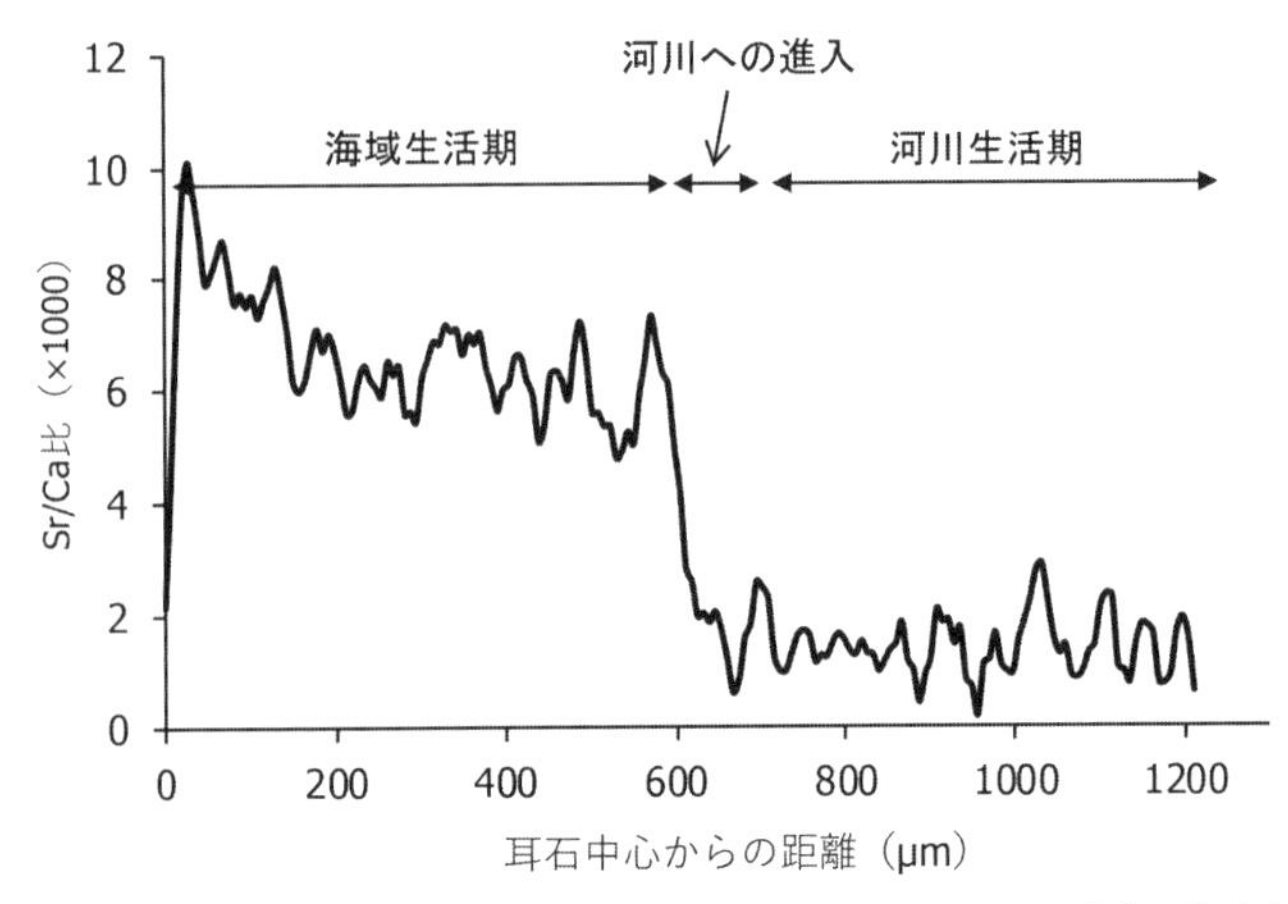

図3-18　船明ダム上流で採集した海産の天然アユのSr/Ca比の変化。海域生活期は値が高く、河川に進入する時期に急低下する

まず、採集されたアユの側線上方鱗数を調べ、放流された人工アユを区別した。残るアユは海から遡上したアユとダム湖の陸封アユのいずれかである。ただ、陸封アユの側線上方横列鱗数は海産アユ（天然遡上アユ）のそれとほぼ同じであるため、それらを判別するには鱗の枚数は使えない。

そこで、アユの耳石を取り出して、耳石に残されたSr／Ca（ストロンチウム／カルシウム）比の時間的な経過の分析を専門家に依頼した。Sr／Ca比というのは耳慣れないと思うので簡単に説明しておくと、海水におけるSr濃度は淡水よりも100倍ほど高く、海で生活している時期のアユのSr／Ca比は淡水生活期のそれよりも高い値を取る。この特性から、分析対象となった天然アユが海産であれば、前半部分のSr／Ca比は6〜8と高く、河川で生活した後半部分は2前後まで低下する（図3-18）。一方、陸封アユではSr／Ca比は一貫して低い値（2前後）のままとなる。

このような分析を鱗の枚数から天然アユと判定された個体を対象に行ったところ、すべて海産の天然アユであった。船明ダム湖では陸封アユが発生してはいるものの、漁獲資源となるような多さではないという結論となった。

〔高木〕

判別事例その４　解禁日に釣れているアユは何者か？（栃木県那珂川）

栃木県の那珂川は、天然遡上の豊富な河川として知られ、全国有数の漁獲を誇ってきた（図３-19）。しかし、天然遡上があるからこそ、放流効果がうやむやになってしまうことが多かった。

そこで、２０１６年のアユ漁解禁日に、側線上方横列鱗数と下顎側線孔数を指標とした釣獲魚の由来判別を地区ごとに実施したところ、漁場全体では、放流魚が１・５万尾（84％）、天然遡上魚が３０００尾（16％）釣獲されていた（図３-20）。この年の遡上量は平年以上だったので、近年の那珂川では天然遡上のみで解禁当初に釣れる漁場にはならないと言える。これは、遡上の遅れによる影響が大きいと考えられている。

この年の放流量は１１０万尾だったので、放流アユの解禁日の回収率（釣獲尾数／放流尾数）は１・４％となる。しかし、地区別にみると、最上流部の漁場（黒磯）では、わずか８万尾の放流で約１万尾のアユが釣れていた（回収率13％）。逆に言うと、このエリア以外の放流アユの回収率は非常に低く、改善の余地がかなりある。

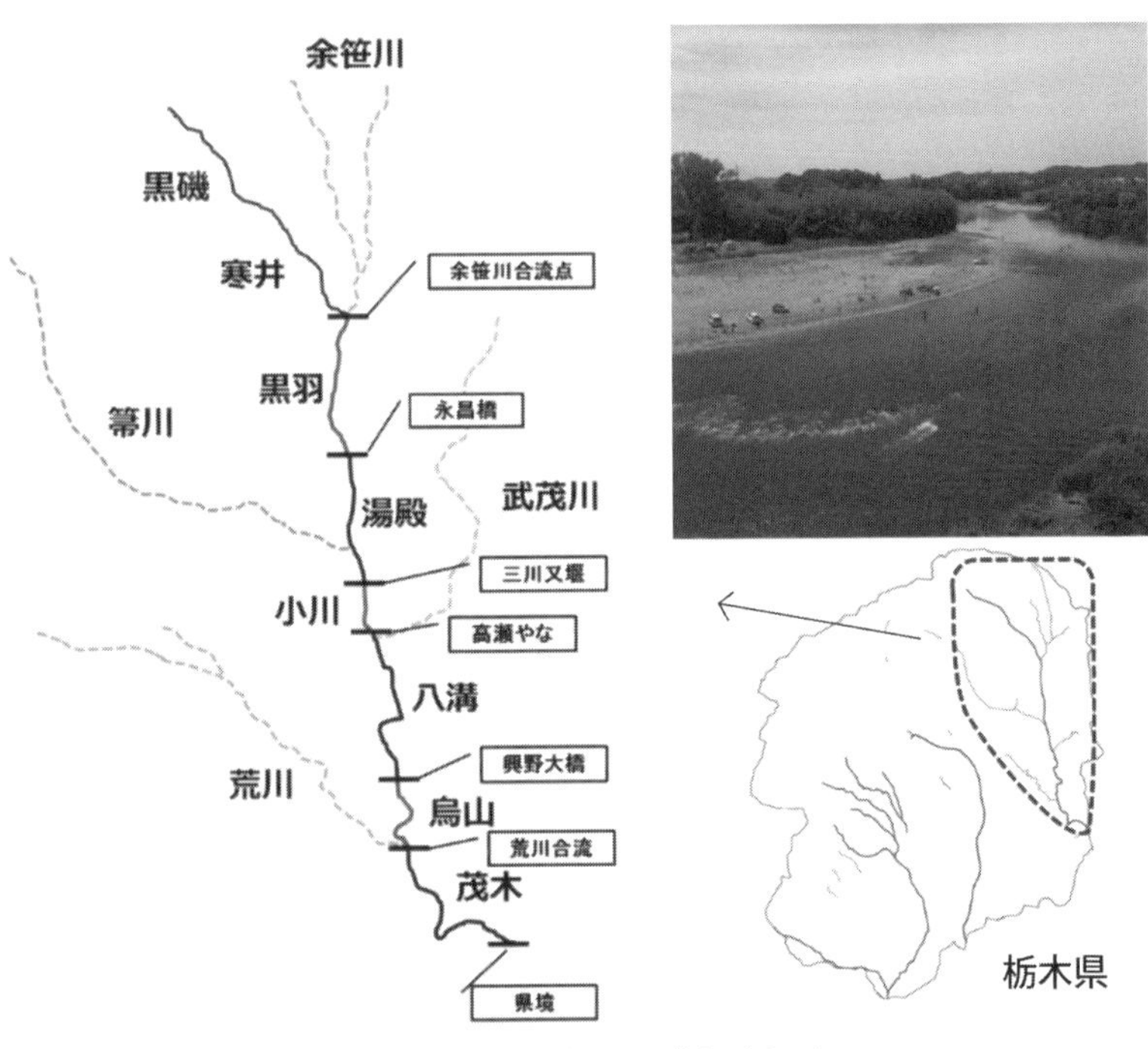

図3-19　那珂川のおもなアユ釣りポイント

由来判別調査の活用

各地の事例で見てきたとおり、由来判別の精度はかなり高く、「使えるツール」となっている。アユが釣れないと「放流を増やせ」という声はいまだに大きいが、筆者のこれまでの由来判別調査を振り返ると、朱太川のように人工アユの放流によって目覚ましい効果があった事例はそれほど多くない。天然アユが釣れているのに、放流アユが釣れているという勘違いの方が結構多いのである。

川の漁協の重要な課題の一つは、経済的に無理なく漁協経営を行うことであり、放流

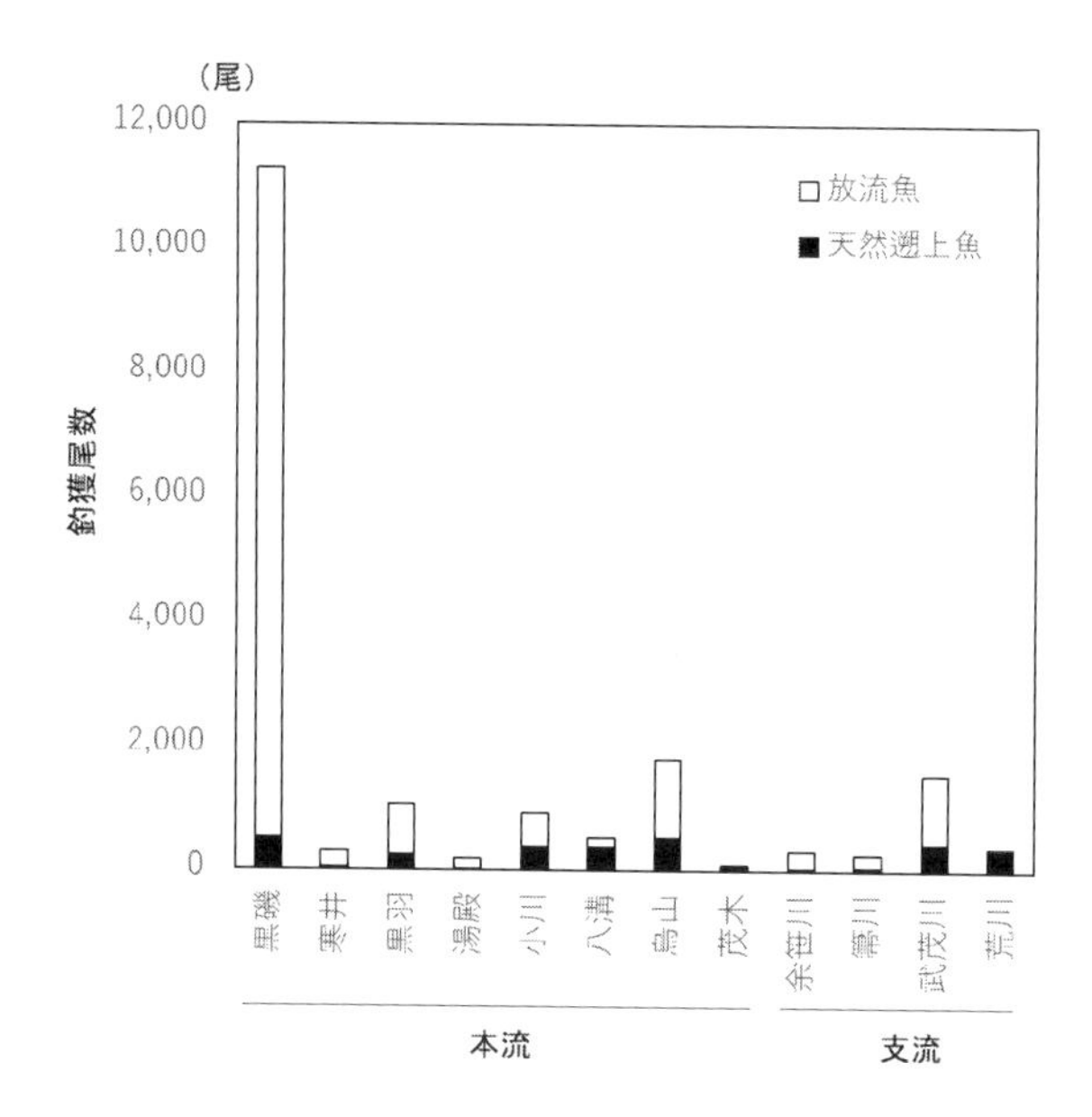

地区	天然遡上魚（尾）	放流魚（尾）	釣果に占める天然遡上魚の割合(%)	放流魚の回収率(%)
黒磯	502	10,784	4.4	13.5
その他	2,516	4,781	34.5	0.5
合計	3,018	15,565	16.2	1.4

図 3-20　2016年那珂川の解禁日の釣れ具合と天然遡上アユの割合。八溝や茂木など中・下流域のポイントでは解禁当初から天然アユが多くを占めるが、その他のポイント、特に最上流の黒磯地区では放流魚が釣果を支えている

に比べてコストの掛からない天然アユがいるのなら、その存在は大きなプラス材料である。今後は、このような由来判別調査等をもっと活用し、天然アユの寄与度を科学的に確認し、それが高ければ、天然アユ資源を保全し持続的に活用する方向にシフトすることが時代の趨勢ではないだろうか。

文献

岐阜県水産研究所　2022　アユの側線上方横列鱗数の計数マニュアル 2・0 https://www.fish.rd.pref.gifu.lg.jp/gijutsu/sokusen-shashin/220315-sokusen-shashin.pdf

Otake T. and K. Uchida. 1998. Application of otolith microchemistry for distinguishing between amphidromous and non- amphidromous stocked ayu. *Plecoglossus altivelis*. *Fisheries Sci.*, 64（4）: 517–521

高木優也　那珂川のアユで見られる遡上の遅れが釣れ具合に及ぼす影響　栃木県水産試験場研究報告　2015　58：5–12

高木優也・酒井忠幸　解禁日における放流アユの回収率　栃木県水産試験場研究報告　2018　61：40–41

Takeshima H., K. Iguchi, Y. Hashiguchi and M Nishida. 2016. Using dense locality sampling resolves the subtle genetic population structure of the dispersive fish species *Plecoglossus altivelis*. Molecular Ecology. 25: 3048-3064.

占部敦史・海野徹也　2018　人工および天然アユにおける計数形質の比較　日本水産学会誌　84（1）：70–80

９　河川環境——放流アユが釣れる川、釣れない川

［高木］

解禁日の回収率は、大河川で平均２％、中小河川で平均７％

前述したように、栃木県内で調べたところ、解禁日の回収率は大河川で平均２％、中小河川で平均７％であった。大河川より中小河川のほうが、回収率が高いというのはこの年だけの傾向ではなかったので、大河川ほど中小河川より放流アユで釣れにくいと言えるだろう。友釣りでは生息密度が低いと釣られにくくなることが知られており、放流尾数が同じであれば、当然大河川のほうが放流密度が低くなる。また、大河川では、流れが速すぎたり、水深が深すぎたりして、アユがいても釣りが難しい場所もある。このように、そもそも大河川は中小河川よりも釣獲によるアユの回収が難しい。したがって，この結果から大河川では放流アユの残存率が中小河川の約４分の１であると言うことはできない。

中小河川でも、アユが残る川、残らない川があった

そこで２０１５～２０１６年にかけて栃木県内の中小河川で調査したところ、放流したアユは解禁まで平均76％ほどが生き残っていた。しかし、放流サイズも放流から解禁までの日数も関係なく、アユが残る川もあれば残らない川もあった。この違いは、ほとんど河川環境のみで説明でき、透明度が高い川ほど、長径25㎝以上の巨石が多い川ほどよく生き残っていた（図３-21）。

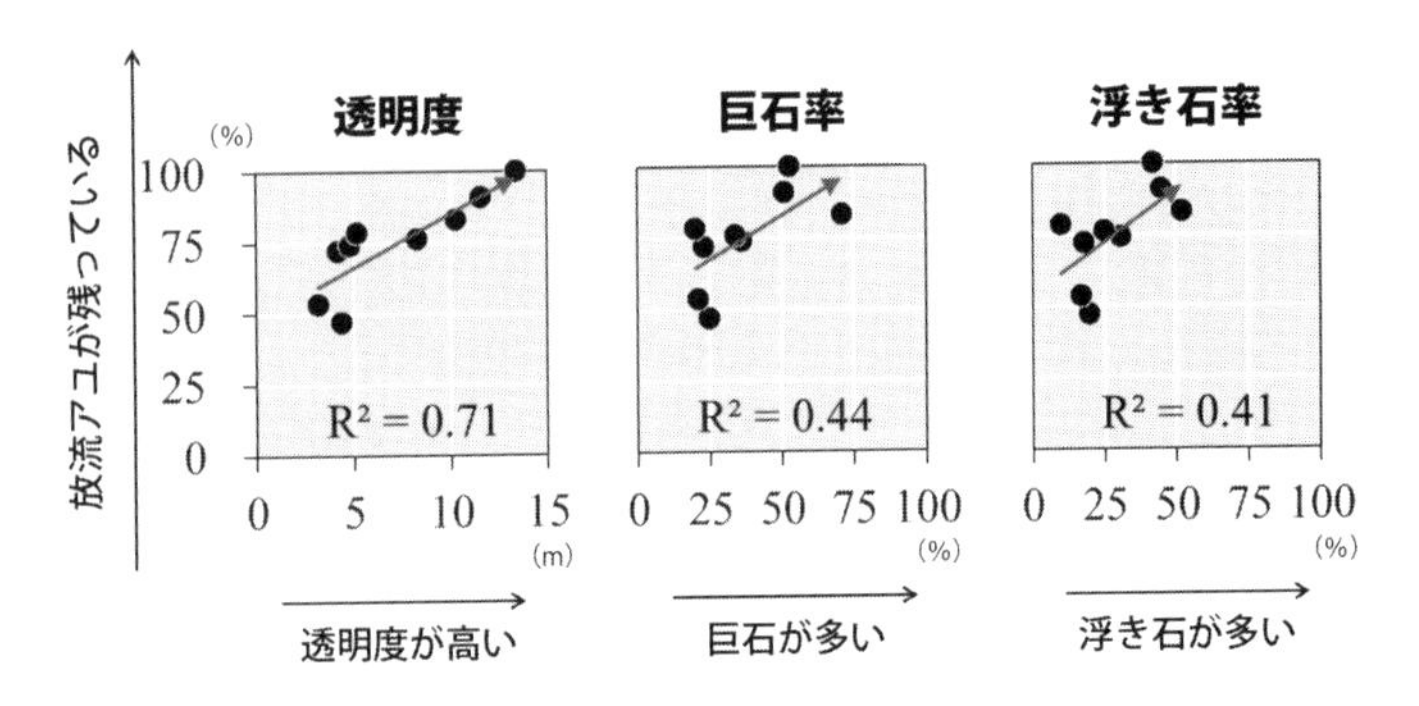

図 3-21 2015 年から 2016 年にかけての栃木県内の各河川におけるアユの残存率（生存率）。水がきれいで、大きな石が浮き石として川底にあることが大切。R^2 の値はデータのバラツキをどれくらい説明できているかを意味する。つまり透明度でアユの残存率の 71%が説明できることになる

大河川ほど透明度や浮き石率が低い

また、２０１６年に栃木県内すべてのアユ放流漁協について、アユ釣りのメジャーポイントで環境を調査した。これらから、川幅が広いほど透明度や巨石率は低下し、栃木県の場合、川幅30ｍ以上ともなると放流アユの残存率が50％以下でもおかしくない環境であることがわかった（図３-22）。もちろん、川幅30ｍ以上でも河川環境が十分に良いという河川もあるだろう。しかし、一般的な傾向としては、下流よりも上流、本流よりも支流のほうが放流効果は高い。近年の河川は、アユが海から遡上できないだけでなく、アユが暮らす場所としても厳しくなってきている。なぜ、巨石が減ったかと言えばダムや堰によって巨石が流下できなくなったからである。ダムの下流では、一度濁ると濁りがなかなか消えないというのも周知の事実である。川と海の連続性が失われたことが、ここにも影響している。

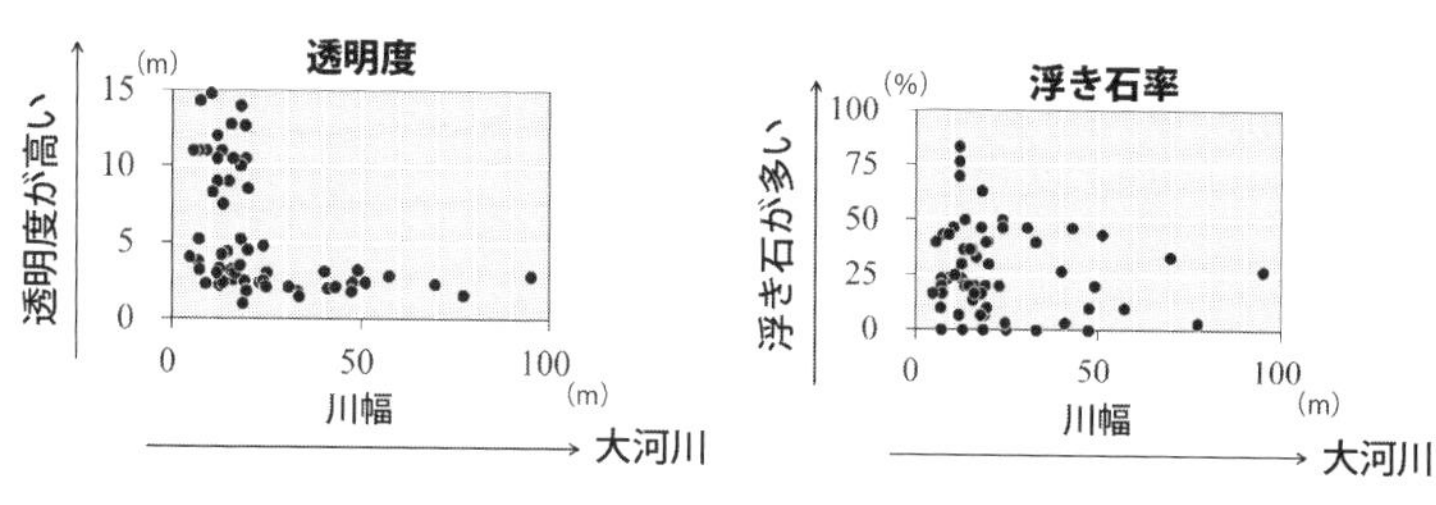

図 3-22　栃木県内における河川の規模（川幅）と河川環境の関係。ダイナミックなアユ釣りが楽しめる大河川ほど、実はアユにとって悪い環境だった

放流効果が高い河川とは？

このように、大河川よりは中小河川、できるだけ巨石が多く、透明度が高い漁場に放流したほうが放流アユの生き残りが良いと考えられる。簡単に言えば、これまでアユ漁場としていたところよりも、より上流のヤマメ、アマゴが釣れるような渓流域に放流したほうが放流効果が高くなると考えられる。ただし、渓畔林が覆いかぶさっていて日陰になっているようだと、コケの成長が悪いせいか、アユの生き残りが悪くなるので放流しないほうが良い。あまり狭すぎても釣りにくいので、川幅としては10～30ｍほどが良いだろう。このような漁場であれば、放流したアユの多くが解禁日まで生き残ることが期待できる。

10　中小河川での釣れるアユ漁場づくり事例——西大芦漁協

［高木］

西大芦漁協は、利根川水系大芦川上流部を管轄しており、アユ漁場の流程は約8㎞、渓流相の完全放流河川である。

冷水病ショック以前は、琵琶湖産6〜7万尾を放流し、7月中旬という遅めの解禁で良型が釣れる河川として有名だった。しかし、冷水病ショック以降、放流種苗の歩留まり低下と放流サイズの大型化による1尾単価の上昇によって、財政状況は一気に悪化し、解散寸前にまで陥った。

そこで西大芦漁協が実施したのが、琵琶湖産から人工種苗への転換（放流サイズの小型化によって放流量は10〜15万尾に増加）、渓流魚による売上げ増加である（図3-23）。

その結果、安定して釣れる漁場となっており、近年でも年券発行枚数はおおむね横ばいである。

早期小型種苗放流

放流サイズの小型化ができるという人工種苗のメリットを活かし、なるべく小型でなるべく早い時期に放流を実施するようにしている。

放流サイズは栃木県の現在の最小規格である5ｇのみ、放流量は10〜15万尾ほどである。つまり、琵琶湖産を放流していたころよりも多くの尾数を放流している。また、放流時期は4月の第2週以降でなるべく早い時期としている。これは、２０００尾程度を試験放流して、1週間後の定着状況を見

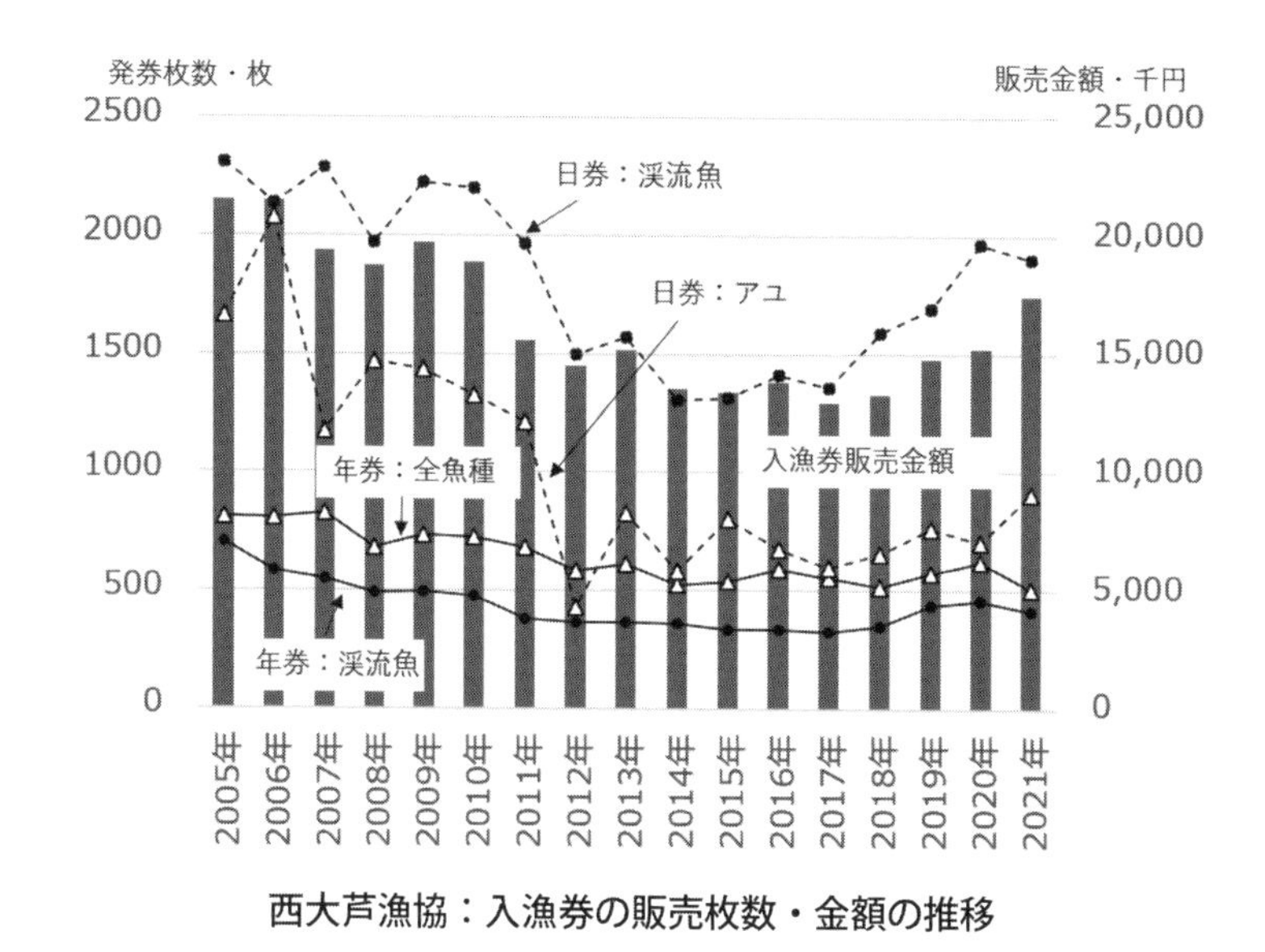

図 3-23　大芦川を管轄する西大芦漁協の年券・日券の発券枚数（左の縦軸と折れ線グラフ）と、４種類の券を合計した販売金額の推移（右の縦軸と棒グラフ）

るという調査を数年実施したところ、最低水温８℃を下回る日があると放流場所から下ってしまうアユが多かったことから、最低水温８℃を下回らなくなる時期として設定している。

冷水病対策

冷水病対策としては、保菌検査で陰性を確認した種苗を放流している。また、冷水病の好発水温帯（17～19℃）の前に解禁して、少しでも解禁から冷水病発生までの期間を長くとるために、徐々に解禁を早め、今では６月下旬の解禁となっている。これで解禁から１ヶ月程度はよく釣れる漁場ができている。ただし、冷水病の被害量はいまだに大きく、少しでも冷水病に強く、かつ釣れる種苗を探して放流している。

カワウ対策

禁漁になるとすぐにアユ漁場全域にテグスを張ってカワウの飛来を防ぐ対策をしている。春になって渓流釣りが解禁となると、成魚放流を実施していて渓流釣りの釣り人が多いエリアについてはテグスを外すが、釣り人が少ないエリアについてはアユ解禁までテグスを張りっぱなしにしている。このように、必ずテグスが張ってあるか釣り人がいるかのどちらかとして、カワウが自由に飛来できる時期や場所がないようにしている。

このように、アユがいない秋から春にもカワウ対策を実施して渓流魚を守ることで、渓流釣りの釣り人がたくさん川に入るようになり、アユ放流から解禁までの期間のカワウの飛来を防いでいる。

渓流魚による売上げ増加

固定費（組合運営にかかる経費、入漁券作成費、カワウ対策費など）を削るには限界があるので、売上げが減るほど、放流経費に回せる割合は低下することになる。つまり、年券者1人あたりのアユ放流尾数を増やすには、漁協としての総収入を増加させることがとても重要である。

西大芦漁協では、ヤマメ成魚放流によって、新たな客層を開拓し、渓流釣りの釣り人を増やすことで総収入を増加させた。現在では、ヤマメ成魚放流量は年間5・5トン（4〜5月は毎週500kgを放流）に上っている。こうした放流には否定的な意見もあるかもしれないが、西大芦漁協では、上流域と支流のほとんどを禁漁として野生魚の保護に努めており、成魚放流はせずに発眼卵放流（眼ができた状態の卵を川底の砂れきの中に埋めて放流することで野性味のあるきれいな魚を増やすことができる）のみのエリアもある。このように、ゾーニング管理を実施したうえで、成魚放流を積極的に活用しており、放流日には家族連れや初心者の姿も多数見られる。

データを大事にする漁場運営

これらの改革の中核を担ってきた、荻原秀剛氏（故人、西大芦漁協専務理事）は「最後に残るのはデータ」だとよく口にしていた。私もいろんな漁協関係者とお会いしてきたが、荻原氏ほど川をよく見ていた人は知らない。毎日川を見たうえで、自ら放流し、川に潜ってアユの状態を確かめ、解禁となれば毎日のように釣りをしていた。そのうえで、経験や勘に頼ることなく、データをとても大事にしていたのである。

本書で紹介した考え方や調査方法にも荻原氏のアイディアがたくさんある。ほとんどすべての調査につきあっていただいて、年券者１人あたりの放流量、解禁日の回収率はもちろんのこと、放流から解禁までの歩留まり、冷水病による被害量、漁獲サイズまで、細かいデータをとった日々はとても貴重な経験であった（表３-７）。

荻原氏がなぜデータを大事にしていたかと言うと、自分自身の判断の根拠にするのはもちろん、漁協の中での合意形成に必要であったからである。

例えば、西大芦漁協の総会資料には、毎年必ず、入漁券販売数・販売額の推移が参考資料としてつけられていた（表３-８）。「過去の推移がわからないと、今年の結果が良いか悪いかは判断できない。収入が２割落ちたけど来年も頑張ろうとだけ言って何もしないで３年続けたら、収入は半分（１００

表 3-7　西大芦漁協の所有するアユの放流事業と釣れ具合の詳細データ

年	放流量（万尾）	一人あたりの放流尾数	放流後の歩留まり				解禁日の状況					
			解禁直前の生息数	歩留まり（生息数/放流量）	冷水病回復後の生息数	歩留まり（冷水病回復後/解禁直前）	日時	釣り人数（人）	釣れ具合（尾/時間）	平均釣果（尾/日）	総釣果（尾）	回収率（総釣果/放流量）
2015	15	278	150,000	100%	25,500	17%	6月28日	377	3.07	26	9,807	6.5%
2016	13	220	118,000	91%	34,000	29%	6月26日	437	2.83	24	10,351	8.0%
2017	13	236	124,700	96%	29,300	23%	6月17日	309	3.77	28	8,600	6.6%
2018	13	252	143,300	100%	29,200	20%	6月16日	258	4.19	31	8,000	6.2%
2019	13	227	81,000	62%	19,100	24%	6月15日	200	4.58	34	6,870	5.3%
2020	13	210	100,700	77%	16,000	16%	6月20日	390	2.58	20	7,949	6.1%
2021	10	198	74,300	74%	16,700	22%	6月19日	300	2.83	18	5,519	5.5%

×0・8×0・8×0・8＝51）になって漁協は潰れる」とおっしゃっていたが、何も変えずに3年たってしまう漁協もかなり多いと思う。

もちろん、組合員も荻原氏が一番よく川を見ているのを知っていたが、どうしてこうしたいのかを数字で示して説明し、その結果の良し悪しも数字で示せたからこそ、様々な改革を実施できたのである。

表 3-8　荻原秀剛氏が漁協の総会資料として示していた17年分の年券・日券の発券枚数の推移

参考資料

入漁券販売数・販売額の推移（平成17年～令和3年）

単位：枚・千円

種類＼年度		平成17年 2005年	平成18年 2006年	平成19年 2007年	平成20年 2008年	平成21年 2009年	平成22年 2010年	平成23年 2011年	平成24年 2012年	平成25年 2013年	平成26年 2014年	平成27年 2015年	平成28年 2016年	平成29年 2017年	平成30年 2018年	令和1年 2019年	令和2年 2020年	令和3年 2021年
年券		1,513	1,392	1,376	1,173	1,229	1,203	1,060	949	978	881	874	927	878	865	1,010	1,076	917
＊全魚種年券		810	808	829	683	734	726	680	584	614	524	539	592	552	516	572	620	504
組合員		251	259	255	214	214	220	210	207	196	174	162	164	181	168	168	183	156
一般		559	549	574	469	520	506	470	377	418	350	377	428	371	448	404	437	348
＊ヤマメ年券		703	584	547	490	495	477	380	365	364	357	335	335	326	349	438	456	413
組合員		31	23	24	24	24	20	17	15	25	19	22	19	27	24	31	24	23
一般		672	561	523	466	471	457	363	350	339	338	313	316	299	325	407	432	390
日釣券		5,319	5,614	4,702	4,609	4,871	4,642	3,728	2,837	3,044	2,676	2,684	2,668	2,523	2,820	3,044	3,096	3,636
＊アユ		1,665	2,077	1,172	1,470	1,434	1,322	1,211	426	827	585	803	676	598	655	764	707	908
＊ヤマメ	日釣	2,310	2,135	2,289	1,971	2,227	2,200	1,965	1,497	1,574	1,302	1,315	1,411	1,360	1,591	1,694	1,968	1,905
	特設	1,344	1,402	1,229	1,166	1,210	1,120	552	914	643	789	566	581	565	574	586	421	823
	春	862	912	748	689	761	719	552	595	307	503	566	581	565	574	586	421	546
	夏	452	490	481	478	449	401	－	319	336	286	－	－	－	－	－	－	277
＊ハヤ		12	0	12	0	0	1	0	0	0	0	0	0	0	0	0	0	0
入漁券販売額		21,527	21,472	19,350	18,724	19,734	18,909	15,593	14,514	15,188	13,512	13,368	13,825	12,932	13,286	14,782	15,221	17,477

11　大河川での釣れるアユ漁場づくり事例――渡良瀬漁協

［高木］

渡良瀬漁協は、利根川水系渡良瀬川の本流（流程約15㎞）と支流２河川を管轄している。冷水病ショック以降、特に本流での漁獲が不振となり、解禁日でも釣り人はまばら、釣り人よりもギャラリーのほうが多いという状態に陥り、２０００年代はじめには漁協内でもいつ解散するかを議論する状況であった。そこから、組合長を引き受けて改革に取り組んだのが山野井淑郎氏である。

放流場所の選択と集中、常に釣り人がいる川づくりによって、放流量は６万尾から20万尾へと増加し、釣果も上向き、釣り人も増加した。２０２０年に過去最高収益を達成したのを見届けて、山野井氏は組合長を勇退した。

放流場所の選択と集中

まずは、６万尾を流程15㎞の漁場にばらまくという放流から、本流最上流部のたった２箇所のみに集中放流するという放流へと変えた。また、それまではやや大型の種苗も放流していたが２００６年から早期小型種苗（５ｇ）へと完全に切り替えて、徐々に放流量を増やしてきた。放流密度が高まり、守るエリアを狭めたことで、カワウ対策もやりやすくなった。この結果、解禁日から釣れる漁場へと変化してきたのである。漁期が進むと釣れるエリアは徐々に広がり、８～９月には毎年、尺アユで盛り上がる。

徹底的なコストカット

集中放流により少しずつ釣れる漁場になってきたが、放流量を増やすのは容易ではない。渡良瀬漁協では、徹底的なコストカットによって放流経費に回せる割合を増やしてきた。公示のデザインを業者に頼まず自分たちでつくったり、放流などの漁協の活動に対する出役をすべてをボランティアとしてゼロ予算にしたりと、小さな部分までコストカットを続けて、収入の8割を放流経費に回している年もあるほどである。入漁券の販売手数料で1割以上はなくなること、券自体の作成や漁協の運営費もかかることを考えると、驚異的な割合である。

常に釣り人がいる川づくり

次に、放流ポイントにヤマメ成魚放流を実施することで、ヤマメ釣りの釣り人が川に入るようになった。これによって、わざわざ追い払いを実施しなくてもカワウが飛来しづらくなってきたのである。また、近年では冬期にニジマスを放流するようになり、1年を通して川に釣り人がいて、さらにカワウが飛来しづらい漁場になっている。

このことはカワウ対策だけでなく、漁協の経営的にもプラスになっている。年中釣りができるので、年券の購入時期が早くなり、アユ不漁年でも年券の落ち込みが少なくなるのである。逆に、アユだけの漁場だと、解禁間近になってから河川状況を見て年券を買うという人が多くなる。このため、アユ放流からお金の回収までが遅くなり、状況次第では買わないという人も多くなるのである。

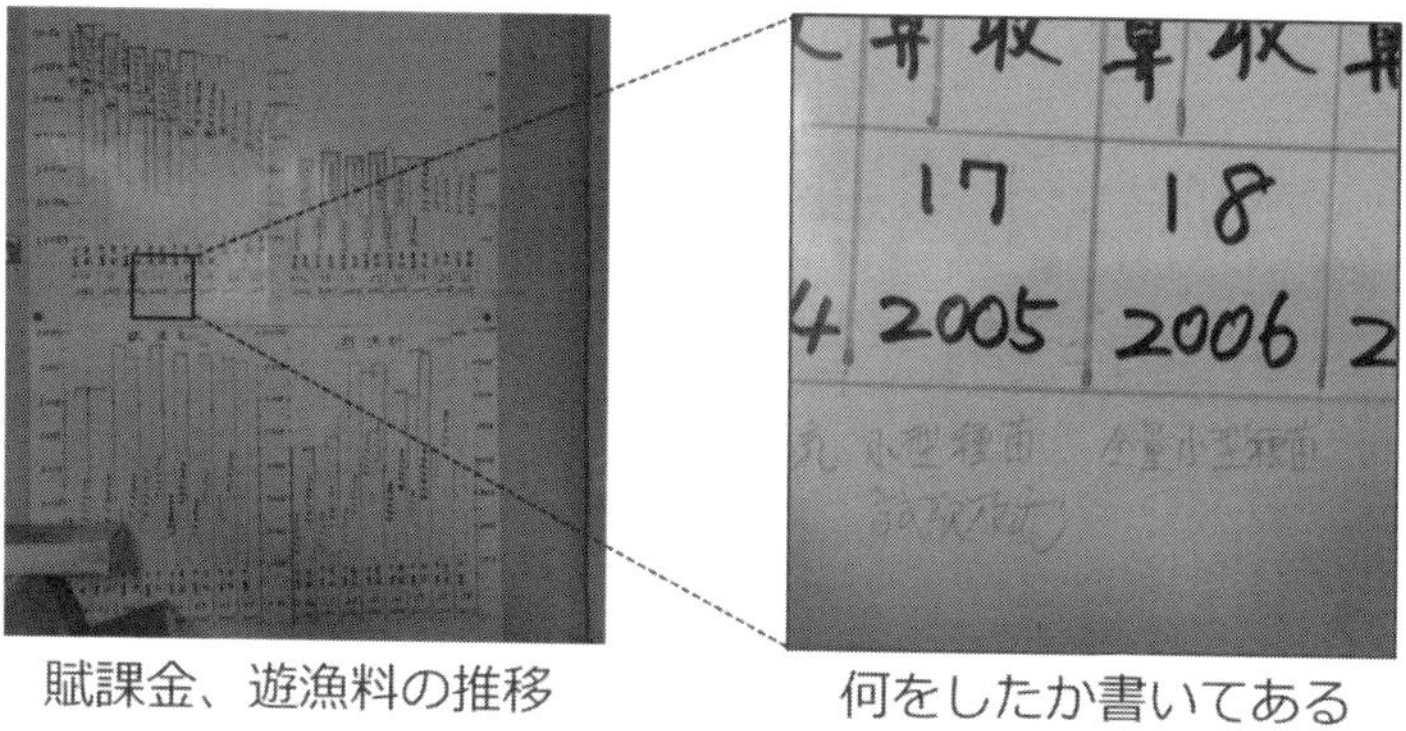

図 3-24　渡良瀬漁協の手書きグラフ。その年の予算と収入、何を変えたかが書いてある貴重な資料

冷水病対策

無病の人工種苗をなるべくたくさん放流するという戦略をとっているが、それでも解禁前後に冷水病が発生することが多い。ただし、水温が高い（6月上旬の解禁日で23℃以上あることがほとんど）こともあって、冷水病が治まるのも比較的早い。とにかく、ある程度の減耗は覚悟して放流尾数を増やそうとしており、2gや3gという小型種苗を放流した年もある。

漁協事務所に貼られた手書きグラフ

「アユ放流は水商売、一生懸命やって今年は最高だと思っていても増水1発でだめになることもある。4年に1回くらい良い年があれば御の字」というのが山野井氏の放流哲学である。これを支えるのが、漁協事務所に貼られた手書きグラフである（図3-24）。ここには、その年の予算と収入、何を変えたかが書いてある。予算に対してどこまで回収できたかを日々見ながら漁協を運営し、一方で過去を振り返って、毎年の凸凹はあるけれど小型種苗に変えて以降どうなってきたかなどのトレンドを判断することができるのである。

西大芦漁協、渡良瀬漁協のように、釣れる漁場をつくっている漁協では、その年の漁場の状況を丁寧に観察し、これまでのトレンドを踏まえて判断している。また、それが組合員にとっても見えるようになっているのである。何をもとにどういう判断をしたのか、それが良かったのか悪かったのか、アユ放流漁場運営を見える化することが、放流効果を高めて負のスパイラルから脱出することにつながっている。

第4章　アユvs冷水病、カワウ

〔坪井〕

1　冷水病研究最前線

抜本的な解決策は見つかっていないが、冷水病というアユの大敵について、最近明らかになった新たな知見をご紹介したい。これまで冷水病の侵入経路は、東北地方のギンザケ養殖から、というのが定説であった。しかし、近畿大学の永田恵里奈さんの最新の研究で、冷水病菌はニジマス型、ギンザケ型、アユ型とコイ型という4つの型に分かれていることが明らかになった（図4-1）。

アユ型の冷水病菌は、ニジマス型やギンザケ型の冷水病菌とは全く異なるグループであるというのだ。アユ型がどこから来たのか、まだ解明されてはいない。しかし、われわれが戦うべき相手はどの冷水病菌なのか、どんな戦い方をすべきかを理解できれば、有効な対策を講じることが可能になると期待されている。

現在でも全国で冷水病によるアユの死亡は確認されている。2007年から2019年まで、高知県の占部敦史さん（図4-2）が県内全域の複数河川で、死んだアユを拾いまくり、冷水病菌を28株分離した。

コロナ禍ですっかりおなじみとなったPCRなど先端技術を用いて28タイプの遺伝子型を特定した。

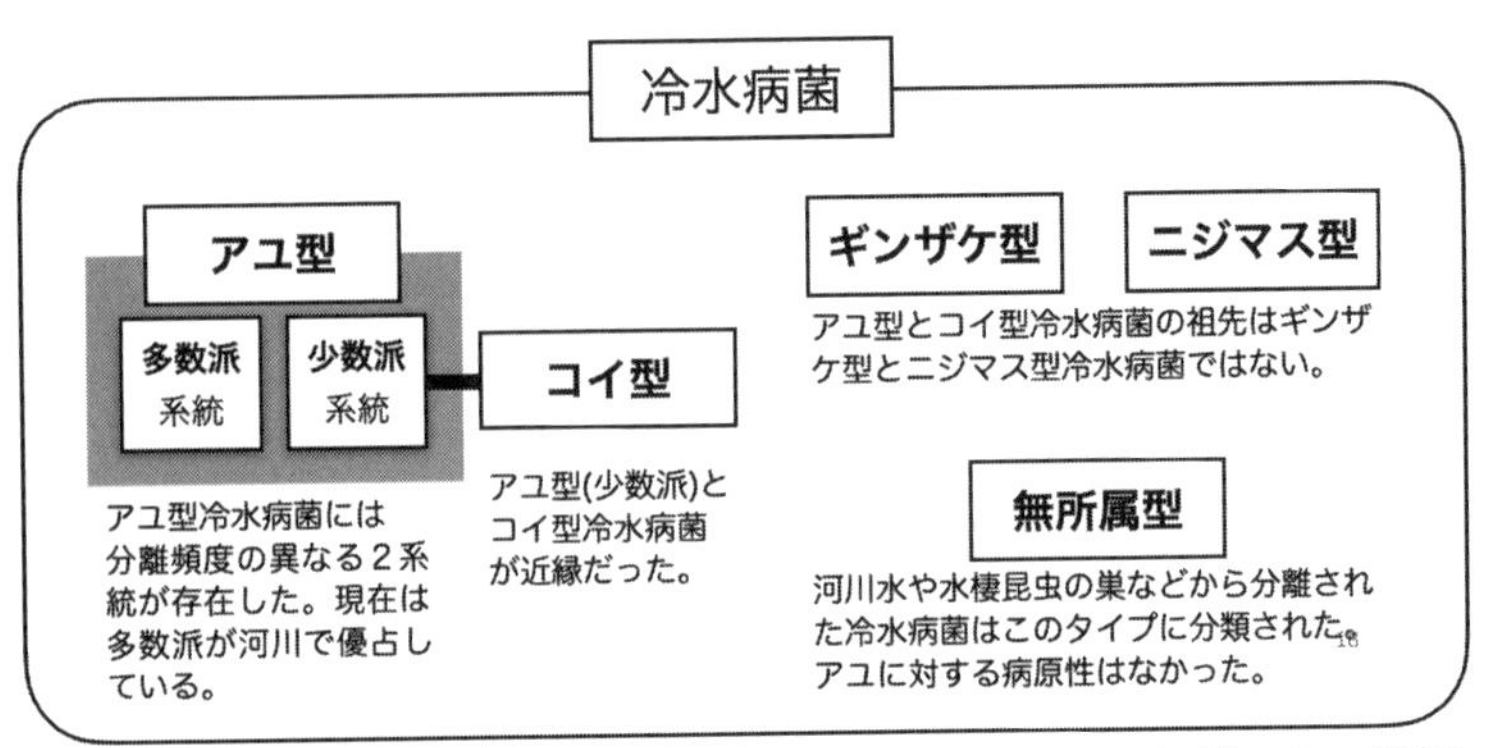

図4-1　冷水病菌の4つの型（永田恵里奈さん作成）。アユに対する病原性のない「無所属型」をのぞくと、ニジマス型、ギンザケ型、アユ型とコイ型の4つに分類することができる

2015年以降の死亡魚由来の菌は殆どが〝G-C／A／S／52型〟と名付けられた、たった1つのタイプだった。少なくとも高知県に生息するアユが出会ったことのない変異株であり、かつ、病原性が極めて強いタイプであったことが推察される。アユの進化スピードよりもはるかに速く変異を繰り返す冷水病菌。ほんとにだれかなんとかしてよと、祈りにも似た気持ちになる。

冷水病菌は冬にリセットされる？

アユの冷水病はギンザケから、という都市伝説がどうやら間違いらしい、ということはわかってきたが、もう1つ、冷水病には同じくらい注目されているトピックがある。それは、冷水病菌が冬にいったんリセットされるかどうか問題である。なぜホットなトピックかというと、冷水病菌が冬にリセットされるのであれば、いったん侵入しても、翌年、またクリーンな状態で、アユの放流を行うことができる。一方、リセットされないならば、前のシーズンに大量死がみられた場所への

図4-2　左から、占部敦史さん、筆者、高橋勇夫さん（高橋勇夫さんの書斎前にて）

放流量は減らす、といった冷水病菌にかかるのを前提とした放流計画を練らなくてはならない。

この長年の論争に挑んだのは、なんと高校生だった。岐阜県立岐阜高等学校の生徒さんたちが、岐阜県水産研究所や神戸大学と共同研究を行った。冷水病菌の1年を通した動態を明らかにするために、環境DNAの定量的解析を行った。環境DNAとは、河川水にごく微量含まれる魚や病原菌などの遺伝子をPCRを使って増幅し、対象となる種がいるかいないかを判別する最先端の技術である。場所は長良川と揖斐川で、毎月、河川水を採水して分析した。その結果、残念ながら冬にリセットされないことが明らかになった。アユはいったん冬にいなくなったが、冷水病菌は冬でも存在し続けた。長良川で9箇所中3箇所、揖斐川では7箇所中4箇所で、1年を通して冷水病菌が検出された。しかも、最上流の採水地点である郡上地区では、アユがいない真冬でも、真夏とあまり変わらないほどの冷水病菌由来の

ＤＮＡが検出された。

同様に、琵琶湖の流入河川でも冬に冷水病菌が確認されている。しかし、永田さんが分析を行ったところ、冬に確認された冷水病菌は、アユ型ではなくニジマス型に分類された。ちなみに、先述の高知県での事例でも、占部さんは永田さんと同様の手法によって菌株の特定を行っている。長良川、揖斐川でも、冷水病の型まで分析してみると、もしかしたら冬の冷水病菌はアユ型ではないのかもしれない。今後の分析が待たれる。

現在、冷水病ワクチンの開発は続けられているが、できたとしても医薬品として承認→製造会社で製造・販売と、現場で使用するまでには長い道のりが待ち受けている。多額の予算も必要となってくる。ワクチン開発にも期待するとして、現在、近畿大学の永田さんたちの研究グループが力を入れているのが冷水病の予防である。病原菌の増殖を阻害する有用細菌を、様々なところから分離し、病気の予防に役立てようというわけだ。治療薬ではなく微生物を活用した新しい病気の予防方法を確立することで、冷水病が過去の病気になれば、と永田さんは意気込んでいる。

筆者なりに近年の研究成果を解釈すると、産卵期の晩期化が進む現代のアユでは、産卵後の死魚から、冷水病菌が環境水中に放出され、それが早くに遡上した個体に感染している可能性もあるし、他魚種がキャリアとなっていることも十分に考えられる。しかし、釣り場づくりを行っている漁協としては、「一度入ったらおしまい、あとは何を放してもＯＫ」ということにはならないと思う。できる限り無菌のアユ種苗を放して、強毒性の菌株の侵入を、そして冷水病で大量死するリスクを減じていくことが大切だと信じている。

文献

Fujiwara-Nagata E., Ikeda J., Sugahara K. Eguchi M. 2012. A novel genotyping technique for distinguishing between *Flavobacterium psychrophilum* isolates virulent and avirulent to ayu, *Plecoglossus altivelis altivelis* (Temminck & Schlegel). *Journal of Fish Diseases* 35, 471-480.

Fujiwara-Nagata E., Chantry-Darmon C., Bernardet J.F. Eguchi M., Duchaud E., Nicolas P. 2013. Population structure of the fish pathogen *Flavobacterium psychrophilum* at whole-country and model river levels in Japan. *Veterinary Research* 44, 34. https://doi.org/10.1186/1297-9716-44-34

Fujiwara-Nagata E., Shindoh Y., Yamamoto M., Okamura T., Takegami K., Eguchi M. 2019. Distribution of *Flavobacterium psychrophilum* and its *gyrA* genotypes in a river. *Fisheries Science* 85, 913–923. https://doi.org/10.1007/s12562-019-01355-7

占部敦・長岩理央・今城雅之・永田恵里奈　２０２１　高知県の河川で分離されたアユ細菌性冷水病菌の遺伝子型判別　日本水産学会誌87（１）：31–39　https://doi.org/10.2331/suisan.20-00022

Tenma H., Tsunekawa K., Fujiyoshi R. Takai H., Hirose M., Masai N., Sumi K., Takihana Y., Yanagisawa S., Tsuchida K., Ohara K., Jo T., Takagi M., Ota A., Iwata H., Yaoi Y., Minamoto T. 2021. Spatiotemporal distribution of *Flavobacterium psychrophilum* and ayu *Plecoglossus altivelis* in rivers revealed by environmental DNA analysis. *Fisheries Science* 87, 321–330. https://doi.org/10.1007/s12562-021-01510-z

2　アユ釣り場での冷水病対策

［高木］

冷水病とは？

冷水病とは*Flavobacterium psychrophilum*という細菌による感染症で、体表の微細な傷から感染し、感染したアユは体表や筋肉中に炎症を起こし、そこからの出血によって失血死することが知られている（Miwa & Nakayasu 2005.）。また、死亡にまで至らなかったとしても、活性低下で釣れなくなってしまう。解禁前後（水温17〜19℃）での発生が多く、水温が20℃を超えてくると症状が治まってきて、また釣れるようになってくることが知られている。これは、水温の上昇に伴って冷水病菌の活性が低下（23℃以上で増殖停止、28℃以上で死滅）することで、アユの免疫機能が冷水病菌を上回ってくるためと考えられる。

昔ほど死ななくなった？

冷水病の発生が無かった年代（1982年から1984年）では、解禁日までの放流アユの残存率は30%から90%の範囲内で通常50%以上とされていたが、冷水病ショック以降、川底がアユの死骸で真っ白になるような急性な大量死亡があちこちの漁場で見られるようになった。これによる正確な被害量はわかっていないが、冷水病が発生した年の千曲川での解禁日までの残存率は、13%（1997年）と37%（1998年）と推定されている。

近年では、川底が真っ白になるような急性な大量死は見られなくなっている。一方で、発症から回復までの期間が長くなり、だらだらと死亡が続く例が多いと感じる。

例えば、2015年の栃木県黒川では、6月13日の解禁から好釣果が続いていたが、冷水病の外患症状を呈したアユの死亡が7月2日から見られるようになった。その後、淵に数尾ずつ死亡魚が見られる状況が7月15日まで続き、日によっては死亡魚が見られるという状況が8月2日まで続いた。解禁前には5万9000尾のアユがいたにもかかわらず、8月6日にはわずか5000尾まで急減していた。この間の釣獲尾数は、1万6000尾と推定されているので、急性な大量死亡が見られなかったにもかかわらず、この1ヶ月間で3万8000尾（放流量の64%）が減耗したことになる。最近は、そんなに死ななくなったよという声をよく聞くが、急性な死亡が見られないからといって被害量が少ないとは限らない。

なぜ、冷水病が発生してしまうのか？

研究は進んできたものの、いまだに河川での発生を防ぐことはできておらず、現在でも、ほぼすべてのアユ漁場で、毎年、冷水病が発生している。

もちろん、冷水病菌を保菌している種苗を放流すれば、冷水病が発生するのは当たり前の話である。逆に、岐阜県水産研究所の原徹さんらの研究によると、無病の種苗、つまり保菌検査で陰性を確認した種苗のみを放流すれば、解禁まではほとんど冷水病は発生しない。

しかし、このような漁場でも解禁すると必ずと言って良いほど冷水病が発生する。これは、オトリ鮎からの感染が主要因となっていると考えられる。1人あたり数尾しか持ち込まないのに、それで感染することなんかあるのかと言われることもあるが、同じく岐阜県水産研究所の大原健一さんらの研究によると冷水病に感染したアユは、1尾あたり10分間で約1万個もの冷水病菌を排出することがわかっている（図4-3）。また、栃木県の放流河川で調べたところ、解禁日ですら約14％の釣り人は漁協管外からオトリアユを持ち込んでおり、他の河川で釣ったアユを持ち込んでいる釣り人もいた。こうなると、解禁後の冷水病発生は覚悟せざるを得ない。実際に、２０１７年の栃木県では、解禁日に冷水病が発生していなかった河川でも、その後、平均17日（範囲９〜30日）で冷水病の発生がみられた。

一方で、無病の種苗を放流していても、解禁前に冷水病が発生してしまうこともあり、特に大河川では、このパターンが多いと感じる。保菌検査で陰性を確認していても、保菌している可能性は確率的にはゼロではなく、大河川では放流量が多いことから、検査していても冷水病菌を保菌している種苗が混じってしまうリスクが高いのかもしれない。

また、環境ＤＮＡ解析を用いて長良川・揖斐川におけるアユと冷水病菌の分布を明らかにした最新の研究では、アユは遡上期や産卵期に冷水病菌に感染しており、産卵期には親から子への垂直感染も起こっている可能性があることが指摘されている。つまり、海産天然遡上アユは遡上してきた時点ですでに感染している可能性があり、そこから放流アユへと感染が広まっている可能性もある。さらに、アユが川からいなくなる冬にも河川水から冷水病菌が検出されることから、冬にはアユ以外の魚あるいは他の生物がキャリアとなって冷水病菌を保持している可能性もある。

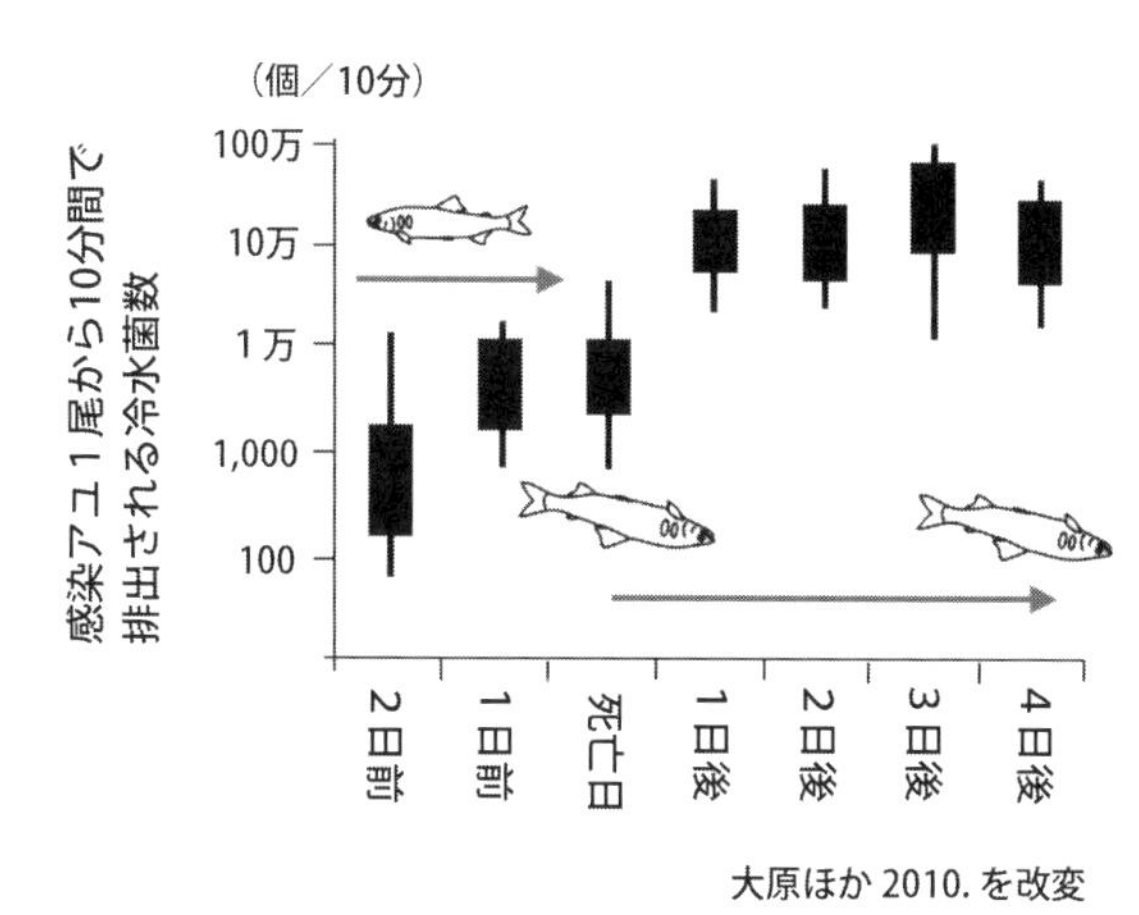

図 4-3　冷水病に感染したアユは１尾あたり 10 分間で約１万個もの冷水病菌を排出する。縦軸の菌数は対数であり、川底で死んだ後も、天文学的な数の冷水病菌が放出されることを意味する

冷水病被害を減らすには？

冷水病発生をゼロにするのは困難である。したがって、冷水病被害を軽減するためには、冷水病の発生をなるべく遅らせること、冷水病に強い種苗を放流することが重要である。

前者の対策としては、河川に持ち込まれる冷水病菌をなるべく少なくすること、つまり、保菌検査で陰性を確認した種苗を放流し、オトリ屋さんでも陰性を確認したオトリを入荷、販売することである。もちろん釣り人も、他河川や地域外からのオトリの持ち込みを慎むべきである。

後者の対策を難しくする要因として、同じアユ型の冷水病でもタイプがたくさんあり、年々、新しいタイプが生まれていることがあげられる。実際に、琵琶湖産系をよく殺すタイプもあれば、海産系をよく殺すタイプもあるのである。つまり、いつでもどこでもこれが最強という種苗はなく、今年発生した冷水病にはこの種苗が一番強かったと後からはわかるが、それを事前に予想して放流種苗を選ぶことは難しいのである。
実際に行われている種苗選択としては、以下の3つである。
①地場産の海産系種苗を放流する
海産天然遡上はその川で発生した冷水病に強かった個体が産卵し、その子どもが遡上してくる。したがって、それを親魚にして生産した地場産の海産系種苗は、その川の冷水病に対して強いことが期待できる。ただし、あまり継代を続けると、種苗の遺伝的な多様性が低下したり、発生する冷水病タイプが変化したりしてくる可能性が高まってくるので、F2くらいまでで継代をやめる場合が多い。放流サイズを小型化できるので尾数を多く放流できる、比較的漁期が長いといったメリットがある。
②加温処理済みの琵琶湖産種苗を放流する
追いの良さや鱗のきめ細かさなど姿形の良さもあり、やはり琵琶湖産を放流したいという漁場も多い。ただし、加温処理の都合上、放流サイズの小型化は難しく、放流単価は高くなりがちである。琵琶湖産種苗での放流戦略は第3章「放流魚としての琵琶湖産アユ」をご覧頂きたい。
③前年度の結果を踏まえて選択した人工種苗を放流する
海産系、琵琶湖産系、ダム湖系など、多様な人工種苗があるので、うまくはまればよく釣れるアユをたくさん放流する（放流サイズの小型化可能）ことができる。ただし、前年度の結果をきちんと評価して種苗を選択していくことが必要である（図4-4）。

傾向としては、大河川かつ漁期が長く確保できる漁場では①、中小河川で漁期が短い場合には②や

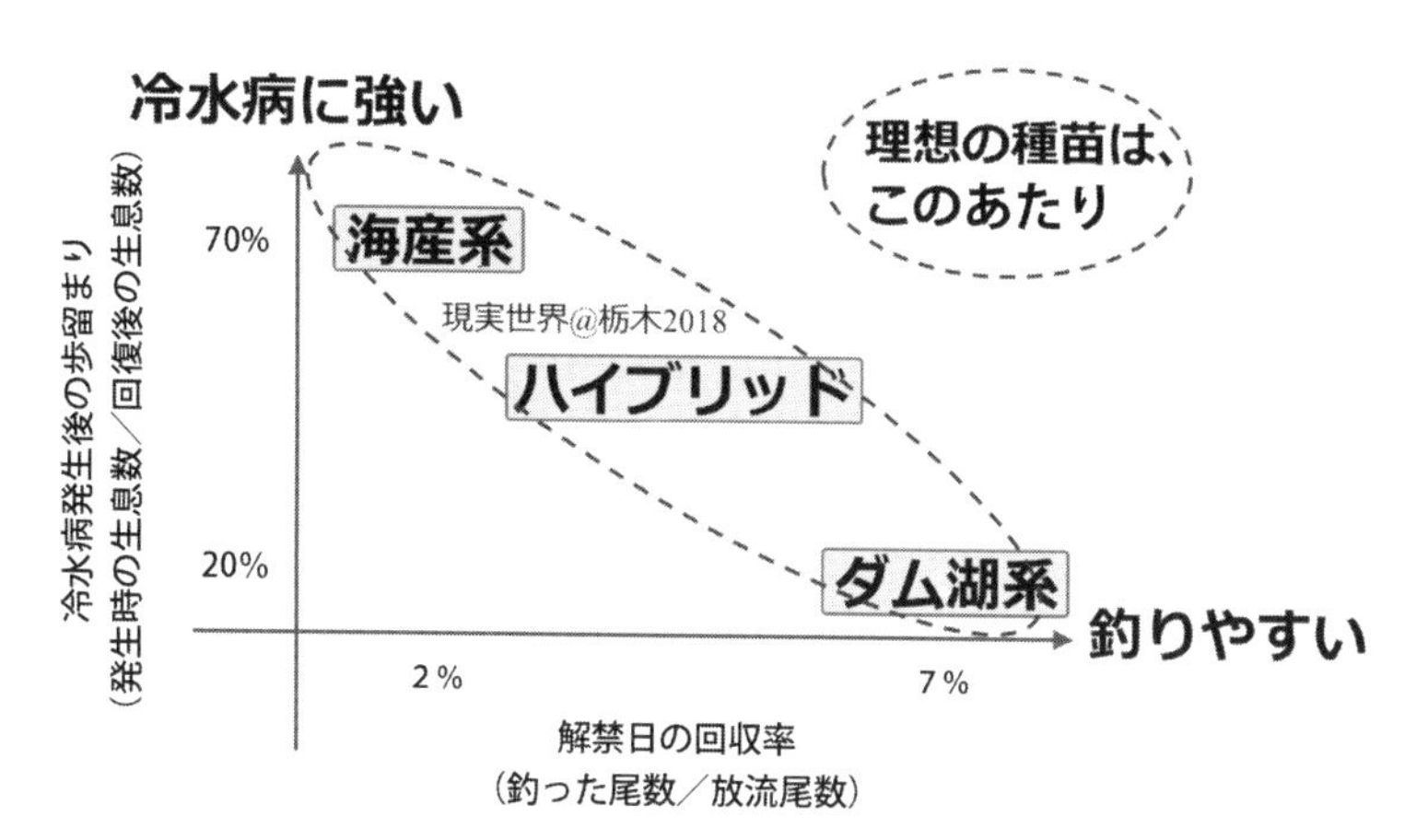

図4-4　2018年の栃木県での種苗の評価。種苗の系統を選ぶ際、冷水病に対する耐性も加味する必要がある

③でうまくいっていることが多いと感じる。いずれにせよ、○○だから釣れる、○○だから釣れないと思い込まずに、年券者1人あたりに何尾を放流できるか、解禁日の回収率がどれくらい出ているかを確認しながら種苗を選択していくことが重要である。

文献

S.Miwa and C.Nakayasu (2005) Pathogenesis of experimentally induced bacterial cold water disease in ayu Plecoglossus altivelis. Diseases of Aquatic Organisms

3　アユの天敵カワウ研究最前線

［坪井］

筆者はカワウ対策に古くから携わり、対策マニュアルを多数作成してきた。最近はドローンを活用したカワウ対策についても、積極的に技術開発を行っている（図4-5）。

ただ、カワウ対策で大切なことは、野放しにしないことである。もう少し雑な言い方をすると、何らかの対策をやっていれば、それほどやりこまれることはない。

では、なぜ、これほどまでに、カワウがアユの脅威だと騒がれるかというと、春、アユの放流時期とカワウの繁殖期がもろに重なるからだ（図4-6）。

最近、水産庁のプロジェクト研究の一環として、カワウにGPSロガーを装着して行動を追跡している（図4-7）。

フライトレコーダー

5分に1点が記録される、まさにフライトレコーダーが、カワウの捕食行動について、とても興味深いことをたくさん教えてくれる。そんな良い方法があるならもっと早くやれば良かったのに、という声が聞こえてきそうだが、カワウのバイオロギングが手軽にできるようになったのはつい最近のことだ。少し技術的なことを話すと、バイオテレメトリーとかバイオロギングとか呼ばれる手法は古くからあった。実際、2009年に、山梨県の繁殖コロニーでカワウにGPSロガーを装着しようと

図 4-5　ドローンでカワウ対策をするためのマニュアル

チャレンジしたことがあった。当時のGPSロガーは測位した位置を記録するだけのものだった。つまり、鳥に装着するときと、ロガーを鳥から外してデータを吸い出すときの計2回、捕獲する必要があった。極論、2回目は銃器捕獲でも良いが、ロガーに弾が当たると元も子もない。また、巣立ち前のヒナに装着しても、巣立って自力で餌を採りに行くまでバッテリーが持たない、という欠点があった。そうなると、ヒナではない同じ個体を2度、生け捕りするしかなくなってくる。今思うと、明らかにハードルが高すぎるチャレンジだった。4月、山梨県水産技術センターで飼育したとびっきり新鮮なアユ稚魚を氷締めし、クーラーに入れカワウのコロニーに運んだ。アユの口に麻酔薬のカプセルを押しこみ、巣内の卵の上に安置した（図4-8）。

そうすると親が戻ってきて、3割くらいの確率で食べてくれた。10巣にアユを置けば3羽の捕獲が可能になるため、装着までは楽勝だった。しかし、試練はここからだ。装着2週間でバッテリーが切れるため、半月後に、この3羽にもう一度、麻酔入りのアユを食べてもらわなくてはならな

図4-6　春、カワウの巣の中に吐き戻された稚アユ

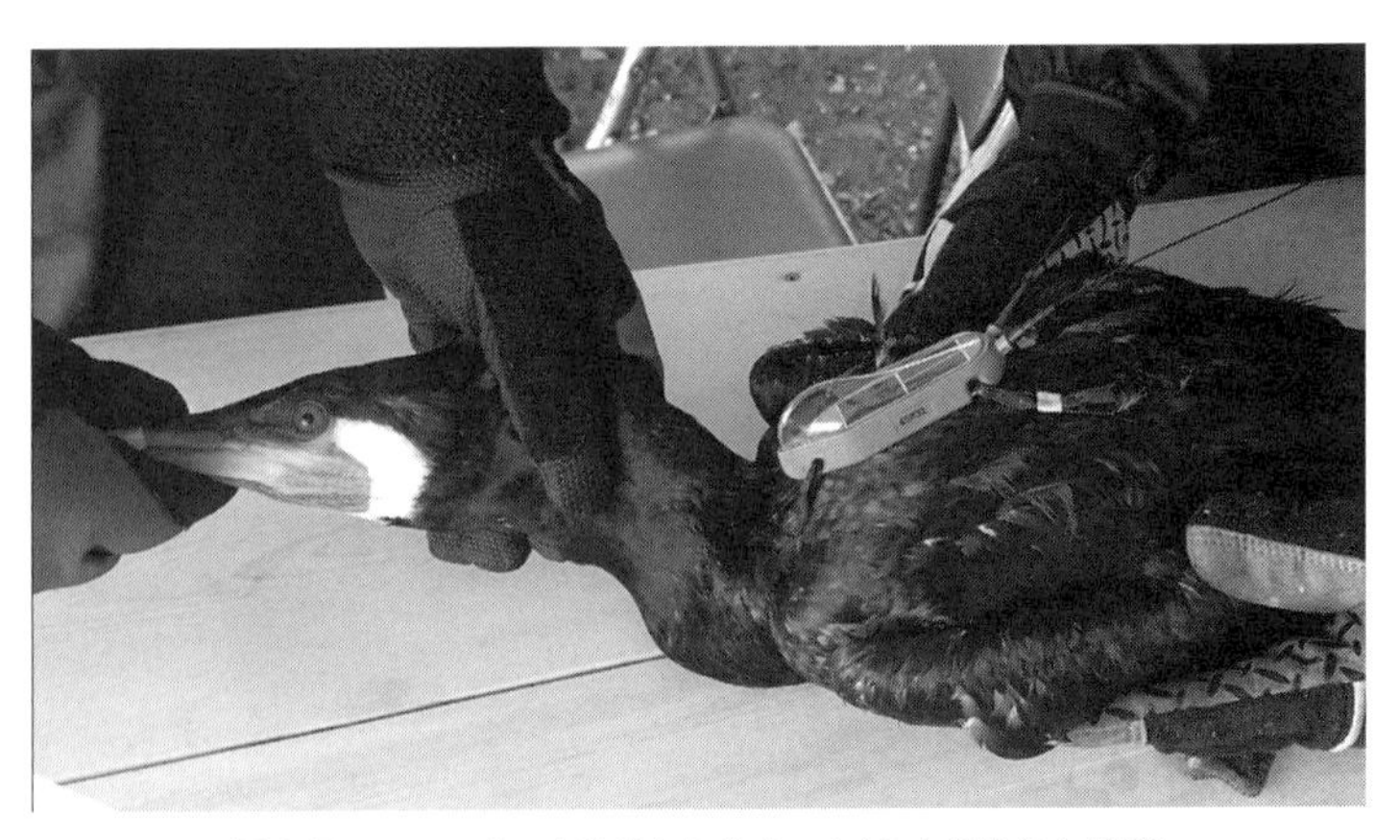

図4-7　GPSロガーを装着されたカワウ（丸山拓也さん撮影）

い。元来、頭の良い鳥が、そんな2度も同じヤバそうな餌を食べてくれるはずがない。しかも、カワウは両親が抱卵、子育てをするため、もう片方の親鳥が麻酔薬入りアユを食べてしまう可能性がある。というか、学習能力が高いカワウでは、むしろ標識個体の相方が食べてしまう可能性のほうが高い。さらに、もたもたしていると、ヒナがふ化してしまい、麻酔アユをヒナが食べてしまう。というわけで、このときは、奇跡的にGPSロガーが勝手に外れて、巣の下に落ちていたもののみからデータが得られた。たった1羽のデータではあるが、トビのように上昇気流に乗って旋回しながら高度を上げ、本栖湖まで行って採食していたという驚きの成果が得られた。ちなみに、本栖湖には現在も琵琶湖産アユが自然繁殖している（図4‐9）。

しかも、本栖湖では初夏から接岸が始まり秋まで繁殖期がだらだらと続く。カワウは基本的にはそのとき獲りやすい魚を食べているが、やはりアユが大好物であると、このとき痛感した。

昔の苦労話が長くなってしまったが、現在のGPSロガーは測位したデータを発信することができる。カワウはとにかく群れる習性が強いため、集団で夜を過ごし（ねぐら）、春になると集団で繁殖する（コロニー）（図4‐10）。

近隣のねぐらやコロニーで受信機をかざせば、データが容易に取得できてしまう。図4‐7のロガーを長岡技術科学大学の山本麻希さんから紹介されたときは、いたく感動した。1個25万円程度という大変高価なロガーではあるが、カワウの時空間的な移動が高解像度で明らかになることは、今後のカワウ対策にも大きく役立つ貴重な情報となる。さらにこのロガーのすごいところはソーラーパネルが内蔵されており、半永久的に、というと言いすぎだが、1年以上の使用が可能であることが、こ

図4-8　麻酔薬を口にいっぱい詰め込まれた超新鮮なアユをカワウの巣内に置く

図4-9　栖湖のアユ（名倉楯さん撮影）

れまでの実績で明らかになっている。カワウは潜水に特化した鳥のため、羽が吸水性である。そのため、羽を広げて天日乾燥する時間が必要となり、このときがロガーの貴重な充電時間となる。めちゃくちゃGPSロガー向きの鳥なのだ。これで季節移動のような長距離移動の追跡も可能となった。とにかく、技術革新のおかげで1度の捕獲で済むようになったことは大変ありがたい。

カワウを釣る

GPSロガープロジェクトの実働部隊は、長岡技術科学大学の丸山拓也さん。長期研修プログラムで、筆者の所属する水産研究・教育機構日光庁舎に滞在し、手探りで研究プロジェクトが始まった。このロガーのおかげで、捕獲を繁殖期真っ盛りのコロニーで実施する必要がなくなったため、時間、場所ともに縛りから解放されたことになる。であれば、アユ放流場所に飛来する「被害を与えるカワウ」を生け捕りして、その個体が滞在しているねぐらやコロニーを逆探知しようという作戦を思いついたのが、栃木県水産試験場の武田維倫さんだ。カワウの採食場所での生け捕りには、釣り鈎(ばり)を使う。もちろん、都道府県の許可が必要ではあるが、人口集中地区や道路や建物の周辺など、銃器を使用できない場所でも実施可能である。カワウ釣りの仕掛けは図4-11のとおりで、餌には生きたアユ、ヤマメ、ニジマスなどを使う。

背中に釣り鈎をチョン掛けするだけでは、カワウに引きちぎられてしまうため、ぬいぐるみを縫うときに使う長い針を使って、背びれ直下に通し刺しにする。そして引きが非常に強い青物を釣るときに用いるクッションリーダーと結び、最後は杭やペグなどに固定してセット完了となる。この手法は、

図4-10　繁殖期のカワウ（山梨県甲府市）。保温性の高いビニールなど人工物も巣材として積極的に活用する

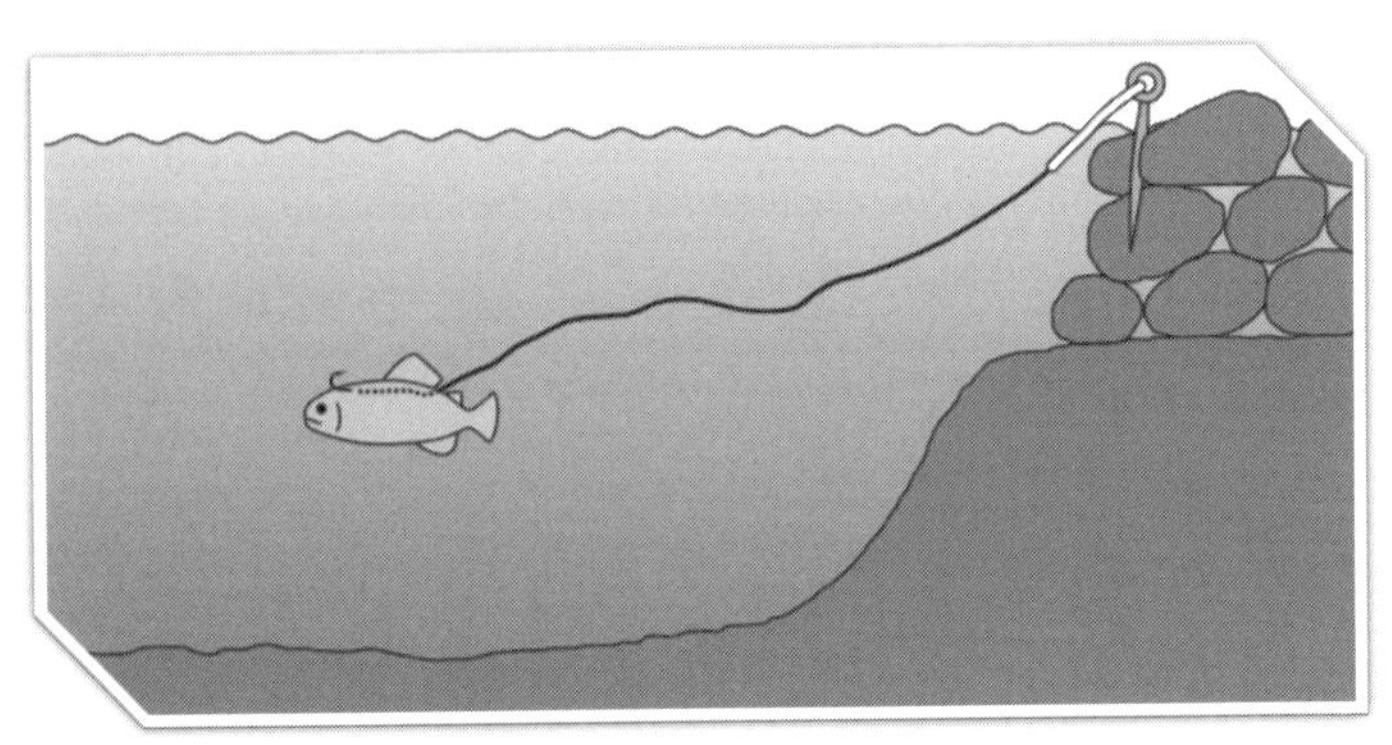

図4-11　カワウ釣り仕掛け

実は20年ほど前から東京都の秋川漁協で行われていた手法で、筆者がそのやり方を教えていただき、カワウの対策マニュアルとして紹介してきたものである。いわば、とっくの昔に完成されていたカワウ捕獲手法であるが、ここへきて脚光を浴びているというのは何とも不思議で、とても嬉しい話である。

長岡技大、栃木水試、筆者の所属する水研と、なんだか桃太郎のように、どんどん仲間が増えていったGPSロガープロジェクトだが、フィールド選びが最重要であることは言うまでもない。カワウ釣りは前夜仕掛けて、早朝から捕獲場所を見張っておかなければならないからだ。しかも、近隣に繁殖コロニーがあり、カワウ被害対策に尽力している漁協となると鬼怒川漁協一択である。高木優也さんはいつも言う「鬼怒川漁協は漁協道を究めている」。鬼怒川漁協は「詰め所」と呼ばれる期間限定のオトリ屋さんを所有している。所有というよりは、毎年、理事の1人である渡邊立美さん率いる関係者が建ててしまう（国交省の認可済）（図4-12）。

筆者はこの詰め所に男の浪漫を感じていて、たまらなく好きだ。アユ釣り好きなら、アユ釣り場の目の前に家が欲しいと一度は思うはず（?）。この詰め所を起点にして、渡邊さんの卓越したフィールドワーク、観察眼、釣技により、カワウが捕獲されてきた（図4-13）。

ちなみに、ご本人の名誉のために書いておくが、渡邊さんはヤマメの本流釣りを確立した人であり、岐阜県益田川の名手、天野勝利さんとも親交が深い。もちろんアユ釣りも名人クラスで、まさに川釣りのレジェンドだ。渡邊さんにかかれば、カワウ釣りもお手の物。捕獲後のハンドリングも見事で、1人でカワウを取り込み、羽を折ることなく、スムーズに麻袋に入れて回収してしまう。そして筆者

図4-12　鬼怒川漁協の詰め所。「生涯現役」の看板に説得力がみなぎる

のケータイが鳴り、現場に急行するといった具合だ。

放流アユで子育てをする

こうして、複数個体に装着されたGPSロガーから本当に貴重な情報が得られつつある。例えば、2021年4月に鬼怒川で釣り鈎捕獲されGPSロガーを装着された成鳥は、子育てのために繁殖コロニーと鬼怒川を頻繁に往来していることがわかった（図4-14）。

さらに興味深いのは、鬼怒川での採食地点の最上流地点が、アユ放流の最上流地点と一致していることだ。これは、とにもかくにも、子育てに放流直後のアユが高度に利用されていることにほかならない。そして、繁殖期が過ぎると、子育てのためにピストン輸送する必要がなくなり、だんだんと採食範囲が広がっていくことも明らかになった。似たような事例で、山梨県でのカワウの飛来数調査では、アユの放流が始まると、それまで溜池や「セギ」と呼ばれる小水路で採食していたカワウたちが、富士川本流や笛吹川、釜無川へと採

図 4-13　ロガーを装着されたカワウを放鳥する渡邊さん（左）と筆者

食地をシフトさせることが、当時筑波大に所属していた熊田那央さんの研究で明らかになっている。これらの研究結果を併せて考えると、養殖されたアユがカワウに食べられやすいのは放流直後で、彼らが河川全体に散っていくまで、カワウから守ってあげればいいことになる。そういった意味では、養殖アユを川に放すときは分散放流ではなく、カワウ対策を実施しやすい場所や、カワウの飛来を目視しやすい開けた場所に絞って放流するというのも、費用対効果を向上させることに寄与すると考えられる。

堰の直下は要注意

ここまで放流アユの食害にスポットを当ててきたが、天然アユも油断はできない。堰にプレミアムな魚道が設置されて

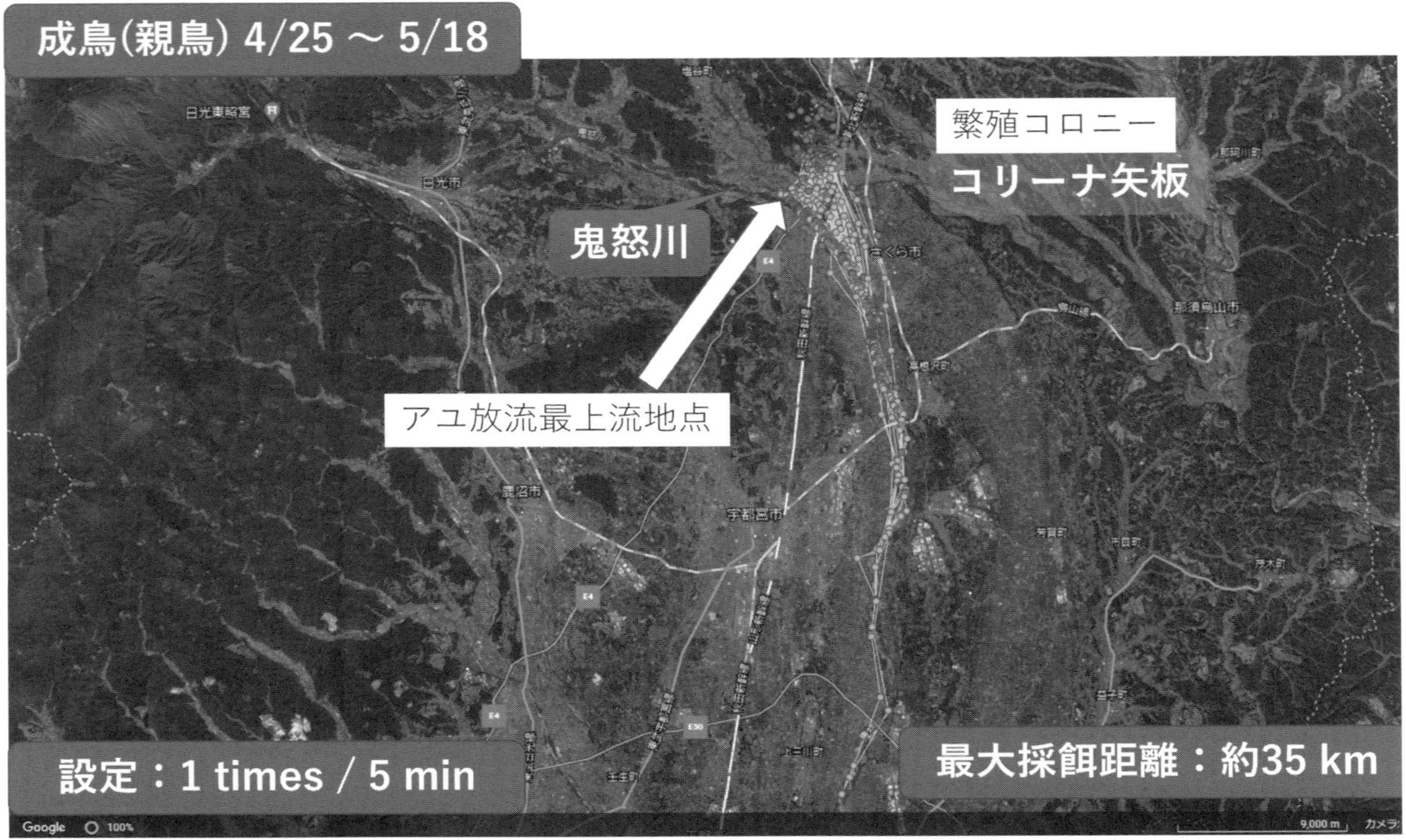

図 4-14　GPS ロガーによるカワウの飛来ルート（丸山拓也氏提供）。5 分に 1 地点がプロットされた、まさにフライトレコーダー

図 4-15　魚道の直下や魚道の中で採食するカワウやサギ類

いても、遡上してきたアユは、いったんストップし、多くの個体が堰の直下に溜まってしまう。鵜の目鷹の目、カワウがそれを見逃すはずがない。また、魚道にはダイサギ、アオサギなどのサギ類が並ぶ。長岡技術科学大学の新竹政仁さんがドローンを駆使してカワウの採食行動を研究した事例では、信濃川水系では、堰直下にカワウやサギ類が集中分布しており、堰直下だけでなく、魚道の中で採食していることが明らかになった（図４－15）。

ハーフコーン型、アイスハーバー式、台形魚道などは、魚道内の各コンパートメントに緩流帯が常にできる構造になっており、稚魚たちの居心地が良いらしく、つい長居してしまうのかもしれない。そこをカワウやサギ類に狙われてしまうのだ。堰直下や魚道内にはテグスを張るなど、しっかり対策を行うことが重要である。黒色の目立たないテグスを使うと、どこにテグスが張ってあるか学習できないため、より効果的である。ちなみに、岐阜の銘菓「しらさぎ物語」だが、実はシ

図4-16　カワウとサギ類の共同採食。カワウが魚を水中から浅瀬に追い込み、岸際のサギ類と挟み撃ちし魚群を一網打尽にする

ラサギという標準和名の鳥は存在しない。シラサギと呼びたくなった時、その対象はたいていはダイサギかコサギである。カワウ対策検討会などに出席すると、愛鳥家、環境アセスの鳥に詳しい方と同席することが多い。ここで、「シラサギ」などと発すると、「ど素人が……」と思われ、話を聴いてもらえなくなる。私は、鳥害対策を語るときはシラサギ→ダイサギと脳内変換してから発言するよう気を付けている。

カワウとサギ類の共同採食

先ほど、対策をある程度していれば、カワウは脅威ではない、と書いたが、1つだけ注意しなければならない、というか、われわれ水産関係者が見つけたら緊急対応しなければならない案件がある。それは、カワウとサギ類の共同採食だ（図4－16）。

アユ釣りのトップトーナメンター瀬田匡志さんは、地元の鳥取県日野川ではカワウとサギ類がＪＶ（合同企業体）を組んで漁をすると、アユの食害が深刻化すると指摘する。

サギ類は潜水することができないので岸際に立って餌を探したり、餌が来るのを待ち構えたりする。カワウはご存知のとおり、足に水かきがあり、泳ぎが上手い。放流直後、群れるアユをカワウの集団が岸際に追い込み、サギ類と挟み撃ちする。こうなると、まさに一網打尽で、アユの放流効果が大きく低下してしまう。黒い鳥と白い鳥がセットでいるのを目撃したら、大声を出す、（周囲の安全を確認して）石を投げる、持っていればロケット花火をあげるなどの緊急対応後、漁協に一報入れていただけると、被害防除だけでなく漁協関係者の意識向上が図られることと思う。漁協や釣り人など、関係者みんなでアユを守っていきたい。

文献

Kumada N. Arima T. Tsuboi J. Ashizawa A. Fujioka M. 2013. The multi-scale aggregative response of cormorants to the mass stocking of fish in rivers. *Fisheries Research* 137, 81-87. https://doi.org/10.1016/j.fishres.2012.09.005

4　アユ釣り場でのカワウ対策

［高木］

カワウは、１９７０年代前後の高度経済成長の時代に全国で３０００羽以下にまで減少した。主要な捕食場所である内湾の埋め立てや水質汚濁などの進行による採餌環境の悪化に加え、ダイオキシン類などの化学物質汚染の影響によって繁殖が低下した可能性も指摘されている。その後、１９８０年代に入ると生息数が急激に回復し、２０１４年時点では全国に12万羽程度いると見られている。

カワウ１羽は、１日に５００gの魚類を捕食する。つまり、10羽のカワウが漁場に飛来すれば１日５kg、１００羽のカワウなら１日50kgの魚類が捕食されてしまう。また、年間で考えると１羽で１８３kg、１００羽で18・３トン、１０００羽で１８３トンとなる。

これが多いか少ないかは、人間の漁獲量とのバランスの問題である。例えば、栃木県では２０１６年のカワウの捕食量と人間の漁獲量が等しかった（漁獲量２７２トン、カワウ捕食量２７２トン――栃木県カワウ管理指針による）。これでは、さすがにカワウの取り分が多すぎるということで、駆除や追い払いといった対策を実施している。

関係者の名誉のために言っておくが、この年は最大生息数の61％（駆除羽数１５７２羽、最大生息数２５８３羽）を駆除しており、その後も毎年１５００羽ほどの駆除を続け、コロニーでの繁殖抑制も実施している。駆除を頑張っているが、県外からの移入も多く、なかなか生息数が減っていかないのである。

このように、単純な捕食量だけでも大変な被害だが、たとえ、食べ尽くされなくても、カワウが飛来する漁場ではアユがおびえて釣れなくなる。カワウが降りにくい橋脚前後にしかハミ跡がない、ハミ跡はあるのにアユの姿が見えない、こういった状況が見られる漁場では、アユがおびえて縄張りを放棄し、群れてしまっている可能性が大である。

つまり、釣れるアユ漁場をつくるには、カワウの生息数を減らすとともに、アユ漁場にカワウを飛来させない工夫が必要である。飛来防止策としては、以下の3つが基本となる。

①アユ漁場の近くのねぐら（夜休む場所）を撤去する

カワウは、ねぐらから20㎞程度までの漁場で捕食することが多いので、アユ漁場の近くにあるねぐらを撤去すると、飛来を減らすことができる。

②テグス張り、追い払いを行う

川幅30ｍくらいまでの中小河川であれば、テグス張りと追い払いによって、カワウの飛来をかなり防ぐことができる（図4-17）。一方で、大河川でのテグス張りや追い払いは非常に大変である。川幅が広くなると簡単にテグスを張ることはできないし、右岸で追い払いをしても左岸のカワウが逃げないことさえある。そこで鬼怒川漁協では、流程8㎞のメイン漁場に毎朝20人ほどの組合員が、それぞれ持ち場を決めて徹底した追い払いを実施している。これぐらいの人手をかけないと、大河川でカワウの飛来を防ぐことはできない。

③常に釣り人がいる漁場づくり

川に人がいれば、カワウは降りてこないので、一番良いカワウ対策は、常に釣り人がいる漁場

図 4-17　大芦川の淵では漁協組合員によってテグスが張られ、カワウの飛来を防いでいる

図 4-18　渡良瀬漁協ではアユ放流ポイントにヤマメ成魚を定期的に放流することで、ヤマメ狙いの釣り人が「人間かかし」となってカワウからアユを守る

をつくることである。面白い例としては、渡良瀬漁協ではアユ放流ポイントにヤマメ成魚を定期的に放流することで、ヤマメ狙いの釣り人が常に川にいるように工夫している（図4-18）。

第5章　天然アユを最大限活用する

1　放流に頼らないアユの増殖――種苗放流を停止した北海道朱太川

［高橋］

アユに漁業権を持つ漁協は、各都道府県の漁場管理委員会から「増殖目標量」等の名称で、漁協ごとの放流量を指示されることが一般的である。そんなことが長く続いているため、漁協にとっては、「増殖＝種苗（稚アユ）を放流する」が当たり前になっている。

しかし、種苗放流にもいくつかのリスクが存在していることが分かってきて、場合によっては放流で得られる利益よりも損失の方が上回ることが予想されるケースもある。本来はそのようなリスク評価をきちんとした上で、増殖方法を決定することが望ましいが、アユの場合、現実的には増殖方法から種苗放流が外されることはまずない。

ところが、放流のリスクが大きいと判断して、種苗放流を停止した川が出てきた。北海道の西南部を流れる朱太川である。

北限のアユを育む朱太川

朱太川は、延長43・5㎞の中規模河川で、黒松内町、寿都町を経て日本海（寿都湾）へ注ぐ。朱太川を特徴づけるものは自然豊かな河川環境（口絵12）で、魚の移動を妨げるような工作物はなく、海から上ってきたアユが源流域まで遡上できる。当たり前と思われるかもしれないが、この規模の河川では今や希有なことである。

北海道固有の個体群の存在

北海道に生息するアユは、本州のアユとは異なった遺伝的な特性を持つ地域グループである（165ページ、図3-12参照）。

朱太川に潜って観察してみると、異常に体高の高いフナのようなアユが時々観察される（口絵13）。本州以南ではこれまで一度も見たことがない体型のアユであり、北海道固有の個体群が存在するというこどが素直に納得できる。短い夏（朱太川でのアユの河川生活期はわずか3ヶ月程度）の間に急成長して繁殖に備えるための適応と推察されるが、それにしても、という体型である。

北限域のアユを守るために――アユを活用しながら守る

朱太川の大部分が流れる黒松内町は、「自然と人の共生」を目指して、自然を活かした地域づくりを30年以上前から進めている。２０１２年3月には全国に先駆けて町の「生物多様性地域戦略」を策定したという先進の土地柄である。

このような地域であるため、他とは違ったアユ資源の保全の方法を提案してみた。メインは、稚アユの放流の中止である。朱太川には本州産の人工アユが放流されていたが、朱太川の地のアユとは遺伝的な特性が異なっている可能性が高い（提案した２０１２年当時には、本州のアユと遺伝的な特性が異なるということはまだ分かっていなかった）。先にも述べたように、もしも、低水温に対する抵抗性――北限域で生き残るために必須の性質――を欠いた種苗が放流され、在来のアユと交雑した場合、朱太川のアユが有していた（はずの）低水温に対する抵抗性が希釈されてしまう危険性がある。このような遺伝的撹乱のリスクを取り去るためには、放流を中止する必要があった。

さらに、本州の種苗を放流することで、冷水病などの疾病を持ち込むリスクもあり、実際、朱太川では年によっては冷水病が発生していた。こうした疾病の常態化を防ぐためにも放流の停止は有効と考えられた。

種苗放流を止めてからの資源動態

朱太川漁協が種苗放流を停止したのが２０１３年。その後のアユの生息量（つまり、天然遡上量）の変化を毎年モニタリングしてきた。まずは、２０１１～２０２２年の12年間の生息数の図５-１を見ていただきたい。２０１７年までの４年間は放流停止前（２０１１～２０１２年）よりも増えたり減ったりを繰り返していたのだが、「資源」という観点から見ると特に大きな変化は起きなかった。

ところが、２０１８年に過去に類を見ないような遡上量の減少が起きた。この理由ははっきりしていた。前年（２０１７年）の秋、アユの産卵のピーク、川底に産み付けられた卵が最も多くなった、まさにそのタイミングを見計らったように台風が北海道近海を通過した。降り始めからの雨量は２００㎜を超え、産卵場のある朱太川の下流部では水位が１・５ｍほど上昇した。それまでに産み付

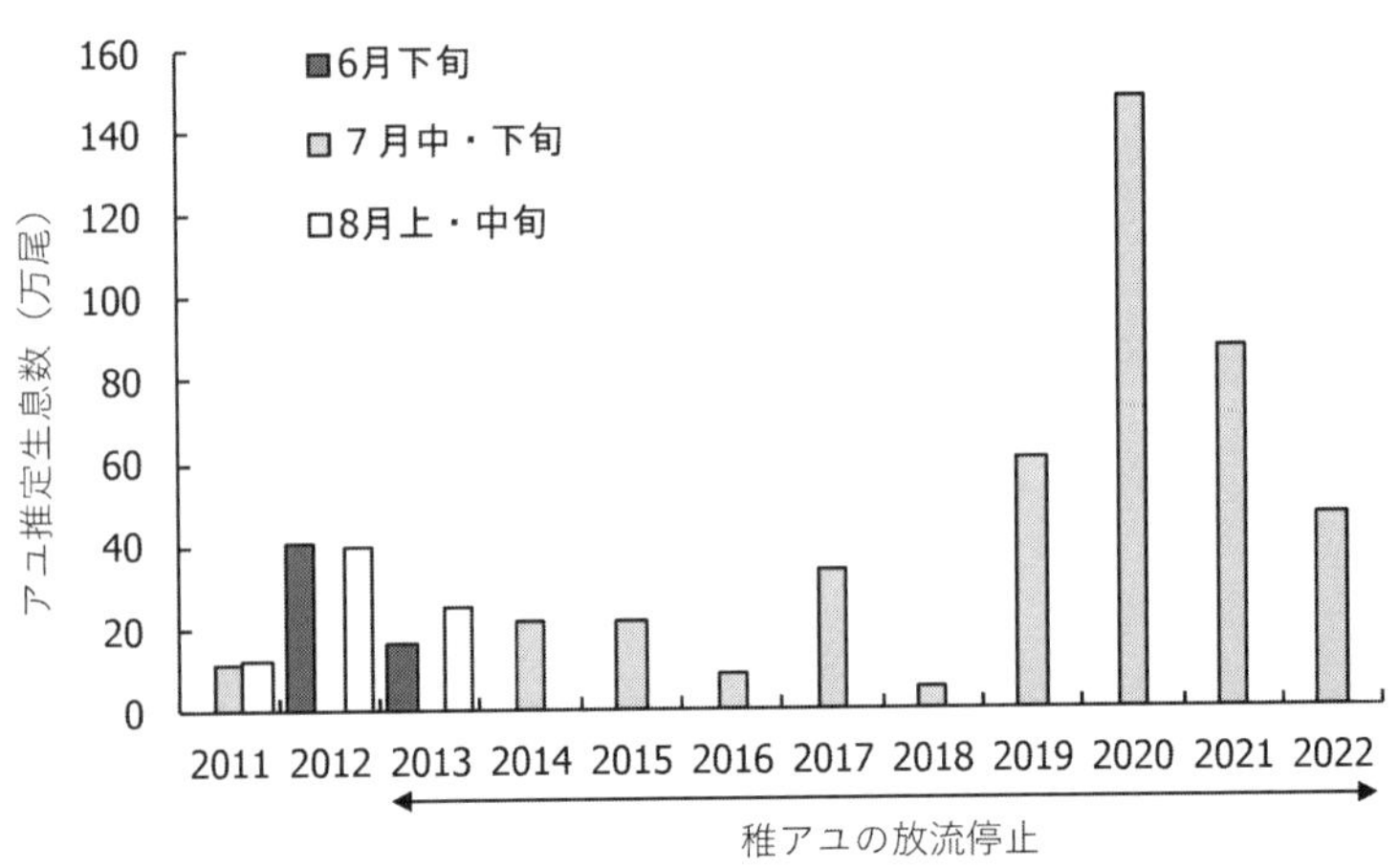

図 5-1　朱太川におけるアユの生息数の経年変化

けられていた卵は、そのほとんどが流失してしまった。天然のみで資源を維持することの厳しさを思い知らされた年でもあった。

資源の回復には相当な時間を要するかと思われたが、意外にもその翌年の２０１９年の生息数は過去最高の61万尾まで一挙に回復した。さらに、２０２０年はダントツの遡上量の多さで、生息数は１４８万尾まで伸びた。解禁当初から豊漁で、シーズン中多くの釣り人が朱太川を訪れた。ただ、困ったことにアユが多すぎて成長が著しく悪い。川の生産力を上回るような生息数となってしまったのである。その後、２０２１〜２０２２年は生息数は減少傾向にはあるものの、放流停止前の資源水準を依然上回っている。

稚アユの放流停止から10年間、生息数はめまぐるしく変化したが、長期的な視点で見ると増加傾向にある。少なくとも、放流無しでもアユ資源を維持・増殖できることは証明できたと考えている。

図 5-2　漁協だけでなく、行政や釣り人も参加して行われる産卵場造成

種苗放流に代わる増殖

ところで、種苗放流を止めたとなると、漁業法で漁協に義務づけられている「増殖義務」はどうなっているの？　という疑問が当然のこととして出てくる。

実は、朱太川漁協では産卵期の親魚を捕獲して、人工的に採卵し、ふ化した仔魚を支川経由で朱太川の下流に流す（放流）という増殖を行っている。サケの増殖方法と同じである。

さらに、一連の調査から産卵環境の悪化が年を追って顕在化していることが明らかになってきたため、２０１７年から産卵場造成も始めた。アユは下流部の小石の浮き石底に卵を産み付けるのだが、朱太川では近年の治水のための改修工事で川幅が広げられ、流れに変化がなくなり、砂泥が溜まりやすくなった。その結果、工事の進捗とともにアユの産卵場は大幅に縮小していったのである。

このような産卵環境の悪化への対応策として、産卵場造成を始めた。この造成には、漁協はもちろんのこと、河川工事を行った北海道の土木部の職員の皆さんも参加してくれている。地元企業、町民、釣り人の参加も年々多くなっており、アユに対する理解を深めるためにもありがたいと考えている。

「野生のアユ100%」の持続的な活用

放流を止めて4年目の2016年に「清流めぐり利き鮎会」でグランプリを獲得した。さらに2019年にも準グランプリを獲得したことで、朱太川のアユの名前が一挙に広まった。アユにはまるで関心がなかった地元の人たちにも、実は素晴らしいアユがいるということが認知され始めている。

今後は、単に保護というのではなく、持続的に利用できる仕組みを作ることで、地域が「得する」ことにつなげたいと思っていたら、地元鮮魚店が郷土料理である鮎のいずしを復活させ、観光協会は川とアユを満喫するツアーを始めた。この他にも地元レストランでのとびきり美味しい天然アユの提供、アユの産卵の観察会等々、具体化できそうなプランは少なくない。ひょっとしたら、このような自然保護の取り組みや自然と調和した暮らしそのものを新たな資源として活用できるかもしれない。

アユを守ることで朱太川の環境が守られ、そのことで地元が潤うようになれば、「持続的」という言葉も現実味を帯びてくるのである。

２　天然アユの経済効果　［坪井］

高木優也さんはじめ、栃木県水産試験場の研究員のみなさんが、那珂川でのアユ釣りの経済効果を、釣り人へのアンケート調査から明らかにした。数字としては、年間13億円と算出された。那珂川はご存知のとおり、放流は行われているものの、釣れるアユの９割以上が天然遡上個体であることが、高木さんの調査でわかっている。つまり、０・９を掛けたとしても、天然アユによる経済効果はどんなに少なく見積もっても10億円以上となる。ほっといても毎年毎年10億円を生み出してくれる川の恵みって、本当にすごいと思ってしまう。

この金額は、基本的には釣り人を対象にしたアンケート調査がベースになっている。釣り人１名あたりの消費額は６６５８円で、これには遊漁料、おとりアユ、仕掛け、氷、宿泊、飲食、お土産、温泉などの施設利用料が含まれている。この金額にアンケート調査を行った２０１６年にアユ釣りに那珂川を訪れた20万人を掛けると13億円となる。ちなみに、これは正式には経済効果ではなく、釣り人の消費総額という表現が正しい。

しかし、栃木水試のみなさんは、ガチの経済波及効果も計算してしまった。ある地域において一定期間に地域内で生産された財貨・サービスの付加価値の総額、と定義されるＧＲＰ（Gross Regional Product の略）を基準にしている。アユ釣りの釣り人によって、ＧＲＰがどれだけ増えたかというＧＲＰ率を算出し、すべてのＧＲＰ増加分を積算して、アユ釣りをする釣り人１名あたりがもたらす利益額を算出した。また、アンケート調査から、釣り人の県内、県外比率や、日帰り、宿泊の比率も考慮して算出したところ、アユ釣りの釣り人がもたらす利益額は、約6億円となった。しかし、これには、移動コストが含まれていない。そこで、移動に伴う経済波及効果を別で算出した。アンケート調査からアユ釣りを目的に那珂川を訪れる釣り人は、平均で106㎞、時間にして2時間45分を費やしていた。トラベルコスト法という手法を使って、経済波及効果を算出したところ、約6・5億円となり、先のGRPベースの6億円と合わせると12・5億円となった。

この値は、さきほど単純計算した消費総額13億円とほぼ同額である。水産資源学の分野では、2通りの別の推定手法を用いて、似たような値が得られると、もっともらしさがぐっと増すとされる。そのため那珂川でのアユ釣り経済効果が年間13億円という値には、胸を張って一人歩きしてもらいたいと思う。実際、13億円は一人歩きを始めており、2018年には下野（しもつけ）新聞の社説で紹介された。また、県庁内で天然アユの大切さ、アユ釣りツーリズムの価値をアピールするときも、13億円は威光を放っていると聞く。

ちなみに、他の地域でも、アユ釣りの経済効果は算出された事例があり、手法はそれぞれ若干異なるが、ダム建設でいろいろ話題になっている山形県最上小国川では年間22億円、静岡県の興津川で年間5億円の経済効果があるという。いずれの河川も天然アユのぼる名河川であるが、知名度という意味ではそれほど高くない。九頭竜川や四万十川など、憧れの名河川でのアユ釣り経済効果も見てみたいと思うし、日本の河川全体での金額がいくらになるか想像すると、1000億？　2000億⁈　いやもっと？？？　恐ろしいほどの額になるんだろうな、とも思う。

釣り道具だけなら、全国規模のデータが存在する。「釣用品の国内需要動向調査報告書」という書籍が、毎年1月、一般社団法人日本釣用品工業会から出版される。業界向けなので非売品であることが残念でならないほど、めちゃくちゃ面白いデータの宝庫である。２０２０年以来、コロナ禍で市場規模が大きくなっており、２０１９年の１３９７億円から２０２１年には１７３３億円になった。このご時世、10％ずつ市場が大きくなっている産業は、なかなか見当たらない。旅行業や娯楽産業が窮地に立たされているなか、空前の釣りブームが来ていると言っていい。ちなみに、１７３３億円のうち、アユ釣り関連の釣用品の国内出荷額は、40・６億円であり、全体の２・３％にすぎない（図5-3）。

アユ釣り市場に関してはコロナ禍前は年10％の割合で規模が縮小しており、コロナ禍による釣りブームでようやく減少が止まった、という状況である。ちなみに、ルアーフィッシングによるバス釣りの同出荷額が３６９・8億円（全体の21・３％）である。筆者としては、全国のアユ資源が増加し、いつか逆転してほしいと願っている。

文献

鈴木邦弘・鈴木勇己　２０１８　旅行費用法で評価した静岡県興津川におけるアユ釣りのレクリエーション価値　日本水産学会誌　84（６）：１０３４-１０４３　https://doi.org/10.2331/suisan.18-00009

阿久津正浩・高木優也　２０２１　アユ遊漁の振興策の検討―栃木県水産試験場の調査―（２０１８年度）　水産振興６２７号（ウェブ版）https://lib.suisan-shinkou.or.jp/ssw627/ssw627-02.html

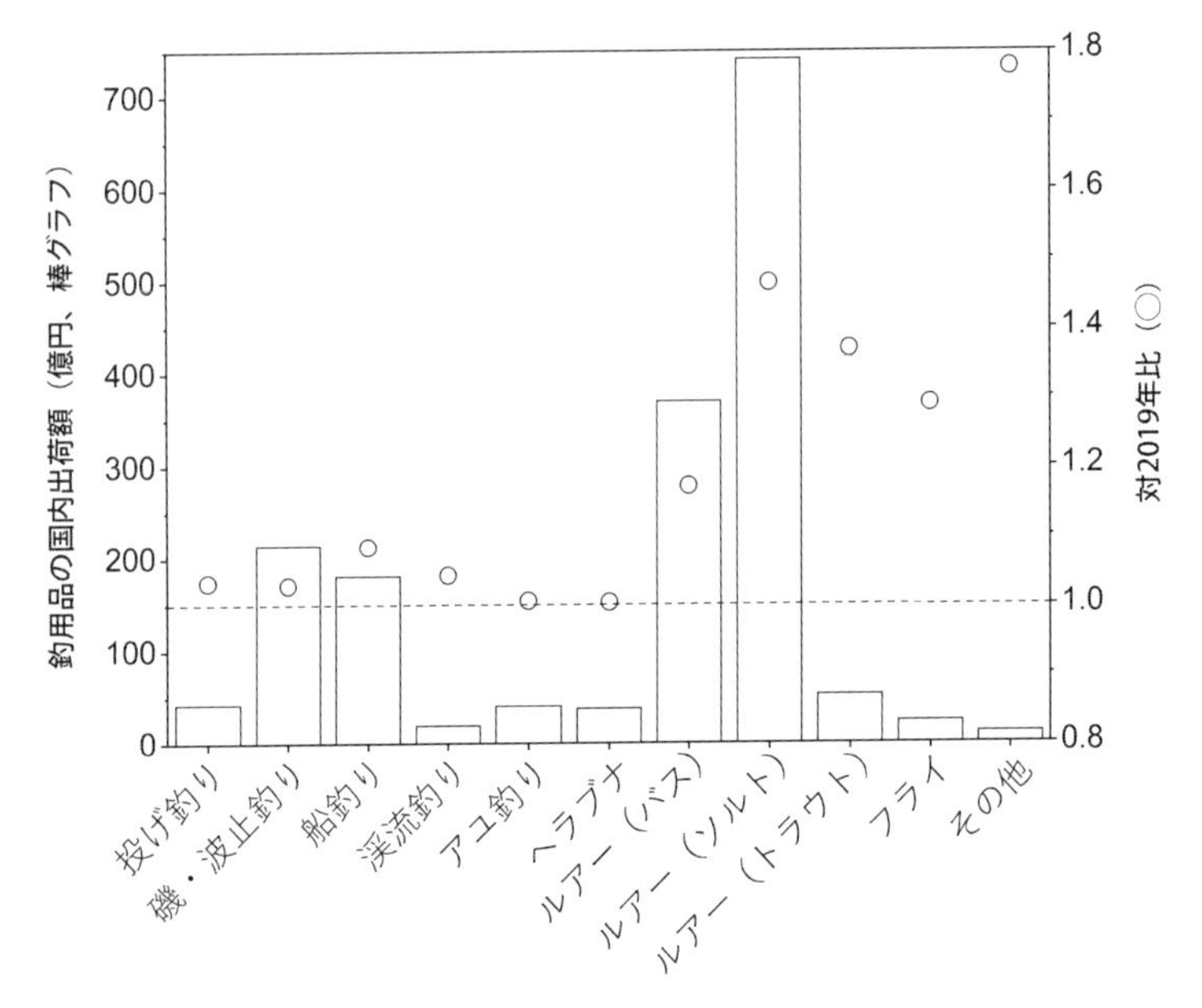

図 5-3 「釣用品の国内需要動向調査報告書」から作成した2021年の釣りジャンルごとの釣用品国内出荷額（左の縦軸と棒グラフ）と、2019年を1.0としたときの増加率（右の縦軸と○）。ちなみに、最も増加率の大きい「その他」にはクーラーなどが含まれ、キャンプブームも影響しているものと推察される

3　アユを守ることは究極の地域おこし

［坪井］

日本は超高齢化社会に突入しつつあるが、そういう意味で、漁協関係者の年齢構成は、他の追随を許さないほど時代の最先端をいっている（図5-4）。郡上漁協の組合員の方々のうち、71-75歳が最も人数の多いボリュームゾーンとなっている。

組合員の深刻な高齢化をどう食い止めるか、郡上漁協のみならず、全国の関係者の間で、真剣に議論が繰り広げられている。そもそも、内水面漁協が何をやっている集団であるか、一般市民の方はもちろん、釣り人のみなさんもご存じない方がいらっしゃると思う。基本的には、漁業法にもとづき第五種共同漁業権とよばれる、ほぼ内水面専用の漁業権が都道府県知事によって、各漁協に免許されている。権利と義務はセットになっており、第五種共同漁業権には増殖の義務が課せられる、というのが、ざっくりした説明だ。

漁協をつぶさないために

全国には７００くらいの内水面漁業協同組合があるが、経営は極めて厳しい。もちろん、非営利団体のため、利益を毎年出さなくてもいいが、赤字がずっと続くとつぶれてしまう（図5-5）。

もう少し込み入った台所事情についても調査されており、増殖の経費や漁場管理経費を、組合員からの賦課金や行使料、釣り人からの遊漁料収入のみで賄えている漁協はわずかである。事業外収入、

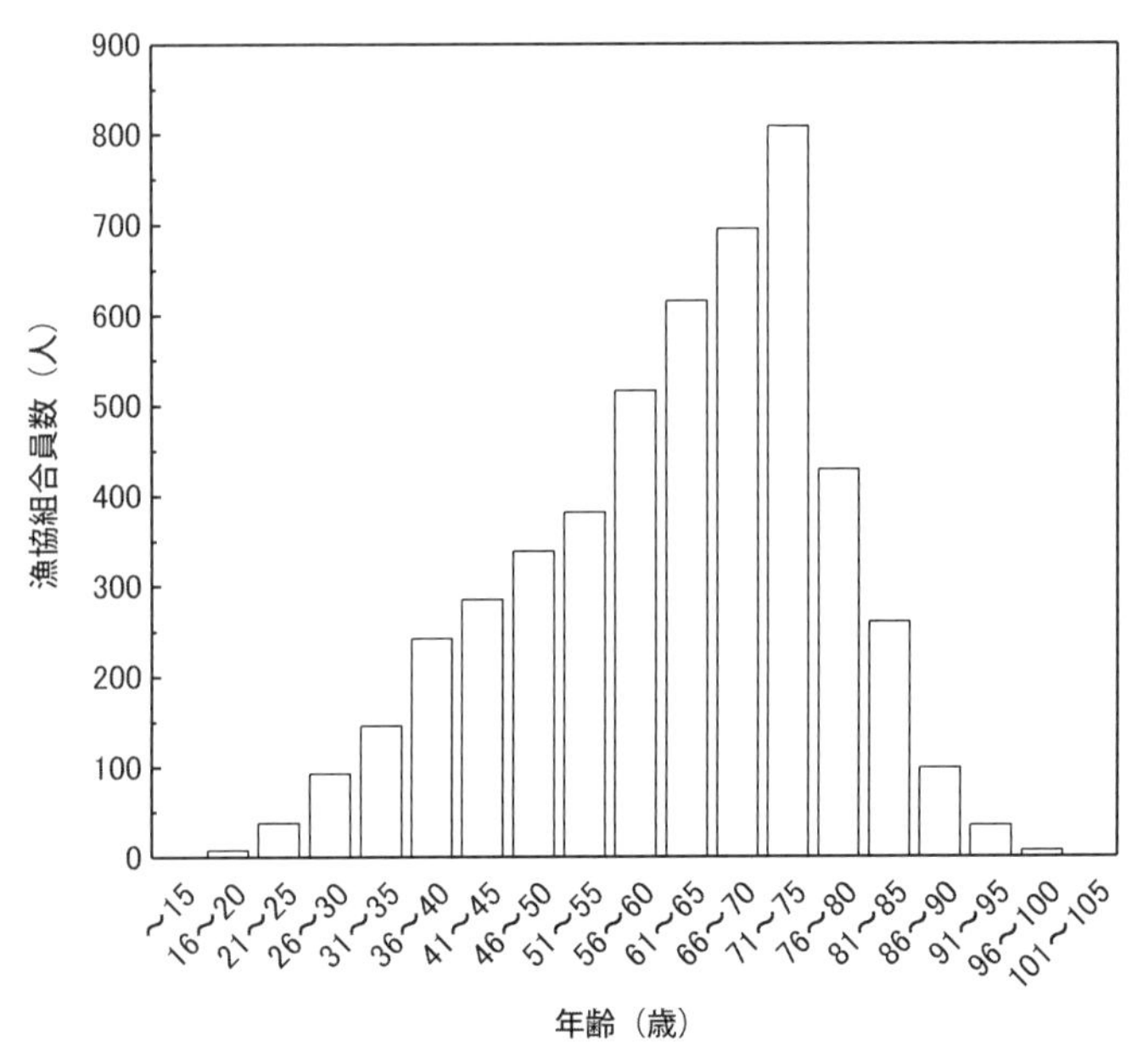

図 5-4　2022 年の郡上漁協の組合員の年齢構成（郡上漁協 太田浩一さん作成）

いわゆる補償金や協力金がなければ経営が成り立たない漁協が多数存在する。

漁業権を免許する代わりに、増殖と漁場管理を漁協に担わせている現行制度は、実効性や行政コストを抑えるという点で、ある意味素晴らしい制度といえる。しかし、地域の人口減少や高齢化により、この制度もすでに破綻しかけている。漁協が解散し（＝つぶれてしまい）、それまで漁協が管理していた漁業権漁場が自由漁場となった場合、その漁場を管理するのは都道府県である。しかし、職員数や予算の面で都道府県が管理することは難しく、実際、漁協の解散後、乱獲により資源が減少している自由漁場も散見される。

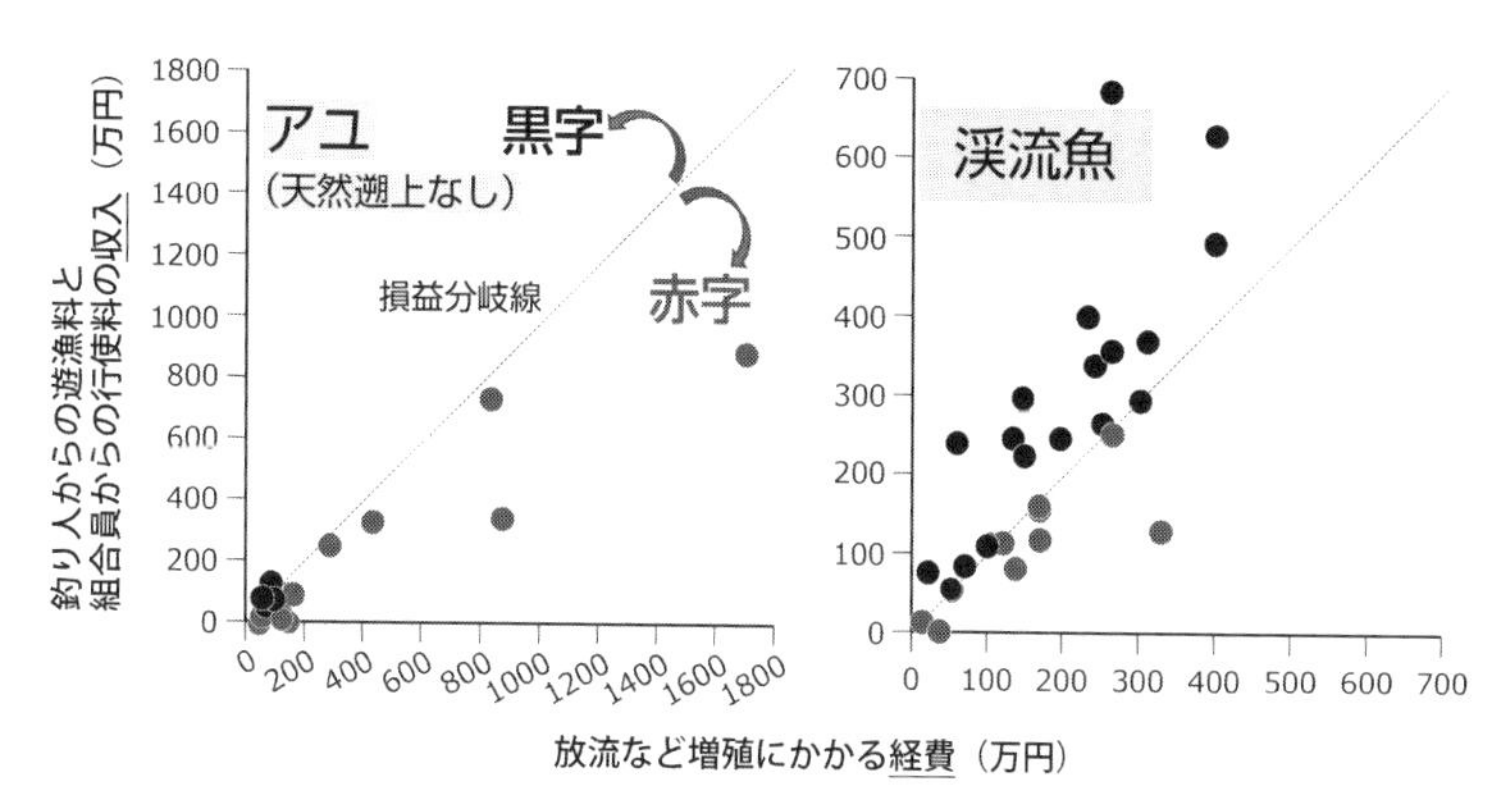

図5-5　各漁業協働組合におけるアユ釣り（左）と渓流釣り（右）の収支のバランス。天然遡上のいないエリアでアユ釣り場を維持するためにはコストがかかり、赤字になりやすいことがわかる

現行法のなかでは、漁協に存続してもらわないと、川の魚たちが乱獲にさらされてしまう。となると、やるべきことは人材の確保だ。しかし、組合員は流域住民しかなれない、というしばりがある。裏技的に準組合員という制度もあり、例えば、首都圏近郊の漁協では、都心に住む釣り人が、都外の自身の愛する河川の準組合員となる、といった具合である。準組合員は総会での議決権がないが、それ以外であれば、正組合員と同等である。しかし、都市部から離れた漁協ではなかなか難しい。やはり、流域に暮らす釣り好きなみなさんに組合員になってもらうしかない。まずは、漁協が何をやっているか理解いただかなくては、と、2022年12月3日に滋賀県が「滋賀県河川漁協のしごとセミナー」と題し、県民向けに漁協の活動を紹介する集会を開催した（図5-6）。移住をきっかけに愛知川上流漁協の組合員となった方などが講師役を務め、滋賀、京都、大阪などから計11名が参加した。ささやかではあるが大きな一歩であると思う。

滋賀県河川漁協のしごとセミナー

川を守るお手伝い、しませんか

写真提供：野田太郎

滋賀県の川を守っている河川漁協の組合員や、移住を機に河川漁協のしごとに携わっている方の生の声を聞いてみませんか？

【開催日時】 令和4年12月3日(土)
14：00～16：30(受付13：30～)

【会場】 滋賀県醒井養鱒場(米原市上丹生)
※醒井養鱒場までのアクセスは醒井養鱒場HPをご覧ください
【醒井養鱒場HP】http://samegai.siga.jp/

醒井養鱒場HP
QRコード

【参加費】 無料(入場料・駐車料も無料)
※ただし、セミナー受付より前に場内を散策される場合は入場料・駐車料が必要です

【定員】 20名 事前申し込み制

▼セミナー内容 (敬称略)

Ⅰ．滋賀県の河川、河川漁協について
滋賀県水産試験場 専門員 吉岡 剛

Ⅱ．河川漁協のしごとについて
滋賀県河川漁連 代表理事会長 佐野 昇

Ⅲ．移住をきっかけに河川漁協のしごとに携わっている方の体験談
愛知川上流漁業協同組合組合員

Ⅳ．醒井養鱒場の施設案内

※セミナーの内容については一部変更になる可能性があります

河川漁協は限られた財源で活動されているため、組合員が行っているしごとは、ほとんど報酬がなかったり、無償・ボランティアであることも多いので…

▼こんな人におすすめ
・地方での暮らしに興味のある
・将来は地方で暮らしたい
・自然の中で暮らしたい
・川に興味のある
・川の釣りに興味のある

などなど、あくまで一例ですので興味のある方ならどんな方でも大歓迎です！

▼こんな人におすすめ出来ません
・河川漁協のしごとで生計をたてようと考えている人
(別途生計を立てるしごとがあることが前提です)

主 催 ： 滋賀県 ・ 滋賀県河川漁業協同組合連合会

図 5-6 滋賀県主催の内水面漁協についての説明会

図 5-7　地域おこし協力隊として四万十市で活躍する丸石あいみさん

地域おこし協力隊

最近、地域おこし協力隊を漁協で雇用する動きがみられる。地域おこし協力隊それ自体は２００９年に始まった制度で、それほど目新しいものではない。しかし、制度がこなれてきたのか、自然が好き、川が好き、魚が好きな若者が、漁協に携わる事例がでてきた。四万十市では、丸石あいみさんが四万十川西部漁協や道の駅「よって西土佐」に併設された漁協の直売所「アユ市場」で強力な助っ人として活躍した。地域おこし協力隊の任期は１－３年程度であり、現在、丸石さんは四万十川財団に勤務している（図５－７）。丸石さんは広島県出身で北大水産学部を卒業後、東京の水産系の企業に就職、その後、四万十市にやってきた経緯がある。

そのほか、四万十市以外でも、三重県大内山川漁協や栃木県のおじか・きぬ漁協でも地域おこし協力隊が活躍している。民間企業で様々なスキルを身に着けた即戦力を、地域おこし協力隊として漁協でも積極的に採用されてはいかがだろうか。先に説明したとおり、アユ釣りによる経済効果はばかにできない。市町村でも観光課や地元の商工会が、漁協の業務の一部を担っているところもある。最近では放流のクラウドファンディングや、遊漁券（年券）をふるさと納税の返礼品としている漁協も多い（図5-8）。

漁協関係者のみなさんには、漁協単独で何とかしようとせず、視野を広げ、いろいろな立場の人を巻き込んだ漁協経営をご検討いただきたい。その先に、持続可能な漁協経営があるはずだ。

ふるさとチョイス

ふるさと納税お礼の品一覧

【B-57】清流長良川の恵みセット

25,000円

郡上市の長良川水系にて漁獲された天然魚のｾｯﾄになります。郡上鮎小ｻｲｽﾞ10本、ｱｼﾞﾒﾄﾞｼﾞｮｳとﾁﾁｺ250g、ｱﾏｺﾞ250gをｾｯﾄで郡上漁協から直送致します。

※お取扱い期間:在庫の限り

【C-9】郡上鮎（冷凍小サイズ20尾）

30,000円

長良川系で釣れた最高級の郡上鮎です。活きた郡上鮎を締め、一匹ずつ真空ﾊﾟｯｸし急速冷凍しました。いつまでも新鮮で美味しさ抜群です。

※お取扱い期間:在庫の限り

【D-17】郡上鮎（冷凍大サイズ12尾）

50,000円

長良川系で釣れた最高級の郡上鮎です。活きた郡上鮎を締め、一匹ずつ真空ﾊﾟｯｸし急速冷凍しました。いつまでも新鮮で美味しさ抜群です。

※お取扱い期間:在庫の限り

【C-8】和良鮎（冷凍500g）

30,000円

和良川で竿釣りされた最高級の和良鮎です。一匹ずつ真空ﾊﾟｯｸし急速冷凍しました。

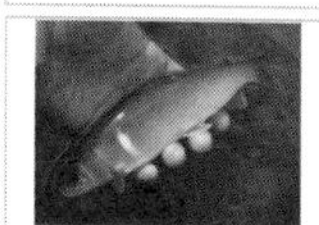

【F-2】郡上漁協鮎年間遊漁証【ふるさと郡上満喫体験】

40,000円

郡上漁業協同組合が発行する鮎年間遊漁証と交換できるｸｰﾎﾟﾝです。※遊漁証の発行方法・発行時期については、郡上漁業協同組合まで。

【G-4】郡上漁協鮎雑魚共通年間遊漁証【ふるさと郡上満喫体験】

60,000円

郡上漁業協同組合が発行する鮎・雑魚共通年間遊漁証と交換できるｸｰﾎﾟﾝです。※遊漁証の発行方法・発行時期については、郡上漁業協同組合まで。

【F-3】和良川漁協鮎年間遊漁証【ふるさと郡上満喫体験】

40,000円

和良川漁業協同組合が発行する鮎年間遊漁証と交換できるｸｰﾎﾟﾝです。※遊漁証の発行方法・発行時期については、和良川漁業協同組合まで。

【B-51】平日1Rゴルフプレー券

25,000円

鷲ヶ岳高原ｺﾞﾙﾌ倶楽部の、平日1R専用ｶｰﾄｾﾙﾌﾌﾟﾚｰ(昼食券付)です。立木や起伏がある戦略性に富んだｺｰｽとなります。高鷲ICより5kmとｱｸｾｽは抜群。

受付期間:通年
営業期間:4月中旬～11月末

図 5-8　郡上市のふるさと納税返礼品（郡上市ウェブサイトより抜粋）

第6章　アユの友釣り

［坪井］

1　漁法としての友釣りを考える

筆者は魚釣りの研究をライフワークとしている。実際、イワナを対象にキャッチ&リリースをしまくって、その資源維持効果について研究し、博士号を取得した。世界各国の魚釣りの研究論文を読んできたが、頻出のキーワードは「セレクティブ」である。つまり、魚釣りは大型個体ばかりを「選択的」に釣るので、持ち帰ってしまうと、残されるのは小型個体ばかり、というわけだ。小型個体の持つ卵数は少ないため次世代は先細り、また、大きくならない（採食に消極的な）遺伝子を持っているので、釣り人にとって、良くない方向に進化していくことになる。これは「釣り人が魚を進化させる」、というトピックで、世界中で研究が進んでいる。

もう少し視野を広げて、漁業全体を俯瞰してみると、能動的漁法と受動的漁法に大別される。能動的漁法は、底引き網、巻き網、投網、鵜飼、魚釣り、モリ突きヤス突きなど、魚に対し人が積極的にアプローチしていくものである。一方、受動的漁法は、定置網、刺し網、カゴ漁、アユのヤナ、サケのウライなど、設置型、待ち伏せ型であり、魚任せで漁獲を行うものである。アユでは友釣り、ドブ釣り、コロガシ（引っ掛け）釣り、投網などが能動的漁法で、琵琶湖の定置網漁であるエリやのぼり

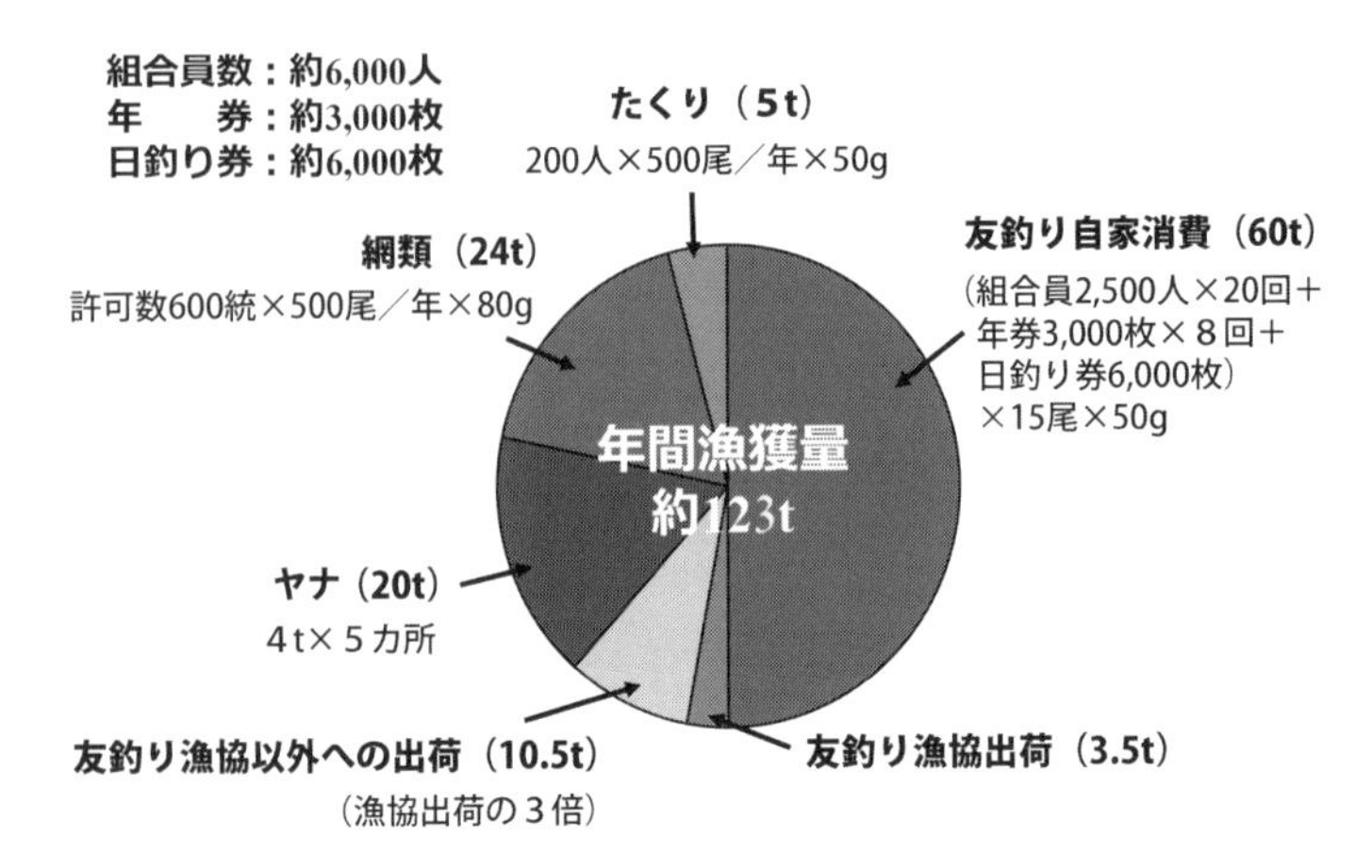

図 6-1　郡上漁協管内におけるアユの推定漁獲量（岐阜県水産研究所 大原健一さん作成)。全体の６割以上が友釣りによって漁獲されている。なお、「たくり」とは潜水目視で行う引っ掛け漁

ヤナ、全国各地で行われている落ちアユを対象とした降りヤナ、刺し網などが受動的漁法ということになる。岐阜県水産研究所の大原健一さんと藤井亮吏さんによると、長良川上流を管轄する郡上漁協では２０１９年シーズンに１２３トンのアユが漁獲され、そのうち友釣りで70トン以上、ヤナ漁、張切り網（刺し網）で各20トン程度が漁獲されたと推定している（図６‐１）。

プレミアムなアユだけが釣られる

友釣りで６割以上を採捕している上に、友釣りで漁獲される個体は、早生まれの個体が多い傾向がみられた（図６‐２）。なお、アユは耳石とよばれる器官の日輪を数えることでふ化日がわかる。８月上旬に友釣りで釣れるアユは前年の10月から11月に生まれた個体であることがわかった。

さらに、友釣りで漁獲された個体はヤナで漁獲された個体よりも、背びれが長かったため、縄張

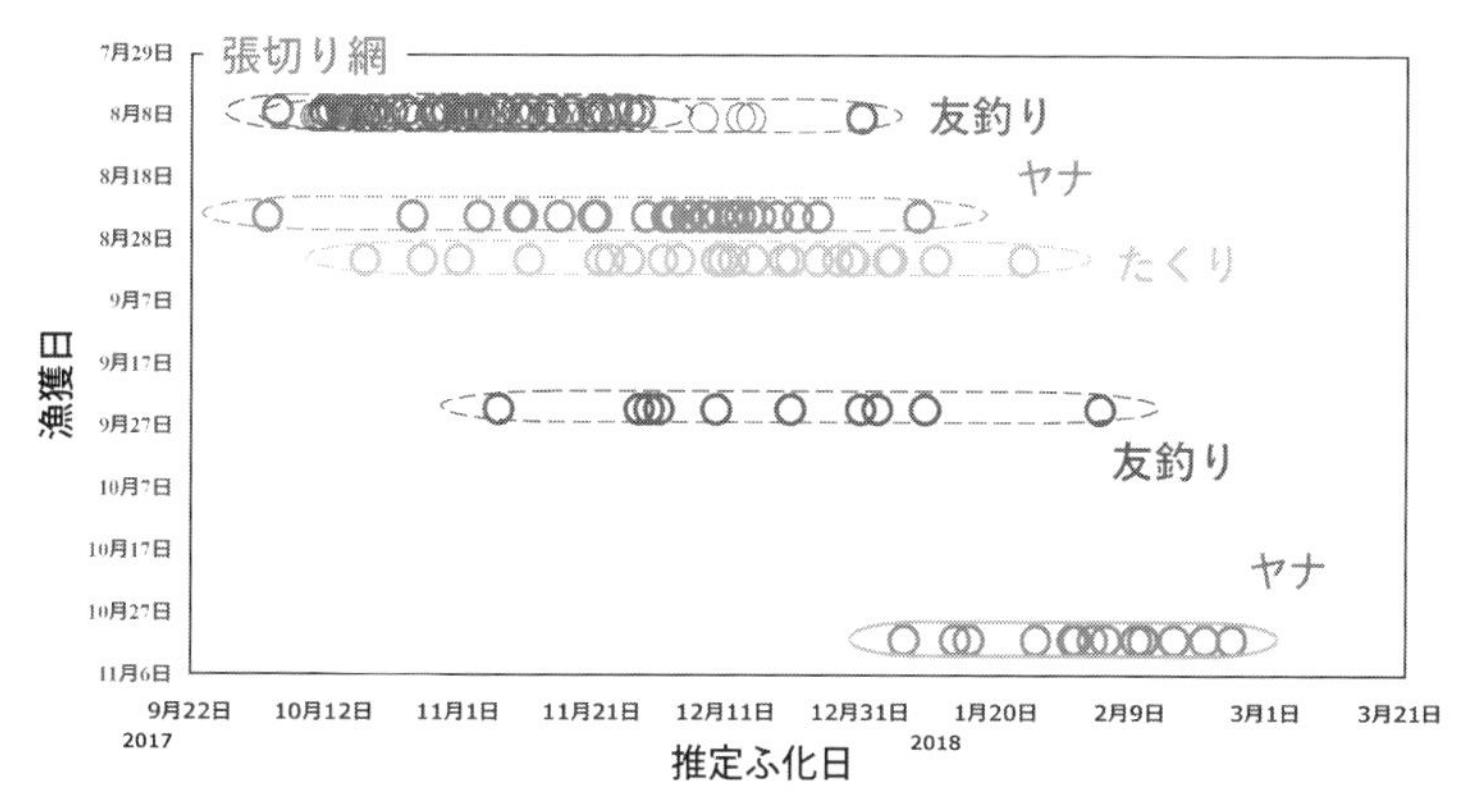

図6-2　郡上漁協管内における漁法ごとのアユふ化日組成（大原健一氏提供）。縦軸が獲れた2018年の漁獲日で、横軸は耳石から推定された前年秋のふ化日。なお、張切り網とは、刺し網漁の一種で、川幅いっぱいに張りきることが語源とされている伝統漁法

りをしっかりつくった個体が選択的に漁獲された可能性が高い（表6−1）。

友釣りがいかに選択的な漁法であるか、おそらく友釣りをされる方であれば肌で感じていると思うが、実際、ちゃんと調べてみてもそれを裏付ける結果だった。問題は漁獲圧である。プレミアムな個体だけを積極的に掛けていくのは、小さな個体を傷つけず、狙った個体だけを漁獲できるので、資源に優しいともいえる。

先に説明した「釣り人が魚を進化させる」という話であれば、友釣りが盛んな釣り場では、縄張りを強くつくる性質を発現させる遺伝子は、とっくに消失しているはずで、縄張り個体は姿を消し、友釣りが成り立たなくなっているはずである。アユの寿命は1年であり渓流魚など他の魚種よりも進化スピードが速いことと併せて考えると、縄張りをつくるつくらないは、遺伝子のみで決まるということはなく、アユのそのときの気分次第、日和見的なところが大きいのではないだろうか。一方、琵琶湖産のアユの追いが良い、という

表6-1 漁法ごとの平均全長（TL）および背びれ長と背びれ基底長との比（DFL/BDFL）を値の大きい順に列記した。DFL/BDFLの値が大きいほど、背びれの基部に対する背びれの長さが長いことを意味する。なお、右端のアルファベットについては統計的有意差を示し、異なるアルファベットは統計的に有意に異なる値であることを示す

漁法 / 調査場所 / 調査日	TL (mm)	漁法 / 調査場所 / 調査日	DFL / BDFL
ヤナ / 美並 / 9月	206.7 a	友釣り / 大和・八幡 / 8月	1.959 a
ヤナ / 大和 / 9月	205.5 bc	ヤナ / 大和 / 9月	1.829 b
ヤナ / 八幡 / 10月	199.3 bcd	友釣り / 美並 / 9月	1.827 b
ヤナ / 大和 / 10月	199.2 bcd	ヤナ / 美並 / 9月	1.809 b
友釣り / 美並 / 9月	196.2 cd	ヤナ / 大和 / 10月	1.797 b
友釣り / 大和・八幡 / 8月	191.3 d	ヤナ / 八幡 / 10月	1.790 b
ヤナ / 八幡 / 9月	181.3 e	ヤナ / 八幡 / 9月	1.746 c

のは周知の事実であり、系統による違いは、すなわち遺伝子による違いといえる。先天的（遺伝的）な効果と後天的な効果（餌環境、生息密度など）が複合的に混ざり合って、そのとき、その個体の縄張り性能が決定づけられていると筆者は考えている。

友釣りをされる方であれば、背中に鈎（はり）傷（きず）のあるアユを釣ったことがあると思う（図6-3）。

友釣りでもキャッチアンドリリース

つりばりトリビアだが、釣り針ではなく釣り鈎が正しい。がまかつの公式サイトでも「鈎ウェブカタログ」となっている。ご存知のとおり英語で釣り鈎はhookで、縫い針sewing needleとは明確に区別されている。話を戻して、鈎傷

図6-3　友釣りで一度掛かって（バレた後）再び高木優也さんが釣りあげたアユ

のある個体が友釣りで掛かるということは、縄張りアユは一度バレても、その鈎傷で死ぬことはなく、しかも、鼻カンや掛け鈎を学習することなく、もう一度、友釣りの対象となりうることを証明している。おそらく死亡率は、一日のアユ釣りを終え、氷締めする時点ですでに死んでいる個体の頻度と同等であると思われる。夏の暑いさなかでも、せいぜい10匹に1匹程度ではないだろうか。友釣りが超選択的漁法であることを考えると、アユ資源が先細りするなか、友釣りでもキャッチ&リリースしたほうがいい時代になったのではないかと考えている。年々弱まるアユの追いを最先端の道具、釣技で補ってきたきらいはないだろうか。友釣り最終盤、繁殖期を迎えたアユは、来シーズンに向けリリースしてあげてもらえないだろうか。非科学的だが、ここで徳を積んでおくことで、来シーズンの釣果がアップする（はず）。アユの遡上量の年変動が激しすぎて、親魚をたくさん残したって翌年少ないことだってあるし、関係ないんじゃないか、とおっしゃる方もいる。しかし、よく考えてほしい。受精卵の数×沿岸での生存率が翌年の遡上量になるわけだから、卵数は多いほうがいいに決まっている。生存率が低い年であれば、なおさら親魚はたくさんいないと、翌年の遡上量の確保は困難だ。天然アユ資源が有限であることを、釣り人のみなさんにもぜひ意識いただきたいと思う。

2　最先端のアユ釣り技法

［高木］

あなたの釣果は、時速何尾？

突然だが、自分の釣果を時速で把握されているだろうか。

図６－４は、２０２０年の西大芦漁協のアユ解禁日の友釣りによる釣れ具合の頻度分布である。平均釣果は20尾、竿頭は１００尾以上という、それなりに釣れた解禁日だが、１時間あたりの釣れ具合の平均は２・58尾である。平均的にみると、解禁日ですら時速３尾釣れていない人のほうが多い（54％）ことになる。一方で、20％の人は時速５尾を超えており、２％の人は時速10尾を超えている。

釣果情報で出てくるのは大概上位２％の人の釣果だし、釣り雑誌や動画でも名人たちの驚異的な釣果ばかりが紹介されるので勘違いしがちだが、大部分の釣り人はそんなに釣れていない。だからこそ、１時間あたり、たった１尾でも多く釣れるようになることは大きな差を生む。１日６時間釣りをしたとすると、時速２尾では12尾／日だが、時速３尾なら18尾／日となって、１日あたり平均10尾くらいですという釣り人が平均20尾くらい釣れるようになる。

ここでは、あちこちの川で放流し、潜り、聞き取り調査したデータと自ら釣りをした経験（今の仕事に就いてからの11年間、１尾１尾を確認しながら１万３９６３尾を友釣りで釣ってきた）から、１尾でも多くのアユを釣るためのコツを紹介する。

全国すべての河川で調査や釣りをしたわけではないので、１００％正しいとは言わないし、今後さ

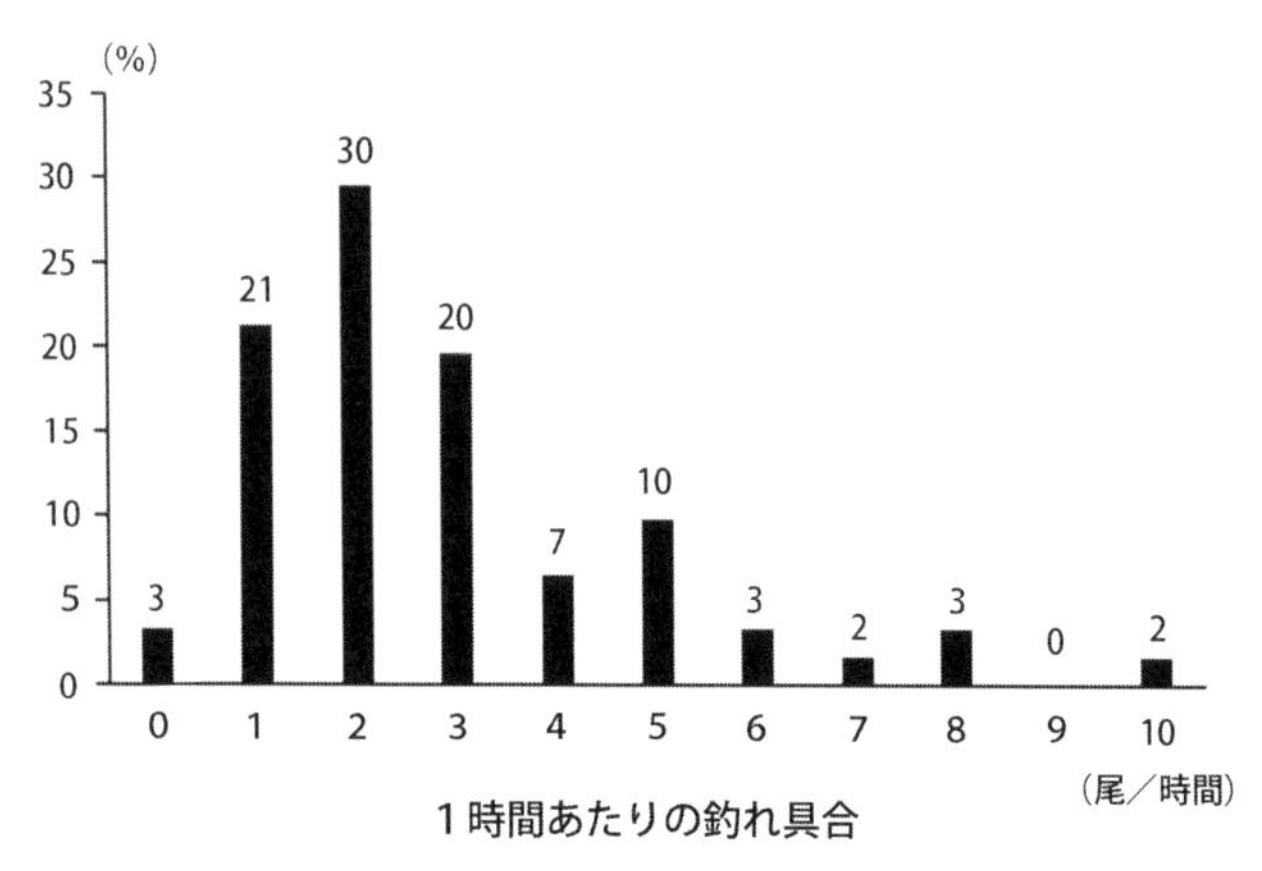

図6-4　大芦川での友釣りによる1時間あたりの釣れ具合の頻度分布

らに状況が変わっていくこともあるだろう。上位20%の人にとっては「そうそう」という話ばかりかもしれないが、そうじゃない人にとっては、1つか2つは「へぇ〜、なるほど」と思う部分があるのではないかと思う。そしてそれを実践してもらえれば、今までよりも1時間で1尾だけ多く釣れるようになることは難しくない。

安い道具でもアユは釣れる!

アユの友釣りは、縄張りをつくるというアユの習性を利用して、掛け鈎をつけたオトリアユを追い払おうとするアユを掛ける釣りである。こんな釣りは、世界でも類を見ない。小魚を泳がせて大型魚が食いつくのをまっているときのようなハラハラドキドキ感に、オトリアユを操作してコースや泳ぎ方を変えて攻めるルアーのような楽しさが相まって、餌釣りでもルアー釣りでも味わえない魅力がある。

いざ掛かると、その引きは電光石火にして強烈無比。大の大人が20㎝ほどの魚と本気の引っ張り合いを強いられる。両手で竿を握って引きに耐え、最後の最後まで抵抗したアユが水面を割ってタモ網に飛んでくると勝負あり。全力で立ち合って、土俵（水面）を割ったら勝負あり、その静と動、一瞬で発揮される爆発的なパワー、最後の潔さとほぼ20秒以内に決着する短期決戦は、まさに大相撲のようで、日本人を熱くさせる何かを感じる。

そんなアユ釣りだが、水産研究・教育機構中央水産研究所の中村智幸さんによると今や渓流釣りのほうが単純な釣り人口は多いそうである。しかし、釣り道具の出荷額はアユ釣りのほうが圧倒的に多い。これをもって、道具が高いからアユ釣りする人が減るんだと言われることもあるが、むしろ、1尾でも多くのアユを掛けるためなら金を惜しまないという釣り人が多い。それだけの魅力がある釣りだというほうが実態に合っていると思う。

ちなみに、５ｍの磯竿にナイロン1号（懐かしの銀鱗！）、タモは渓流釣り用の27㎝というのが、私が中学生でアユの友釣りを始めたときの仕掛けである。根掛かりしても引っ張ると掛け鈎が折れて回収できた。場所は近所の小河川（人工種苗１００％）、縄張りアユが居そうな大きな石を探してオトリをぽちゃんと沈めると、水中で閃光が走ると同時に竿がひったくられ、必死に走って糸を繰ってタモで掬う。釣果は、たまに10尾を超える日があるくらいだったが、小学生のときからやっていた渓流釣りも10尾釣れば大満足だったたし、アユの引きは渓流魚と比べ物にならないぐらい強烈だったので、めちゃくちゃはまった。アユ釣りは道具が高いから若い人がやらないんだと言われることがあるが、個人的にはそんなことはないと思う。釣れる漁場さえあれば、安い道具でもアユは釣れる。

高い竿ほど、たくさん釣れる?

釣ろうと思えば、磯竿でも渓流竿でもアユは釣れる。ただ、たくさん釣ろうと思えばアユ竿を使うべきである。アユ竿のなかでもピンキリがあって、エントリーモデルで3~5万円、ミドルクラスで10~15万、ハイエンドモデルで20~40万ほどである。

なんでこんなに高いのかというと、金を惜しまないファナティックな釣り人が多いおかげで、アユ竿は世界でも類を見ないような進歩を遂げているからである。9mもの長さがあって自重はわずか200gほど、長くて細いのにシャキッとしていて操作性もよく、それでいて強烈なアユの走りを止めて引き抜くパワーがある。まさに、釣り竿のF1カーとでも言うべき代物で、性能は最高、お値段も最高である。

基本的に、高い竿ほど、材質も良いし、手間暇かけてテストされている。実際に、エントリーモデルとミドルクラスでは、感度と操作性に明瞭な差がある。エントリーモデルしか使ったことがないという人は、ミドルクラスの竿にするだけで、オトリを狙ったコースに導くことが簡単になるし、オトリの近くにアユがいるかどうかも分かりやすくなる。つまり、ポイントを攻める効率がよくなるので、結果として釣果が時速1尾増えることは十分にありえる。一方で、ミドルクラスとハイエンドモデルの差は時速1尾までは無いと思う。2022年にミドルクラスの竿でアユ釣りの四大大会の1つに参加してみたが、全国ベスト8まで勝ち上がることができた。優勝できてないじゃんと言われればその通りだが、近年のミドルクラスの性能向上は著しい。現在ミドルクラスの竿を使っている人については、無理にハイエンドモデルを購入するよりも、別の部分に注力したほうが釣果が向上する可能性が高いだろう。もちろん、そうは言ってもハイエンドモデルのほうが軽さや感度に優れているので釣っていて楽しい。

メタルラインの革命

ナイロン、フロロがメインだったアユ釣りの糸だが、近年はメタルラインを使う人が多くなっている。メタル１００％の糸からＰＥ（ポリエチレン）のような新素材とメタルの複合糸まで、細かく言うと色々あるが、いずれにせよ、ナイロン、フロロよりも圧倒的に強度が高く、０・05号などといった驚異的に細い糸が使える。鋭い歯を持つ大物を釣り上げるためにハリスにワイヤーを使うという釣りはあるが、これほど細いメタルラインを使う釣りは他にない。メタルラインは、細く、比重が重いこともあって、強い流れでもオトリの沈みは抜群であり、ほとんど伸びがないので異常なほどの高感度を体験できる。その感度たるや、18ｍ（９ｍの竿＋９ｍの糸）先でアユが糸にぶつかったのがビリビリ伝わってくるほどである。オトリが疲れずスイスイ泳ぐし、周りにアユがいるかどうかがわかりやすくなるので、ポイントを効率的に攻められるようになる。

もちろん、今でもナイロン、フロロでたくさん釣る人たちもいるし、条件的にナイロン、フロロのほうがよく釣れるというときもある。それでも、平均的にはメタルラインを使ったほうが釣果はＵＰするはずである。何より、ただでさえ強烈なアユの当たりが、さらにはっきりと、まさに金属的な衝撃として伝わってくるので、とても楽しい。

竿も糸も針も良くなったのに、なぜ釣れない？

アユ釣りの道具の進歩は著しい。竿は細く、軽くなり、繊細な操作が可能となったし、糸は細く、強くなり、簡単にオトリを沈められるようになった。針も極限まで鋭くなり、触れただけでも刺さるほどである。ということは、昔より簡単にアユが釣れるようになっているはずである。しかし、話を聞くと昔より釣れなくなったとおっしゃる釣り人がほとんどである。

この原因は、川にいるアユの数（天然遡上＋放流種苗）が減っているためだろう。道具が良くても、アユの数が半分（正確に言えば密度が半分）ならば釣果も半分以下にならざるを得ない。このような昔より魚が薄くなった環境下でたくさん釣るためには、より広い範囲を釣ること、アユが濃い場所を探して釣ることが必要である。そのためには、魚がいるかどうかがわかるほど感度があり自由自在にオトリアユを操作できる竿（それなりのお値段）とメタルライン（オトリがよく沈んで感度も良い糸）を使うことが効果的である。

釣る人と釣れない人の違いは？

全国的に川にいるアユが少なくなり、漁獲量も減った近年だが、それでもたくさん釣る人たちもいる。一番簡単なのは、今でもたくさんのアユがいる川に行って釣りをすることである。例えば、富山県神通川はわずか流程20㎞の漁場に大量の海産天然遡上がある。また、全国的には過去20年で放流尾数が半減している中、岐阜県高原川は琵琶湖産メインで、むしろ放流尾数を増やし続けている。こうした川では、いわば昔の川に最新の道具を持ち込むようなものなので、当然よく釣れる。

一方で、昔より釣れなくなったと言う人が多い川でも、釣っている人は釣っている。例えば、最初に紹介した西大芦漁協の解禁日の例でも、１時間あたりの釣れ具合の平均は２・58尾だが、20％の人は時速５尾を超えており、２％の人は時速10尾を超えている。しかも、あちこちの川で聞き取りをしていると、上位20％にはおなじみのメンバーが多い。これはアユ釣り大会の結果を見ても同じ傾向である。つまり、たまたま良い場所に当たったからとかではなく、釣る人はいつでもどこでも釣っている。聞き取り調査をしてきた結果から言うと、上手いと言われる人（上位20％）は平均時速の２倍くらい釣るし、名人と言われる人（上位２％）は平均時速の４倍くらい釣る。

では、釣る人と釣れない人の違いはどこにあるのだろうか。釣る人たちの釣りを見ると、ある意味共通点がない。同じ人でも川や日によって、瀬で釣っていることも、トロ場で釣っていることもあるし、泳がせで釣っているときも、引き釣りで釣っているときもある。また、どんどん動き回っているときもあるし、一箇所でじっと釣りをしているときもある。逆に、釣れない人の共通点はわかりやすい。瀬が好きな人はどこの川でも瀬で釣っているし、トロが好きな人はどこの川でもそのようなポイントで釣っている。釣り方で言えば、引き釣りか泳がせ釣り、どちらかしかしないという人が多く、いずれにせよ入ったポイントからほとんど動かない。

結論として、釣る人は川や日によって釣り方を変えており、釣れない人はいつでもどこでも同じ釣り方をしている。

釣れるパターンを見極めるには？

いつでもどこでも釣る人は、川や日によって釣り方を変えている。この部分をもう少し丁寧に言うと、パターンを見極めてそれに合った釣りをしているということである。そして、パターンを見極めていく手順自体は誰でも同じである。

①目の前の河川の状況をよく観察する
②ベースとなる知識（時期、種苗、活性、川のクセ）を元に判断する
③パターンを仮定してそれに合った釣り方を試してみる⇒①に戻る

いつも釣る人たちは、パターンを見極めるまでの時間が短く、パターンに合った釣り方の精度も高い。一方で、いつも釣れないと言う人たちは、パターンに合った釣り方にたどり着けないまま1日が終わっているか、パターンがわかってもそれに合った釣り方が技術的に出来ていない。観察力や釣りの精度を高めるのは一朝一夕には難しいが、とにかく川にいく日数を増やすほか、上手な人に教わったり、動画を見まくったりすることが効果的だろう。これらに比べれば、ベースとなる知識を増やすことは難しくないし、時間もかからない。

そこで、以降の節では、特に種苗に応じた釣り方について紹介したい。種苗によって釣り方を変える必要はないという名人も少なくない。しかし、そういった名人たちも、人工種苗の川で群れアユ狙いはしても、海産天然の川で群れアユ狙いはまずしないし、9月のおすすめ河川を聞かれれば琵琶湖産の河川よりも海産天然の川をあげるはずである。つまり、種苗に関する知識は十分に持っている。一方で、そもそも何がどれくらい放流されているかわからない場合が多いし、人工種苗メインですと

言われて実際に釣りをしてみたら海産天然のほうが多かったということもあるし、いくら追いが良い種苗でも活性が低い日もある。なので、種苗が○○だからと言った先入観に囚われ過ぎず、状況をよく観察してパターンを探すほうが大事だよと言っているのである。

しかし、聞き取り調査をしていて「最近のアユは追いが悪くて釣れない」とおっしゃる釣り人の多くが、「琵琶湖産を放流してたころは釣れたのに……」と続ける。どうしても昔の良かった記憶がよみがえって、琵琶湖産全盛期の釣り方をしてしまっていることが、釣れなくなった要因の一つになってしまっているようにも見える。昔と今で追いの良さを比較できるデータはないが、種苗の種類が変わった河川が多いのは間違いない。そう考えると、種苗による違いを理解することは、「昔は良かった。最近は、いつも釣れない」から脱却する第一歩である。

海産天然アユの特徴と攻略法

海産天然といっても全国いろいろ⁉

解禁に海産天然が釣れなくなったと感じる読者の方も多いのではないだろうか。これは、ある意味で正しく、ある意味で間違っている。北海道から九州まで海産アユの生息域は幅広く、今でも九州や高知などは遡上開始時期が早いため、解禁から十分に育った天然遡上が数釣れる。また、東北地方では、遡上開始は遅いが、短い夏を惜しむように遡上後の成長は早く、解禁も遅い（7月1日など）ので、解禁から天然遡上がよく釣れる。

一方で、関東から中部にかけての河川では、解禁が早い（5月下旬～6月上旬など）割に、遡上開始が遅いため、解禁までに十分に育っている天然遡上は少ない。これは、地球温暖化の影響で産卵時期や遡上時期が遅れているためではないかと言われている。実際に、栃木県那珂川では、昔に比べて遡上時期が遅くなり、初期の釣れ具合が低下してきている。逆に、かつては、梅雨明けからが本番と言われたが、最近ではお盆明けからが本番で10月でも十分釣りになるという年が増えている。早期遡上につながると考えられる早期産卵群を保護したり、そもそもの遡上量を増やすために遡上と降下、産卵環境を改善したりといった対策を実施していく必要があるが、それはそれとして、関東から中部にかけての河川で楽しい釣りをするためには、遡上が多くない年は解禁当初を避けて後半に釣りに行くなどの対策も必要である。

一に瀬を狙い、二に瀬を狙う

海産天然は釣れる日（釣れる場所）と釣れない日（釣れない場所）の差が激しい。これは、種苗の性格として警戒心が強いためである。どちらかというと、秋に生まれて海に下った個体のうち、翌春まで生き残って川へ遡上してくるのが平均0・1％という、超過酷な競争の結果、そういったアユばかりが生き残っているというほうが正確かもしれない。

このようなアユなので、安心できないと縄張りをつくらない。どういうところに縄張りをつくるかというと、水面が波立っていて鳥から見つかりにくく、ある程度の水深があって、巨石に囲まれた（隠れ場所にもなるし、他のアユの侵入を防ぐ城壁にもなる）安全安心ポイントである。つまり、ところどころに白泡ができるような1級の瀬に縄張りアユが多い。こういったポイントなら、解禁当初から釣果が期待できる。また、ちゃんと巨石がある河川ならば、水量が増えると早瀬は急瀬となり、トロも平瀬となる、つまり、水量が増えるほどポイントが増えることになる。海産天然の河川で、高水、とくに増水からの引き水がよく釣れるのはそのためである。逆に、渇水の海産天然河川はかなり難しい釣りを強いられる。

一方で、鏡状のポイントや浅場は安心感に乏しいので、なかなか縄張りをつくるアユが出てこない。しかし、お盆明けくらいになって、アユが出来上がってくると、そのようなポイントでも釣れるようになってくる。梅雨明けから8月にかけては、水温が上昇し、日差しも強くなって石には良質なコケがたくさん生える。アユにとっても水温が上がり（体がよく動く）、日も長くなって、もっともコケをたくさん食べられる時期となってくる。こうなると、アユは1日1㎜とも言われるような急成長をとげ、体がどんどん大きくなる。その結果、餌が足りなくなって縄張り争いが激しくなるのがちょうどお盆明け前後である。アユの数が多い年（川）ほど、餌が足りなくなるのが早いので、お盆明けを待たずにもっと早い時期から釣れ出すこともあるし、逆にアユの数が少ない年（川）ではお盆を過ぎても、1級の瀬にしか縄張りアユはいない。

栃木県那珂川では、2008年までは8月ともなれば川底は一面が真っ黒に磨かれ、瀬でもトロでもチャラでもどこでも掛かるのが当たり前だった。しかし、近年では、川底一面が磨かれるほどの年（場所）は減っており、シーズンを通して1級の瀬しか釣れないということもよくある。那珂川でも、最近のアユは追わなくなったと言われることが多いが、どちらかと言うと、巨石が減り、水量も減ったことで1級の瀬が減り、加えて、アユの数が減ったことで盛期でもトロやチャラで釣れなくなったということなのではないかと思う。

群れアユは難しい

釣れない年（川）でも、群れながらコケをはむアユはたくさん見える。友釣りでは、群れアユにオトリを馴染ませ、言わば交通事故でアユを掛けるという釣り方もあるので、このアユたちが掛けられるなら爆釣なのではと思う人もいるかもしれない。しかし、海産天然の群れアユを掛けることは非常に難しい。この原因は、群れアユ同士の距離感が遠いためである。よく観察すればわかるが、アユ同士が一定の距離を保ったまま群れているのである。こうなると、いくら群れアユにオトリを馴染ませてもそう簡単には交通事故は起こらない。

結論として、海産天然の川で群れアユを狙うことは、釣果向上にはつながらない。どうしても、群れアユを狙うしかないということであれば、物理的に空間が狭く交通事故が起こりやすい浅場や岩盤の溝の中などの群れを狙うと確率が上がる。それでも、大会等のデータを見ると、群れアユ狙いでは優勝者であっても時速3～4尾が限界といったところである。

最強のパワー

減ったといえど、海産天然の資源量は放流アユとは比べものにならない。そして、その引きの強さについては、アユの中での比較はもちろん、同サイズであれば淡水魚類の中でも最強である。実際に、友釣りをしていると、ウグイなどのアユ以外の魚が偶然掛かってしまうこともあるが、その引きはアユとは比べられないほど弱い。

科学的に引きの強さをアユとそれ以外で比較した研究はないが、運動エネルギーは質量に比例し（大きな魚ほど引きが強い）、速さの2乗に比例する（速く泳げる魚ほど引きが強い）。川に潜ると、ほかの魚が定位できないとんでもない荒瀬でもアユは平気で餌場にしているので遊泳スピードが速いのは間違いない。また、全魚種での比較ならば、サクラマスが最強ではと思う人もいるかもしれない。確かに、サクラマスを荒瀬で見かけることはあるが、アユと比べればはるかに体が大きいので、単純に比較するのはフェアではない。そして、同じサイズであったならばアユほどの遊泳速度は出せないはずである。なぜなら、アユとサクラマスは体型や泳ぎ方が似ているので遊泳速度は尾をふる速さ、つまり、筋肉の伸縮スピードによって決まるはずであり、これは化学反応なので水温が高いほど速まるからである。そして、サクラマスよりアユのほうがより高水温でベストパフォーマンスを発揮できる魚なのは言うまでもない。同様に、琵琶湖産よりも海産天然アユのほうがより高水温で活性が高いことがわかっているので、ベストコンディションで比較すればアユの中でも海産天然が最も引きが強いことになる。

また、たった20㎝でも大人が本気の勝負をせざるを得ないほどのパワーを持つアユだが、大きくなればなるほどその引きは強くなる（表6-2）。サイズが大きくなるほど遊泳速度も質量も増加するので、かなり控えめに計算しても22㎝のアユは20㎝のアユの約1・5倍のパワーとなり、30㎝のアユは20㎝のアユの約9倍のパワーとなる。

表6-2　アユの全長と重量から換算された引きの強さ（瞬間的な運動エネルギー）。全長と体重は那珂川の天然遡上アユ（スマートな体型）のデータから、突進速度は養殖アユの遊泳速度（天然アユより遅い）から算出

全長（cm）	重量（g）	突進速度（m／s）	運動エネルギー
20	70	5.2	100%
22	90	5.7	154%
24	124	6.2	252%
26	160	6.7	463%
28	201	7.2	674%
30	256	7.7	886%

解禁当初が釣れなくても、当たり外れが激しくても、一度でも大河川で掛ける海産天然の良型アユの引きを味わったら、この釣りはやめられない。

琵琶湖産の特徴と攻略法

解禁からどこでも釣れる

琵琶湖産は漁期が短く、海産天然が釣れだすお盆明けには、既にシーズン終盤、9月に入るとさびたアユが多くなってくる。この人一倍短い夏を惜しむように、早い時期から狂ったようにコケをはむので、アユの出来上がりはとても早い。どれくらい早いかと言えば、解禁から瀬でもトロでも、どこでも釣れるほどである。このように、初期から瀬だけではなく、いろんなところに縄張りをつくって釣れるというのが琵琶湖産の大きな特徴である。

琵琶湖産は警戒心が低いと言われることもあり、確かに、ゆっくりと縄張りアユへ近づいたときに、縄張

りを捨ててアユが逃げ出すときの人とアユの距離感も琵琶湖産が一番近く感じる。一方で、夏が短い東北河川（かつ遡上量が多い年）の海産天然もかなり近距離まで近づけた経験が多い。海産天然と比べて琵琶湖産の警戒心が低いというよりは、隙あらば少しでも多くのコケをはもうという餌場への執着心が海産天然よりも強く、それが警戒心を上回っているということではないかと思う。だからこそ、琵琶湖産全盛期には、解禁から釣れたし、どこのポイントでも釣れたし、無造作にポイントに近づいても釣れたのである。そして、この釣りが忘れられずに、海産天然や人工種苗の河川で釣りをすると痛い目をみる。

また、琵琶湖産を放流している河川でも、昔と今では放流尾数が違う。キロ単価が値上がりしている上に、放流サイズが大型化したことで、昔ほどの尾数を放流できなくなっている河川がほとんどである。そうなると、解禁からどこでも釣れるほどにはならなくなってくる。やはり魚が少ない場合には、海産天然と同様に、解禁当初は１級の瀬がメインポイントとなる。琵琶湖産も追いが悪くなったと言われることがあるが、この放流密度の問題の影響は大きいと思う。実際に、昔と比べて放流尾数が減っていない山梨県桂川や、むしろ増えている岐阜県高原川では、今でも解禁から瀬でもチャラでもトロでもよく釣れている。

群れアユは端を狙う

いくら縄張りアユが多いとは言っても、もちろん琵琶湖産河川でも群れアユはいる。これを狙う場合は、群れの真ん中よりも群れの端にオトリを泳がせるのがコツである。交通事故的な掛かりもあるが、追って掛かることもよくある。群れをよく観察すると、群れの端には縄張り行動をとるアユがいることがある。これは、もともとそこで縄張りをつくっていたアユであることもあるし、群れで石をはみながら泳いできて、「おっ、ちょっと良い石」と思って軽く縄張り行動を取り出したアユであることもある。

琵琶湖産の場合、群れアユ狙いと言っても、群れの中の縄張りアユを釣るパターンが多い。急な水温低下などで完全に群れているアユを掛けるしかないという場合もゼロではないが、大会でも無い限りは、水温が上がるのをまったほうが賢明である。

古き良き、朝瀬、昼トロ、夕のぼり

岐阜県高原川は、琵琶湖産をメインに放流しており、昔と比べてむしろ放流尾数が増えているほどなので、今でも解禁から瀬でもトロでもよく釣れる。1日の中で見ると、朝は水温が低く活性が低いので、海産天然と同様に縄張りをつくりやすい瀬が狙い目。水温があがった10時くらいからはどこでも釣れるが、一通りの縄張りアユが抜かれると瀬の掛かりが悪くなるので、そうなると朝釣れなかったトロ場がよくなってくる。そして、夕方には淵から出てきたアユが瀬で釣れる。まさに、朝瀬、昼トロ、夕のぼりという昔からの格言通りの釣りである。

解禁からどこでも釣れるし、ベストポイントでなくてもそこそこ釣れてしまうが、だからこそ、1日の中でのパターンの変化に敏感に対応すると、釣果が向上するはずである。

人工種苗の特徴と攻略法

初期は数釣り、後半大アユ

人工種苗は、海産系、琵琶湖産系、ダム湖産系と由来もいろいろで、追いの良さ、警戒心、漁期の長さ、姿形といった性質も様々である。最初から奇形だらけとか、放流する前から冷水病とか、いつまでも群れていてまったく縄張りをつくらないとか、そういったひどすぎる種苗がないわけではないが、人工種苗は釣り人に優しいアユであることが多い。というか、釣れない種苗だと、釣り人が集まらず、経営的に大ピンチになってしまう。ほとんどの場合、人工種苗は海産天然より警戒心が薄く、琵琶湖産よりたくさん放流できる（一般的に一尾あたりの放流単価が安い）。あとは、年券者１人あたりにどれくらい放流できているかと解禁日の回収率（釣れた尾数／放流尾数）をチェックして、放流密度等を調整していけば、解禁から釣れる漁場をつくることは難しくないことが多い。

つまり、人工種苗河川は解禁当初に数釣りが楽しめる。ただし、残念ながら解禁からしばらくするとまず間違いなく冷水病が発生して釣果が激減する。発生から回復までの期間は状況にもよるが、梅雨明けして水温が上昇するとまた釣れるようになってくる。そうはいっても数釣りは難しいが、琵琶湖産ほど成熟が早くないので、９～10月は大アユ釣りが楽しめるという川も多くなっている。

解禁から瀬でもトロでも釣れるという場合もあるが、縄張りアユを狙うのであれば、やはり解禁当初は瀬を釣るほうが無難である。ただし、人工種苗は海産天然や琵琶湖産と比べて移動性が低く、放流場所からあまり動かない場合が多い。つまり、どんなに良いポイントであっても、いないところには全然いない。漁協の放流情報やＳＮＳの釣果情報はもちろん、石の磨かれ具合をみてアユの密度が濃いエリアを選ぶことが釣果を伸ばすコツである。

群れアユで爆釣!?

海産天然の群れは狙っても釣れないし、琵琶湖産は群れを狙っても縄張りアユが釣れる。しかし、人工種苗の群れは、狙って群れアユが釣れる。なにせ、完全な群れアユ狙いで時速10尾を超える釣果がでることもあるし、普通に釣っていても縄張りアユと群れアユの両方が釣れてくるという場合がほとんどである。

人工種苗の群れを観察すると、明らかに個体間の距離が近いし、平面だけでなく立体的に群れていることが多い。これは、海や琵琶湖と比べると超過密な養殖場の池で飼育されている中で、パーソナルスペースが壊れてしまうためと考えられ、人工種苗に共通する特徴である。だからこそ、群れにオトリを馴染ませると交通事故が起こりやすい。人工種苗の河川で釣りをしていると、急にオトリが動き出して、手元にビリビリと感触がくることがよくある。これは、オトリが群れに入って一緒に泳ぎだし、周りの群れアユが糸にあたっているためである。海産天然や琵琶湖の群れにもオトリは入っていくが、一緒に泳いでいても、これほど糸にあたることはない。

また、群れアユというとトロ場のようなイメージがあるが、潜ってみるとかなり強い瀬でも数尾から数十尾の群れがいることがよくある。瀬には完全に単独の縄張りアユがいて、淵やトロに数百尾クラスの大きな群れがいるというよりも、アユが濃いエリアは瀬でも数尾から数十尾の群れが多く、時々そこから単独の縄張りアユになる個体がいるという感じが水中の実態に近い。特に、人工種苗河川ではその傾向が強く、群れがいないようなポイントには縄張りアユもまずいない。石の磨かれ具合で大まかなエリアは絞り込めても、目の前のポイントのどこにアユがいるかはわからない。そこで、オトリを入れてみて反応を探ることになるが、掛かったとか、追われたとかだけでなく、群れの反応を探ることによってより精度が高まる。群れアユ自体を掛けるだけでなく、アユが濃いポイントを探して縄張りアユを効率よく釣るためにも、人工種苗河川では群れアユの反応を探ることが釣果向上につながる。

以上、海産天然アユ、琵琶湖産アユ、人口種苗アユという3つの系統について、特徴と攻略方法を紹介してきた。アユの系統に合わせた釣り方をイメージしつつ、その日、その場所の勝ちパターンをいち早く見極め、釣果アップにつなげていただきたい。

3　釣具屋さんとオトリ屋さん

［坪井］

筆者は3歳ころから、すでに魚釣りが大好きだった（らしい）（図6-5）。父が幼少のころサバにあたってしまい、釣りはもちろん魚が苦手だったため、かわりに祖父が近所の水路にフナを釣りに連れて行ってくれた。兼業農家で大工、庭師をしていたガテン系の祖父は、畑から戻ると筆者といっしょにミミズを掘って、それから川に連れて行ってくれた。そして、たまに連れて行ってもらう釣具屋さんがとても楽しみだった。当時国道41号線沿いに「小塚釣具店」という個人経営のお店があった。小学生になると、釣り仲間と、ときには1人でもお店に行き、小塚さんご夫婦と釣り談義に花を咲かせた。今思うと、相当マセた小学生だったと思う。

小塚さんは、春は渓流、夏はアユ釣りと、いつも郡上に通っていた。レジの横が仕掛けづくりをするスペースで、作りたてのアユの掛け鈎をズラリと並べていた。河口堰反対のデモにもよく参加していて、長良川への愛情は相当深いものだったと思う。そして、口癖のように「大きくなったらアユ釣りをやってみるといい」と筆者に言っていた。筆者の郡上好きは、こんなところにもあるのかもしれない。また、筆者が北大水産学部に入学したことをとても喜んでくれたし、釣りの研究を始めたときは、もっと喜んでくれた。ただ大変残念ながら、小塚さんや釣り具屋さんの写真が残っていない。当時の釣り雑誌で１９８０年代を偲んでいただきたい（図6-6）。

読者のみなさんにも、釣具屋さんでの思い出、店員さんとの思い出がきっとあると思う。現在は、品揃え至上主義で大型店舗ばかりになり、最近は、お目当てのモノがなければネットでポチる時代だ。Z世代の若者たちは、スマホで遊漁券を購入し、ライトスタイルのアユルアーなんていうのが気分なのだろう。たしかに、そういうスタイルもあっていいと思うし、だれにも会わずに済む釣りというのは、コロナ禍にもマッチしている。

しかし、釣具屋さんやオトリ屋さんには、釣りの武器をそろえること以上の価値があると思うのは筆者だけではないはず。筆者が大好きなオトリ屋さんが球磨川の「戦の瀬」のほとりにある。丸山水産という、オトリ屋さんとスッポン養殖場が一体化した不思議な空間だ（図6-7）。

図6-5　ホームリバーの大山川で釣ったコイをもつ筆者（後ろにみえるのは県営名古屋空港）

2007年9月、日本鳥学会が熊本大学で開催され、少し足をのばして球磨川へ行った。出発前、ものすごく楽しみだったことを今でも鮮明に覚えている。そしてレンタカーのナビ任せでおじゃましたのが丸山水産だった。

丸山晴喜さんと弟さんが、筆者のアユ釣り歴（当時たったの3年）と持っている道具（初心者用の早瀬竿に袋タモ）を総合的に勘案して、川辺川の頭

図6-6 1980年前後の釣り雑誌（つり人社 鈴木康友さん所有の書籍を撮影させていただいた）

地を手描きの地図で紹介してくれた。学会に戻らなくてはならず、たった2時間のアユ釣りだったが、24㎝前後の大きなアユが6連荘（れんちゃん）するという、本当に素晴らしい経験をさせていただいた。掛かってから取り込むまで、水中でキラっとすることなく、力強く抵抗するアユにほれぼれした（図6−8）。その後、公私にわたる球磨川通いが始まり、筆者のメールアドレスがikusanose@…になった。

ホームグラウンドでも、初めて行く遠征先でも、釣具屋さんやオトリ屋さんは、筆者のなかで無くてはならない存在である。小塚釣具店もとっくに閉店してしまったし、昨年全国でお世話になったたくさんのオトリ屋さんのなかでも、今シーズン行ってみたら無くなっている、ということもあるかもしれない。オトリ屋さんという友釣りステーションが今後も存続できるような道は無いものだろうか。オトリ屋さんのビジネスモデルは、遊漁券ではなくオトリアユを販売することで成り立っている。読者のみなさんには、適正価格で多めにご購入いただきたい。

図6-7　丸山晴喜さん（右）と筆者

図6-8　五木村頭地地区を流れる川辺川で釣ったアユ

4　オトリ屋さんとアユルアー

［坪井］

近年、話題のアユルアー（図6-9）。キャスティングアユやアユイングともよばれる。

筆者もこれまでに5河川でトライしたが、3河川では何も釣れなかった。そして、アユルアーを使って自分で釣った、または友人が釣ってくれた生きたアユに交換、つまり、通常の友釣りに切り替わった瞬間、5河川すべてで入れ掛かりした。筆者の少ない経験からすると、友釣りのほうがアユを数多く釣ることができるように思う。しかし、昨今のルアーブームである。「釣用品の国内需要動向調査報告書」でも、2021年の釣用品の出荷額は、ルアー（ソルト）、ルアー（バス）、ルアー（トラウト）を足すと、全体の67%を超す（図5-3参照）。釣りジャンルごとに必要な経費は同額であると仮定すると（ホントはそんなことないが）、釣り人3人中2人がルアーをやっていることになる。

というわけで、釣りブームの昨今、流行の中心はルアーフィッシングだと言っていい。であれば、アユでアユを釣る友釣りだって、オトリアユがルアーだったらやってみたい、というニーズはあるだろうし、そういう釣り人にどんどん川に来てもらえばいいんじゃないか、と筆者は思っている。

オトリが売れなくなる？

となると、オトリ屋さんのオトリアユ販売尾数が減ってしまうんじゃないかと心配になってくる。

しかし、関東でも関西でも、アユルアーが流行っている河川をみると、友釣りとは別枠、というか新

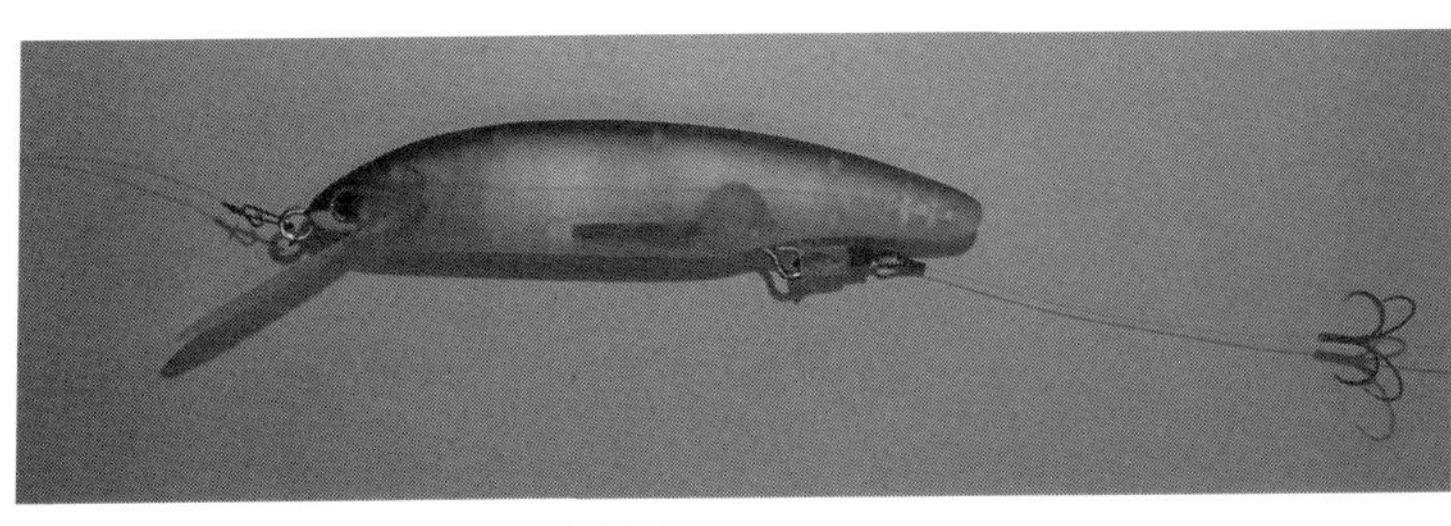

図 6-9　アユルアー

たな釣り人が純粋に増加していると推察される。つまり、友釣りをこれまで楽しんできた人が、アユルアーに完全に乗り換えてしまうことは、ほぼ考えられない。友釣りのほうが、圧倒的によく釣れるのだから。これまで、アユ以外のルアーフィッシングを楽しんできた数多くの釣り人のうち、ごく一部の人が、アユもターゲットとし始めた、という解釈が正しいと思う。しかも、アユルアーを楽しんでいる釣り人のみなさんは、友釣りとちがって、オトリが弱ることはないため、釣れない時間があると、退屈かもしれないが、ピンチには陥らない。アユルアーにはまっている友人知人に聞くと、自身のお気に入りの、時には自作したアユルアーを使って１日に何匹か釣れれば、それで満足なのだという。なかには、釣れたアユをリリースする人もいるようだ。友釣り大好きの筆者からすると、なんという、アユ資源に優しい釣り人なんだと、思ってしまう。

現在、アユルアーを楽しんでいる釣り人が、この先、どういう釣りを展開していくかはわからないが、アユルアーを楽しんでいる釣り人は、高価な釣り竿、メタルラインなどを購入して、友釣りを始めるというのはレアケースなのではないか、と思う。慣れ親しんだルアータックルで、ライトにアユを楽しむスタイルが楽しみの中心なのではないか。そうなると、オトリ屋さんもこれまでどおりの経営スタイルが保てるし、アユルアーだって販売すればいいと思う。実際、アユルアー禁止の川のほとりにある釣具屋さんでは、オトリアユも販売しているが、アユルアーも販売している。ちなみに、その釣具屋さんのオーナーはその川の漁協の組合長だ。

釣り場でのトラブル回避のために

もう一つ心配なのが、アユルアーと友釣りの釣り場のバッティングだ。完全にかぶらない、とは言わないが、アユルアーには、水深が浅めで流れがまっすぐな場所が有利なように思う。下流方向にルアーを送りこみ、そこでステイ（定位させながらルアーを泳がせる）、というのが基本スタイルだからだ。竿も友釣りの竿よりもだいぶ短いため、激流の向こう側のちょっとしたタルミのようなところはポイントになりえない。そのため、筆者は、友釣りとアユルアーが同じ場所で共存できると思っている。しかし、漁協関係者は高齢化が進んでおり、新しいものに拒絶反応を示す方もいらっしゃると思う。まずは、エリアを区切ってアユルアーを解禁してみてはいかがだろうか。

どちらかというと若者向きのアユルアーは、電子遊漁券とも相性がいい（図6-10）。

YouTubeでアユルアーのやり方を学び、釣り道具をネット通販で購入、釣り場の検索ももちろんスマホで、というのが今風のようだ。そうなると、当然、遊漁券もスマホで購入という流れとなる。電子遊漁券を導入したことによって、紙と電子とを合わせた遊漁料収入が減少した事例（＝漁協）は皆無で、既存ルートでの紙の遊漁券販売枚数の減少傾向もみられていないという。アユルアーと同様、電子遊漁券の導入により、新たな釣り人が純増する傾向がみてとれる。また、電子遊漁券を購入した釣り人が、いつどこに釣りに行ったか、といった詳細なデータが得られることも魅力の1つであり、将来の釣り場づくりにつながると期待される。若干の初期投資は必要であるが、漁協さんには電子遊漁券の導入を検討いただく価値があると思う。

HOME　釣り場　水位　今すぐ買

【参加者募集】アユ釣り教室（友釣り・ルアー釣り）竹田川漁協

2022/05/18

2022【鮎ルアー特集】いま話題の鮎ルアー釣りができる漁協一覧（全国版）

つりチケ編集部

図6-10　フィッシュパス（上）とつりチケのアユルアーに関するウェブページ

第7章　鮎を味わう

〔高橋〕

1　鮎の美味しい食べ方

アユは日本人に古くから食べられてきただけに、その料理方法は多岐にわたる。思いつくままにあげてみると、塩焼き、小鮎の天ぷら、鮎飯、うるか、干物、鮎寿司（姿ずし、押し寿司）、熟れずし、田楽、唐揚げ、せごし、洗い、甘露煮、煮びたし、フライ、お茶漬け、焼き干しと15種類ぐらいはすぐに浮かんでくる。

これらのなかで、塩焼き、小鮎の天ぷら、鮎飯、うるか、干物あたりまでは、比較的ポピュラーで、製品として販売されていることも多いので、食べたことがあるという人は多いのではないだろうか。鮎寿司、熟れずしになると地方色が強くて、見たこともないという方が多いかもしれない。

鮎の味については、池波正太郎や北大路魯山人、阿川弘之など多くの文筆家が随想を残している。それらに共通しているのは、鮎の食べ方として一押しは塩焼き（図7-1）で、それも焼きたての熱々をがぶりと食べるのが一番良いというところまで共通している。

鮮度が良いことも同時に指摘していて、魯山人に至っては、川を離れて3～4時間以内が鮮度の限界で、鮮度を保つことが難しいがゆえに家庭で美味しい塩焼きを食べることは無理であるとまで言い

図 7-1　鮎の塩焼き

切っている。ただ、家族にアユ釣りをする人がいれば、鮮度の良いアユ（氷締めしてから数時間以内）が手に入り、かつ、立て串で炭火を使って焼くことができるのであれば、上々の味にたどり着くことができるはずである。

「小鮎の天ぷら」もアユの食べ方としては、塩焼きに比肩するのではないだろうか。5～6月頃に取れた小鮎を天ぷらにすると、骨は全く気にならず、内臓の苦みが実にうまい。ただ、文筆家で小鮎の天ぷらを高く評価する人は、手持ちの書籍を見る限り少なかった。小鮎の天ぷらを出してくれるお店自体も少ないようである。新鮮な小鮎が手に入りにくいということが理由なのかもしれない。

そうであれば、小鮎をたくさん釣るドブ釣り（毛針釣り）の名人を天ぷら専門店に紹介すれば、とびきり美味しい天ぷらを食べることができるじゃないかと思いつき、橋渡しをしたことがある。

ドブ釣りの名人は、午前中だけでコンスタントに１００尾ぐらいは釣るという腕前である。供給源として問題はない。試験的に天ぷら屋さんに卸してもらったところ、天ぷらにしてみると腹に砂を持っていて、舌触りが悪いという問題が生じた。それなら、釣ったアユを一晩活かしてもらって、店に卸してもらえばと提案したのだが、これが結構面倒なようで、結局、うまく行かなかった。美味しいものを食べる道は険しい。

私の住んでいる高知では、県の東部を中心に鮎の姿寿司（図７－２）を作る習慣がある。柚子酢を利かせた香り高い酢飯は、鮎の身とマッチしてこれもうまい。

熟れずし（図７－２）は好みが分かれるところではないだろうか。鮎を塩と米飯で乳酸発酵させたもので、アミノ酸などのうまみ成分が増加するらしい。ちょっと酸味を感じる。日本酒に合わせると絶妙なのだが、お酒を飲まない方には理解されにくい味なのかもしれない。

せごし（小さめの鮎の内臓を取り、薄く輪切りにしたもの）や洗いといった生での食べ方は、鮮度が命であるため生きた（あるいは締めた直後の）鮎が手に入らないと、食べることができない。また、淡水魚に多い寄生虫を嫌って食べないという人がいるかもしれない。ただ、６月の若鮎のせごしはこの季節ならではの味である。洗いは脂ののった盛夏の鮎を使った方がうまい。コリコリした歯ごたえとほのかな甘みは、魯山人も高く評価している。

甘露煮、煮びたしは、何もアユで作らなくてもという気がしないではないが、正月に鮎の煮びたしを肴にお酒をいただくというのが我が家の定番になってしまった。煮びたしには忘れられない思い出がある。もう、40年ほど前のことだが、四万十川の漁協の恐い組合長宅にアユの調査の許可をもらうために説明にお伺いしたことがある。運良く機嫌が良かったのか、その時にごちそうしてくれたのが、大ぶりの子持ち鮎を使った自家製の煮びたし。ふっくらとした身が上品な甘さに仕上げられていて、うまさに驚いた。その後、我が家でも試作を繰り返すが、あの味にはなかなか及ばない。

図 7-2　鮎の姿寿司（上）と熟れずし

あまり知られていない食べ方で、かつ、試してもらうと誰からも好評なのが「鮎茶漬け」。干物にした鮎を少しこんがり目に焼いた後、小指の爪ぐらいの大きさに刻む。それをご飯の上にたっぷりとのせ、熱々のお茶を掛けるだけの簡単料理（図7−3）。鮎の味を純粋に味わいたいならお茶ではなくお湯が良いかもしれない。お茶漬けの素（○×園の「のり茶漬け」など）を使うのも意外にいける。暑い夏なら、冷たい麦茶を掛けてザブザブとかき込むのもうまい。鮎の干物は比較的手に入りやすいうえに、この食べ方だけは調理技術の差が出にくい。ぜひお試しあれ。

図7-3　鮎茶漬け

郷土色豊かな食べ方としては「塩煮」を紹介しておきたい。これは高知県の西部、特に四万十川の下流域で落ち鮎（痩せたさびアユ）を美味しく食べるために考えられたようである。筆者の知る限り、この地方以外で塩煮の存在を耳にしたことはない。調理は簡単で、取ってきた落ち鮎を海水ぐらいの濃度の塩水で煮るだけ。見た目は少しだけグロテスク。ところが、これがあっさりとして美味い。アユとの付き合いの深さを感じることのできる食べ方である。

最後にちょっとおしゃれな食べ方として、オリーブオイル煮をあげておきたい。手頃な大きさ（14〜16㎝）の鮎を2枚に下ろして、オリーブオイルと塩で短時間煮るだけの簡単な

図 7-4　鮎のオリーブオイル煮。チーズとスダチを添えて

料理で、塩焼きにするには少し鮮度が落ちた鮎でも使うことができる。煮る際にニンニクやローリエを入れることもある。出来上がったオリーブオイル煮の鮎を、クリームチーズを塗った薄切りのバゲットにスダチやレモンの薄切りと一緒にのせると見た目もきれいで（図7-4）、白ワインとの相性がいい。鮎の食べ方としては邪道ではあるが、川魚はちょっと苦手という人にも喜んでいただける一品である。

文献

北大路魯山人・平野雅章編　1980　魯山人味道　中公文庫　中央公論新社

北大路魯山人　1998　魯山人の食卓　ランティエ叢書　角川春樹事務所

2　美味しい鮎を育む川

［高橋］

長くアユの調査や研究に携わっているせいか、「どの川の鮎が一番美味しいですか？」と聞かれることが多い。個人的には、北海道の朱太川、岐阜の和良川（木曽川水系）、山口の宇佐川（錦川水系）、高知の安芸川が「特別に美味しい」と思っているが、他にも美味しいと思った河川はたくさんある。

味というのは個人的なものなので、なかなか客観的に評価することが難しい。そこで、鮎の味の評価に少しでも客観性を持たせるために、「清流めぐり利き鮎会」の22年分の入賞河川のデータを分析してみた（表7－1）。

清流めぐり利き鮎会

「清流めぐり利き鮎会」は高知県友釣連盟（内山顕一代表理事）が主催して、全国の河川から集めた数千匹の鮎の味を競うという会で、1998年以来2022年までほぼ毎年、計23回となる歴史ある会である（図7－5）。会の本来の趣旨は単に鮎の味を競うことではなく、「鮎の味を通して河川の環境を知るとともに、私たちが何をするべきなのかを考える」ことにあるのだが、とりあえずは「どの川の鮎がうまいのか？」を知るための分析である。利き鮎会にエントリーした川の中から選ぶという条件付きではあるのだが、鮎が美味しいと自負する河川の多くはエントリーしているので、日本一を決める大会と言っても差し支えないだろう。

表 7-1　清流めぐり利き鮎会での得点上位 10 河川（1 ～ 22 回大会を集計）

1～22回

順位	河川名	入賞回数	入賞回数内訳		得点	都道府県
			グランプリ	準グランプリ		
1	和良川（木曽川水系）	9	4	5	17	岐阜
2	揖保川	5	2	3	9	兵庫
3	安田川	4	2	2	8	高知
3	宇佐川（錦川水系）	4	2	2	8	山口
5	気田川（天竜川水系）	7		7	7	静岡
6	長良川	5	1	4	7	岐阜
6	馬瀬川（木曽川水系）	5	1	4	7	岐阜
8	雫石川（北上川水系）	4	1	3	6	岩手
8	新荘川	4	1	3	6	高知
10	北川川（四万十川水系）	2	2		6	高知

得点：グランプリ3点、準グランプリ1点

審査は2段階で行われる。まず、7～10ほどのテーブルにそれぞれ6～7河川の鮎の塩焼きが並べられ、参加者がテーブルごとに一番美味しいと思った鮎の番号を投票する。これが予選に当たる。審査の段階ではどの川のアユなのかは、全く分からない。投票の結果、各テーブルで1位を獲得した鮎だけが、決勝に進出できる。

決勝は会場から選ばれた審査員によって審査が行われる。やはり河川名は明かされないままに試食し、審査員がそれぞれ1番と思った鮎に投票する。最高得点の1河川がその年のグランプリ（1位）になる。決勝で敗れた河川には「準グランプリ」の称号が与えられる。私も一度だけ決勝の審査をしたことがあるのだが、正直言って順位は付けるのが難しかった。決勝に進出する川の鮎はどれも間違いなく美味しく、味の種類に微妙な差があるといった感じなのだ。それでも繰り返し試食していると、少しずつ自分の中で1番が絞り込まれてくる。

図7-5　清流めぐり利き鮎会での審査風景

絶対王者　和良川

過去の入賞（グランプリと準グランプリ）河川は、29都道府県83河川（同一水系でも支川に別れる）に及ぶ。グランプリを3点、準グランプリを1点として、得点を集計してみると、上位10位は表7-1のようになる。

1位の和良川（岐阜県）は、グランプリ4回、準グランプリ5回で、他の河川を圧倒する絶対王者である。この川と予選で同じテーブルに入ってしまった川はアンラッキーとさえ思えてしまう。

2位は、意外と言っては失礼だが、揖保川（兵庫県）で入賞回数は5回（グランプリ2回、準グランプリ3回）と安定している。揖保川の水は「非常にきれい」というレベルではないので、水の透明度だけがアユの味を決めているのではないことを示唆しているのかもしれない。

3位は安田川（高知県）と宇佐川（山口県錦

川水系）がともにグランプリ2回、準グランプリ2回の8点で並ぶ。安田川のアユは近年味が落ちたということを耳にするが、それでもコンスタントに入賞している。「やはり」の実力河川である。宇佐川のアユは淡泊な中にアユらしさを感じる上品さが持ち味で、ここのアユなら何匹でも食べ続けたい。

5位の気田川（静岡県天竜川水系）はベストテンに入った河川で唯一グランプリが獲得できていない。それでも3回に1回は入賞するというのは、潜在能力の高さだろうか。

6位は長良川（岐阜県）と馬瀬川（岐阜県木曽川水系）で、7点で並ぶ。1位の和良川も合わせると岐阜県の中央部という狭いエリアから3河川がベストテンに入っている。これは偶然ではなくて、地質や水質が関係しているのかもしれない。

このように集計したベストテンに規模が大きな川で入っているのは揖保川と長良川だけで、神通川、九頭竜川、四万十川といったアユで有名でかつ大きな川というのは上位には入っていない。美味しいアユを育む基準は、「水がきれいな中小河川」と言えそうである。

入賞できない河川

この分析をしていて、興味深いことに気がついた。地域別に眺めてみると、九州の河川の入賞数が明らかに少ないのだ。

財団法人日本釣振興会が2003年に「釣り人が選んだ天然アユがのぼる100名川」を発表しているのだが、この中にも九州の河川はわずか3河川しか選ばれていない。つり人社が2014年に行った「アユ名川総選挙」（アユ釣りに行きたい川の人気投票）においても、選定された37河川に九州からは1河川しか選ばれていない。そして、この利き鮎会の入賞河川を見ても九州は川辺川（球磨川水系）1河川だった。

実際、九州の川を調査してみての筆者の正直な感想は、「河川環境が良好な状態に保たれている川は少ない」である。利水や治水が優先され、川の環境は大事にされていない印象を受ける。こういった九州の川の事情が利き鮎会での入賞河川の少なさに反映されているのではないだろうか。美味しいアユは健全な河川環境に宿るのである。

もう一つ、２００３年の「天然アユがのぼる１００名川」を県別に見ると、選定された本数が一番多い県は静岡県で、11河川が選ばれている。次いで多いのは高知県で10河川。ところが、利き鮎会の入賞河川としては静岡県は気田川と藁科川の2河川に過ぎず、グランプリには一度も選ばれていない。

なぜ、このようなことになったのか？　静岡からの出品が極端に少ないのかもしれないが、利き鮎会の趣旨である「アユの味は河川の環境に反映される」ということの証左ではないだろうか。静岡県内の川を見て歩くと、伊豆半島を除く静岡県内の川の近年の荒廃ぶりは目を覆いたくなる。川の環境がきちんと守られていないことが、アユの味にも反映されていると思えてならない。

3　美味しい鮎が地域を元気にする──清流めぐり利き鮎会の功績

［高橋］

「清流めぐり利き鮎会」は高知県友釣連盟が主催して、全国の河川から集めた数千匹の鮎の味を競うという会、2022年で23回を重ねる歴史ある会であることを先に紹介した。「鮎の味を通して河川の環境を知るとともに、私たちが何をするべきなのかを考える」。というこの会の趣旨に添って、清流めぐり利き鮎会が果たした功績について、3つの河川の事例をご紹介したい。

岐阜県和良川（木曽川水系）

グランプリ4回、準グランプリ5回獲得の絶対王者である。利き鮎会の会場でも幟(のぼり)、シール等を持ち込み、ブランド化した「和良鮎」のPRに余念がない。地域挙げての熱の入れようは他の川の追随を許さない迫力がある。

実際、和良鮎は美味い。身とワタが渾然となって出す味わいは何とも形容しがたいものがある。グランプリを狙って取れるという実力はこの川だけのものだろう。

和良鮎のウェブサイトを見ると、和良鮎の由来に始まり、和良鮎が食べられる正規認定店の紹介等、和良鮎に関する取り組みが丁寧に紹介されている。驚くべきはその販売価格で、Mサイズ10尾で1万5000円の値が付いている。Mサイズ1尾の重量は70g前後ということなので、キロ単価に換算すると、2万1000円ほどにもなる。全国各地のアユの買い取り場での仕入れ値が4000〜

図 7-6　岐阜県和良川（下村雄志さん撮影）

５０００円程度であることを考えると、販売価格とはいえ、平均的なアユの値段を超越している。ただ、販売するアユはきわめて厳しい品質管理を通過したもので、ここまで大切に扱ってもらえるなら、アユも本望なのではと思ってしまう。

和良町（郡上市）は山間の小さな町なのだが、和良鮎を中心としたイメージ作りに成功しており、地域の人々が和良鮎が大切なものだと思える仕組みができている。実はこのことはすごく大切で、川やアユを守ろうとしても、住民や川に関係する人々に関心がなければ、なかなかうまく行かない。アユが地域振興に寄与するという代表的な事例である。

北海道朱太川

グランプリ１回、準グランプリ１回で、

近年その名が全国区になりつつある。朱太川のアユを初めて食べたとき、その香ばしさとはらわたの甘みに驚いた。このアユなら利き鮎会でグランプリを取れると確信して、出品を奨めたといういきさつがある。2016年のグランプリに続き、2019年にも準グランプリに選出されたことで、その実力が証明された。

グランプリ獲得の3年前の2013年、朱太川では稚アユの放流が停止された。理由は、北限域に棲むアユの遺伝的な特性を守り、かつ、冷水病などの侵入機会を減らすためで、生物多様性の観点から「野生のアユ」を守るという地域（漁協、町）の判断でもあった。

種苗放流を止めて天然アユだけの川にしたことで味も良くなり、利き鮎会での入賞につながったと考える人も少なからずいた。誤解であるような気はするが、天然アユを大切にしたいと考えている関係者には嬉しい評価である。

北海道は、日本の中ではアユに対する関心が低い地域である。アユを食べる習慣もあまり根付いていない。朱太川も同様で、アユを食べた経験のある人は少ない。ところが、利き鮎会でのグランプリと準グランプリ獲得がメディアに大きく取り上げられたことで、地元での認知度も徐々に上がってきた。

朱太川の自然環境を大切にしたいと考えている黒松内町では、朱太川をもっと住民に知ってもらうために、アユの試食会も始めた。町内の鮮魚店はアユのいずし（熟れずし）を復活させた。観光協会もPRに熱心で、塩焼きや焼き干しアユの販売に乗り出した。いずれも小商いに過ぎないと言われるかもしれないが、地方にとって自然資源の活用は重要だ。

図 7-7　北海道朱太川

美しい川や天然アユを守るためには、それが「大切なもの」と思われない限り、なかなかうまく行かない。例えば、河川の改修工事によってしばしば、生き物の生息環境は劣化し、景観も悪くなっていく。しかし、住民の気持ちの中に、「治水はもちろん大切だが、川や生き物を守ることも同等に大切だ」という思いがあれば、行政もそれなりに配慮せざるを得なくなる。そのことが川やそこに棲む生き物を守りながら、人の住環境を良好に維持することにつながっていく。

高知県奈半利川

2022年の選抜大会（過去に準グランプリ以上を獲得した30河川を選抜）でグランプリを獲得。2014年以降では準グランプリを3回（支流を含む）獲得。

本流に発電ダムが3つ建設されており、しば

図 7-8　高知県奈半利川

しば濁水の長期化を起こしてきた。昭和60年代には地元新聞に「死の川」という見出しを付けられるほど河川環境は荒廃していた。2000年代に入る頃には、河口近くまで河床のアーマー化が進行したことで、アユの産卵に適した浮き石の瀬が消失し、天然アユの生息量は減少の一途をたどった。

10年ほど前まではダムの下流で釣れるアユは「泥臭い」と酷評され、釣ったアユをおすそ分けするにも気が引けるというのが偽らざるところであった。そんな不味かったアユが、とうとうグランプリを受賞するまでに変化した（本来の姿を取り戻したというべきか）のである。この過程には、「鮎の味を通して河川の環境を知るとともに、私たちが何をするべきなのかを考える」という利き鮎会のコンセプトそのものを見ることができる。

奈半利川から天然アユが消えかけようと

していた２０００年初頭、ダムを使って水力発電を行っている電源開発が、奈半利川淡水漁協と共同でアユの産卵場造りを始めた（産卵場造りに成功したのは２００５年）。それ以後、奈半利川に遡上するアユの数は次第に増加し始めた。２００５～２００８年頃は解禁前の生息数は放流魚を含めても10～30万尾程度であったのだが、２０１１年には天然遡上だけで１４０万尾、２０１８年には１５０万尾にまで達した。この間、産卵場整備だけでなく堰堤の魚道の改良や産卵親魚の保護等々、アユが棲みやすくなるための様々な対策も継続した。河川の環境面では維持流量の増加、ダムに溜まった土砂をダム下流に供給する対策、ダム湖の濁水対策等が次々と追加されていった。

これらの対策は、「私たちが何をするべきなのかを考えて行動した結果」と言えるもので、この過程でアユの味も少しずつ向上していったのである。

２０２２年のグランプリの受賞後、奈半利川淡水漁協の林田千秋組合長と話をする機会があった。林田さんも泥臭いと酷評されていたアユがグランプリを受賞するまでになったことに感慨深げで、アユ資源の保全に惜しみなく協力してくれている電源開発にも感謝していた。

このように利き鮎会でグランプリ、準グランプリを獲得した川で、アユを巡る好循環が生まれている。その好循環は経済的な指標で計ると大きなものではないかもしれない。しかし、地域にもたらした社会的な変化は決して小さくはない。アユは地域振興に一役買うのである。

おわりに

最後まで本書を読んでいただき、心からお礼申し上げたい。もともと、本書は最新のアユ研究に関する知見を、世の中に示したいという高橋勇夫さんの思いから始まった。アユやアユ釣りが好きな読者のみなさんには、動画サイトが最適な媒体とも思える中、あえて活字でご提供というのも、かなりチャレンジングな企画だったように思う。しかし、本書には、ＴｉｋＴｏｋなんかの尺では、１００本あげたって足りないくらいの情報を、体系立てて盛り込めたように思う。この１冊でアユのことがまるっとわかる媒体となったのではないだろうか。本書にインターネットのアドレスがほとんど出てこないのは、スマホに寄り道をすることなく、一息で読んでいただきたいという思いからである。ただ、今、持っているものをすべて書ききれたかと言えばそうでもない。言い訳をするなら、アユの研究も、アユ釣りの技術も日進月歩であり、今のところ「たぶんそうだろうなあ」という情報の記述はできる限り避けたからだ。今後も、アユやアユ釣りにまつわる調査研究を進め、より確かで、わくわくするようなエビデンスをお示しできたらと思う。そういった研究成果こそ、アユが快適に暮らせる環境づくりにつながるし、読者のみなさんやわれわれ筆者の釣果がアップすることにつながると強く信じている。

著者を代表して　坪井潤一

【著者紹介】

坪井潤一（つぼい　じゅんいち）

1979 年愛知県生まれ。2003 年北海道大学大学院水産科学研究科修士課程修了、山梨県水産技術センター着任。2009 年博士（農学）取得（東京大学）。2011 年「カワウ繁殖抑制技術の開発」で全国水産試験場長会会長賞受賞。国立研究開発法人水産研究・教育機構 水産技術研究所所属。著書に『空飛ぶ漁師カワウとヒトとの上手な付き合い方 被害の真相とその解決策を探る（ベルソーブックス）』（成山堂書店）がある。

高橋勇夫（たかはし　いさお）

1957 年高知県生まれ。長崎大学水産学部海洋生産系卒業。1981 年から（株）西日本科学技術研究所で水生生物の調査とアユの生態研究に従事。2003 年同社を退社し、「たかはし河川生物調査事務所」を設立。同時に天然アユの資源保全活動を開始。2003 年博士（農学）取得（東京大学）。主な著書に『天然アユの本』（共著、『ここまでわかったアユの本』の改訂版）、『天然アユが育つ川』『アユを育てる川仕事』（共編著、以上、築地書館）、『変容するコモンズ』（分担執筆、ナカニシヤ出版）がある。

ホームページ　http://hito-ayu.net/index.html

高木優也（たかぎ　ゆうや）

1988 年福島県生まれ。東北大学大学院博士前期課程修了、2012 年栃木県庁入庁、水産試験場へ配属。以降、アユや渓流魚の調査研究に従事。2017 年からアユ釣りトーナメントにも参戦し、2017 年度シマノジャパンカップ全国大会 5 位入賞、2022 年度報知アユ釣り選手権ベスト 8。

完全攻略！ 鮎 Fanatic

最先端の友釣り理論、放流戦略からアユのよろこぶ川づくりまで

2023年5月26日 初版発行

著者 坪井潤一＋高橋勇夫＋高木優也
発行者 土井二郎
発行所 築地書館株式会社
〒104-0045 東京都中央区築地 7-4-4-201
☎03-3542-3731 FAX03-3541-5799
http://www.tsukiji-shokan.co.jp/
振替 00110-5-19057
印刷製本 シナノ印刷株式会社

 ISBN 978-4-8067-1649-5